兽医
实用基础知识

房志远　修晓娜　姚秀丽　主编

中国农业科学技术出版社

图书在版编目(CIP)数据

兽医实用基础知识 / 房志远，修晓娜，姚秀丽主编. --北京：中国农业科学技术出版社，2023. 10
ISBN 978-7-5116-6450-1

Ⅰ. ①兽…　Ⅱ. ①房…②修…③姚…　Ⅲ. ①兽医学　Ⅳ. ①S85

中国国家版本馆 CIP 数据核字(2023)第 185908 号

责任编辑　张国锋
责任校对　贾若妍　李向荣
责任印制　姜义伟　王思文

出 版 者　中国农业科学技术出版社
北京市中关村南大街 12 号　　邮编：100081
电　　话　(010) 82106625 (编辑室)　　(010) 82109702 (发行部)
(010) 82109709 (读者服务部)
网　　址　https://castp.caas.cn
经 销 者　各地新华书店
印 刷 者　北京富泰印刷有限责任公司
开　　本　170 mm×240 mm　1/16
印　　张　15. 25
字　　数　300 千字
版　　次　2023 年 10 月第 1 版　2023 年 10 月第 1 次印刷
定　　价　48. 00 元

《兽医实用基础知识》

编者名单

主　编　房志远　修晓娜　姚秀丽

副主编　张克新　汤　笛　沈爱萍　赵红霞

张青春　郭媛媛

编　者　吕玉霞　丁　健　杨俊翠　孔　丽

陈向丹　平作军　冯超林　赵志国

谢淑敏　安　茹

前　言

兽医学是研究预防和治疗动物疾病的科学，涉及动物疾病、多种动物共患病、食品安全、公共卫生和生态环境健康等多个领域，为保障动物和人类健康发挥了重要作用。

兽医的主要职责是预防、有效诊疗动物疾病，消灭群发病和多发病，保证动物健康，保障畜牧业可持续健康发展和人类健康。因此，研究动物疾病发生、发展规律，掌握兽医一般临床检查、系统检查、病理剖检技术等诊断方法，熟悉常用兽药的临床应用方法、兽医临床治疗技术和手术方法，是成为高素质、实用型临床兽医的基本要求。

为了满足新时期动物疫病防治工作需要，更好地服务于兽医临床，我们组织编写了这本《兽医实用基础知识》。该书从兽医一般临床检查、系统临床检查、样品采集与病理剖检、兽药与临床应用、临床治疗技术与应用、兽医常见手术等方面，进行了比较全面的介绍，注重基本理论、基本技能训练，又注重实践能力培养，内容丰富，具有系统性、科学性、实践性和可操作性，为基层临床兽医学习兽医基础知识和职业技能，提高临床诊疗水平，全面提高兽医素质，增强适应职业变化的能力和继续学习的能力奠定了基础。既符合基层兽医临床诊疗工作的需要，也符合新型职业农民培训的需要。

编写过程中，引用了很多国内公开发表的刊物、书籍和网站上的资料，并得到许多同行、朋友的支持，一并表示感谢。由于编者水平有限，疏漏和不足在所难免，恳切希望读者提出宝贵意见。

编　者

2023 年 6 月

目　录

第一章

兽医一般临床检查

第一节　动物保定的方法

一、牛的保定

保定牛首先应了解牛的行为，有些牛特别是公牛有用牛角抵人的习性，从前方接近牛时应首先询问畜主，所检查的牛有无抵人习惯。牛有用后肢向后外侧方踢人的本性。因此，在接近牛时不能从后外方接近，可从侧方或前方接近牛。牛的鼻镜及鼻孔是敏感部位，控制牛的头部常用鼻钳夹。公牛十分强悍，多数公牛都比母牛性烈，对公牛保定时更应十分小心。

（一）牛鼻钳保定

这是控制牛头部很有效的方法，牛鼻钳有数种，永久性牛鼻钳是先将牛的两鼻孔之间鼻中隔穿透，然后再用金属条经穿刺孔穿入，金属条两端向牛鼻背面弯曲，并和笼头连接在一起。暂时保定牛用的牛鼻钳，是将长柄鼻钳给牛装上，待诊疗工作结束后再将鼻钳解脱。

（二）肢蹄的保定

1. 两后肢保定

检查乳房或治疗乳房病时，为了防止牛的躁动和不安，将牛两后肢固定，方法是选择柔软的线绳在跗关节上方做“8”字形缠绕或用绳套固定，此法广泛应用于挤奶和临床诊疗。

2. 牛前肢的提举和固定

将牛牵到柱栏内，用绳在牛系部固定；绳的另一端自前柱由外向内绕过保定架的横梁，向前下兜住牛的掌部，收紧绳索，把前肢拉到前柱的外侧。再将绳的游离端绕过牛的掌部，与立柱一起缠两圈，则牛被提起的前肢牢固地固定于前柱上。

3. 后肢的提举和固定

将牛牵入柱栏内，绳的一端绑在牛的后肢系部，绳的游离端从后肢的外侧面，由外向内绕过横梁，再从后柱外侧兜住牛后肢蹄部，用力收紧绳索，使蹄背侧面靠近后柱，在蹄部与后柱多缠几圈，把后肢固定在后柱上。

（三）倒牛保定法

1. 一条绳倒牛法

选一根 12~15 米长绳，在距绳端 2 米处，将绳拴在牛的角根部，并交由两助手向前牵引；绳的另一端向后牵引，在牛肩胛骨的后角，以半结作一个胸环，绕胸部一周后，在髋结节前再经腹部围绕一周，绳游离端由 3~4 个人向后牵引，前方与后方同时向相反的两个方向用力拉绳，便可让牛平稳自然卧倒在地。牛卧倒后，前方牵引绳的人立即用一只手抓住牛鼻钳（或用手抓住牛的两鼻孔），另一只手抓住牛角使牛的枕部着地，牢固地控制牛头，防止牛抬头，即可有效控制牛，使其不能站起。

2. 其他方法

根据治疗工作的需要，可按马属动物倒卧后四肢集拢保定法或两前肢与一后肢集拢保定而另一后肢前外方转位保定法进行保定。

二、羊的保定

（一）站立保定

适用于临床检查、治疗和注射疫苗等。

两手握住羊的两角或耳朵，骑跨羊身，以大腿内侧夹持羊两侧胸壁即可保定。

（二）倒卧保定

适用于治疗、简单手术和注射疫苗等。

保定者俯身从对侧一手抓住两前肢系部或抓一前肢臂部，另一手抓住腹肋部膝前皱褶处扳倒羊体，然后改抓两后肢系部，前后一起按住即可。

三、猪的保定

1. 站立保定法

用一根筷子粗的纱绳，在一端打个活结。保定时，一人抓住猪的两耳并向上提，在猪嚎叫时，把绳的活结立即套入猪的上颌并抽紧，然后把绳头扣在圈栏或木柱上，此时猪常后退，当猪退至被绳拉紧时，便站住不动，解脱时，只需把活结的绳头一抽便可。此法适用于检查和肌内注射。

2. 提举保定法

抓住猪的两耳，迅速提起，使前肢腾空，同时用膝部夹住猪的胸或腰腹部，使猪的腹部朝前，此法适用于灌药或肌内注射，多用于小猪保定。

3. 网架保定法

网架保定常用于一般检查及猪的耳静脉注射。

4. 保定架保定法

可用于一般检查、静脉注射及腹部手术等。

5. 倒卧保定法

术者一手抓住猪的一个后肢并提起，另一手紧抓该肢同侧膝前皱襞，顺势将猪横卧于地，随后两手分别抓住猪的前后肢，助手用绳缚紧四肢而固定。对于体格较大的猪，倒卧保定又因其性情不同，采用双绳放倒法和徒手保定法两种。

（1）双绳放倒法　主要适用于性情较温顺的猪。用两条 3 米长的绳索，一条系于猪右前肢掌部，另一条系于猪右后肢跖部，两绳端越过猪腹下到左侧，分别向相反方向牵拉，猪即失去平衡而向右侧倒卧。随后，两助手按压住猪的头部和臀部，根据要求将猪前后肢捆缚固定。

（2）徒手保定法　适用于性情凶猛易伤人的猪。首先由一人在猪后方抓住猪的左后肢并提离地面，随即另一人上前抓住猪的两耳，并将其头部向右上方扭转和下压。与此同时，抓左后肢的人用右脚尖向左拨动猪的右后肢，猪即失去平衡而倒地。又一人立即在猪的颈部放一木棒，两端由后两人压住，左后肢向后拉直并进行捆缚而保定。或用一根绳嵌入猪的口角，在上颌上方打一活结并抽紧，绳的游离端向后绕于猪的跗关节上方，亦可达到保定的目的。

6. 倒立保定法

用两手握住猪两后肢飞节，头部朝下，术者用膝部夹住其背部即可。对于体格较大的猪或保定时间较长时，用绳拴住猪两后肢飞节，将猪倒吊在一横梁上即可。

四、犬、猫的保定

为防止人被犬、猫咬伤，尤其对于具有攻击性的动物，在接近前都应采取合适的保定方法。临床中常用的保定方法有扎口保定、口笼保定、项圈保定、徒手保定和手术台保定等。

（一）扎口保定法

是用绷带（或细的软绳）在犬嘴中间绕 2 次，打一活结圈，套在嘴后颜面部，在下颌间隙系紧，然后将绷带两游离端沿下颌拉向耳后，在颈背侧枕部收紧打结。这种保定方法可靠，一般不易被自抓松脱。本方法适合保定长嘴犬。

（二）口笼保定法

是用牛皮革制成的犬口笼给犬套上，将其带子绕过耳扣牢。市场上或宠物用品商店售有各种型号和不同形状的口笼，此法主要用于大型犬。

（三）项圈保定法

是用大小适宜的伊丽莎白项圈套在犬颈部，从而遮挡住犬头部，防止其撕咬伤口或咬人，本法适宜于中小型犬。

（四）徒手犬头保定法

是保定者站在一侧，一手托住犬下颌部，一手固定犬头背部，握紧犬嘴。此法适用于幼年犬和温顺的成年犬。此法也灵活运用于猫身上。

（五）犬手术台保定法

有侧卧、腹卧和胸卧保定三种。保定前，犬应进行麻醉。根据手术需要，选择不同体位。

（六）抓猫与猫袋保定

抓猫前轻摸猫的脑门或抚摸猫的背部以消除敌意，然后用右手抓起猫颈部或背部皮肤，迅速用左手或左小臂抱猫，同时用右手抚摸其头部，这样既方便又安全；如果捕捉小猫，只需用一只手轻抓颈部或腹部即可。

猫袋可用人造革或粗帆布缝制而成。布的两侧缝上拉锁，将猫装进去后，拉上拉锁，变成筒状；布的前端装一根能抽紧及放松的带子，把猫装入猫袋后先拉上拉锁、再抽紧颈部的袋口。

五、马的保定

（一）鼻捻棒保定

适用于一般检查、治疗和颈部肌内注射等。

将鼻捻子的绳套套于一手（左手）上并夹于指间，另一手（右手）抓住笼头，持有绳套的手自鼻梁向下轻轻抚摸至上唇时，迅速有力地抓住马的上唇，此时另一手（右手）离开笼头，将绳套套于唇上，并迅速向一方捻转把柄，直至拧紧为止。

（二）耳夹保定

适用于一般检查、治疗和颈部肌内注射等。

先将一只手放于马的耳后颈侧，然后迅速抓住马耳，持夹的另一只手立即将夹子放于耳根部并用力夹紧，此时应握紧耳夹，以免因马匹躁动、挣扎而使夹子脱手甩出，甚至伤人等。

（三）两后肢保定

适于马直肠检查或阴道检查、臀部肌内注射等。

用一条长约 8 米的绳子，绳中段对折打一颈套，套于马颈基部，两端通过两前肢和两后肢之间，再分别向左右两侧返回交叉，使绳套落于系部，将绳端引回至颈套，系结固定好。

（四）柱栏内保定

1. 二柱栏内保定

适用于临床检查、检蹄、装蹄及臀部肌内注射等。

将马牵至柱栏左侧，缰绳系于横梁前端的铁环上，用另一绳将颈部系于前柱上，最后缠绕围绳及吊挂胸、腹绳。

2. 四柱栏及六柱栏内保定

适用于一般临床检查、治疗、检疫等。

保定栏内应备有胸革、臀革（或用扁绳代替）、肩革（带）。先挂好胸革，将马从柱栏后方引进，并把缰绳系于某一前柱上，挂上臀革，最后压上肩革。

第二节　兽医临床检查的基本方法

一、问诊

在病畜登记之后，着手检查病畜之前及检查过程中向畜主、饲养员、牧场工人等了解家畜饲养管理、护理、使役及病前与病后的各种情况，称为询问病史。问诊有着很大的学问。它是以询问的方法，听取畜主或饲养员关于病畜发病情况和发病经过的介绍。为搜集病史资料，为作出合乎实际的诊断，提供必要的资料。采集病史在临床检查的三个方面中最为重要，因为检查病畜和环境所得到的结果，其意义容易被某些因素所改变。动物无法说出其症状和病征，它们对于触摸和检查的反应差别很大，因而体格检查所用的判断标准应当允许有较大的正常幅度。同时，对动物环境因素的了解或者对于检查者正确评价环境进行合适的检查。

（一）问诊内容

1. 既往史

即病畜或畜群过去的病史。调查了解动物以前是否患病及患病经过，附近地区有无类似疾病发生，畜禽引进或变动情况及发病的数量、时间等，借以了解过去患病与现症有无必然联系，可以作为这次疾病诊疗工作的参考。

2. 现病史

即本次发病的详细情况和经过。主要了解以下内容。

(1) 发病时间与地点　如发病在饲喂前或饲喂后，使役中或休息时，放牧中或舍饲时，产前或产后等，借以了解病因，推断病性及病程。

(2) 病畜禽的主要表现　如有关病畜禽的精神状态、采食和饮水情况，问有无腹泻、出汗、呼吸困难、咳嗽及其他异常行为表现等，借以推断疾病的性质和发病部位，为确定器官系统检查的重点提供依据。

(3) 发病经过　问开始发病至检查时，病情减轻或加重，哪些症状消失了，又出现哪些新的症状等，借以推断病势的进展情况。

(4) 医治与否　若已经治疗，要问用过何种药物及用量，据此可判断有无因治疗用药不当而使病情复杂化的情况。同时对以后的用药也是参考。如食欲废绝，反刍停止后灌服吐酒石，可因损伤瘤胃上皮而致瘤胃炎等。

3. 饲养管理情况

对病畜与有关饲料、饲养、管理、使役及生产性能等进行全面了解，从而分析上述各项内容与发病关系，为采取合理诊疗手段提供依据。

(1) 饲料情况　问饲料的种类、来源、储存方式、给饲量和质量（颜色、光泽、气味）、饲喂制度与方法等。

(2) 管理情况　如日粮的配合与组成，放牧或舍饲，是否突然改变饲料的种类，饲料调剂方法以及饮水的清洁程度等，均应仔细调查。如日粮钙、磷比例不当可引起骨软症。

(3) 使役情况　如持续性过度使役，可发生过劳性疾病，大汗淋漓时暴饮凉水，易引起胃肠痉挛等。

(4) 畜舍卫生与环境条件　如畜舍的光照、通风、保暖与降温、废物排出等设备；畜床与垫草、畜栏设置、牧场运动场的自然环境特点（地理位置、地形、土质特点、供水系统、气候条件等）；附近厂矿的三废（水、气、污物）处理情况等，对推断病因有一定意义。

(5) 生产性能与管理制度　管理粗放及制度混乱，如种畜的运动不足、盲目引种、不合理的品种组合及繁育方法等，都可能是致病的重要条件。

4. 流行病学调查

对卫生防疫制度的贯彻实施情况，如厩舍定期消毒、粪便处理、预防接种、驱虫及病畜禽的处理方法等，都应进行充分了解。特别是在一个大型养禽场或养猪场中，如果没有健全的卫生防疫制度，或有制度而不认真执行，稍有疏漏就可能为传染病的发生与流行提供条件。

（二）问诊注意事项

1. 建立良好的兽医与畜主关系

首先，兽医要先向畜主作自我介绍，用语言或肢体语言表示愿意尽自己的所能满足畜主的要求。其次，问诊应注意礼仪，要体现出对动物的关爱。鼓励畜主提问，了解畜主对动物疾病的看法，以及前来给动物看病的期望等。问诊结束时，应感谢畜主和动物的合作、告知畜主医患合作的重要性，说明下一步要求畜主给动物做什么、下次就诊时间或随访计划等。问诊一般由畜主叙述开始，逐步深入，进行有目的、有层次和有顺序的询问。兽医在与动物接触之前，应与动物进行交流，在解除动物对兽医的敌意后，再开始对动物实施临床检查和治疗。

2. 问语通俗易懂

必须用通俗易懂的词语代替晦涩难懂的专业术语。问诊语言还应该和就诊者当地的语言习惯结合起来。

3. 避免诱问和逼问

在问诊时，可有目的、有计划地提出一些问题，以引导畜主提供正确而有助于诊断的资料，但切忌暗示性套问或有意识地诱导其提供符合询问者主观印象所要求的材料。当畜主的回答与兽医的想法有距离时，不应暗示其提供兽医主观所希望的答案或逼问。

4. 避免重复提问

提问时要注意系统性、目的性和必要性，兽医应全神贯注地倾听畜主的回答，不应同一个问题反复提问。但为了核实资料，同样的问题有必要多问几次。

5. 问诊的真实性

为收集到尽可能准确的病史，有时兽医要引证核实畜主所提供的信息。如所答非所问或没有理解兽医的意思，可用巧妙而仔细的各种方法检查其理解程度。兽医可要求畜主重复所讲的内容，或提出一种假设的情况，看其能否作出适当的反应。

对于有些畜主故意夸大病情、隐瞒病情、弄虚作假，甚或故意考问兽医的情况，兽医要以实事求是的科学态度正确分析判断，结合自己的检查，明辨是非，发现不可靠或含糊不清之处，要反复询问，从不同角度询问，以求获得可靠病史。切忌主观臆断，随便进行预后判定，但也不要轻易对畜主持怀疑态度。

6. 验证与补充

注意及时核实畜主叙述的资料，询问病史的每一部分结束时都应进行归纳小结，目的是：

① 唤起兽医的记忆以免忘记要问的问题；

② 让畜主知道兽医如何理解患病动物的病史；

③ 提供机会核实畜主所述病情，病史核实通常在小结时进行，也可用于难以插话的畜主或使其专心倾听；

④ 提供机会澄清所获信息。

问诊即将结束时，尽可能有重点地重述一下病史，看畜主有无补充或纠正之处，以提供机会核实畜主所述的病情或澄清所获信息。

7. 对重危病畜的问诊

对重危病畜的问诊，往往需要在高度浓缩动物病史的同时对动物实施主要体检，二者可同时进行。重危病畜的畜主，兽医不能催促，应待经初步治疗使动物病情稳定后，再详细询问动物病史。病危或患病晚期动物的畜主可能有懊丧、抑郁等情绪，应给予特别关心。

兽医亲切的语言，真诚的关心，表示愿意尽自己所能挽救动物生命，对畜主都是极大的安慰和鼓励，有利于获得准确而丰富的资料。

8. 外来病历等的处理

其他动物医院转来的病情介绍、化验结果和病历摘要，应当给予足够的重视，但只能作为参考材料。原则上本院兽医必须亲自询问病史、检查体格，并以此作为诊断的依据。

9. 病历管理

严格执行兽医医疗机构病历管理规定，医院有责任（义务）为患病动物的病历内容保密。

二、视诊

视诊是用肉眼或借助器械观察病畜的整体和局部异常表现的方法。视诊方法简便可靠，应用范围广。祖国医学在视诊方面积累了丰富的经验，所以将其列为四诊之首（望诊）。有经验的兽医工作者，在接触病畜的短暂时刻，便可从许多表面现象得到启示而形成概念，形成诊断疾病的重要概念。特别在大型牧场，兽医在巡视时，由短期大群里发现病畜，视诊是唯一的方法。到目前为止，尚无任何方法可以代替它。

（一）视诊内容

1. 观察全身状态

包括体格、发育、营养状况、体质强弱、躯体结构、胸腹及肢体的匀称性等，以了解病畜的全貌。同时也可注意腹围、胸廓、呼吸状态、排泄物及分泌物等。

2. 判断精神、体态、肢势与运动行为等

如精神沉郁的病畜往往头低耳耷，眼神呆滞；破伤风、风湿症时运步强拘，鸡马立克氏病时，可见到因麻痹而形成的两腿前后劈叉肢势。

3. 发现表被组织的病变

如被毛状态、皮肤与黏膜的颜色及特征，看体表有无创伤、溃疡、疱疹、肿块等病变及其位置、大小、形状和特征等。

4. 检查与外界直通的体腔

如口、鼻、咽喉、阴道等，注意其黏膜颜色的变化，并确定其分泌物的数量、性质及其混有物等。

5. 注意某些生理活动有无异常

注意有无喘息、咳嗽、呕吐、腹泻症状，看采食、咀嚼、吞咽、反刍、排粪、排尿等有无异常等。

（二）视诊方法

包括直接视诊（用肉眼直接观察病变部位的方法）和器械视诊（借助于器械观察病理变化的方法）两种，但以直接视诊的应用最为普遍。

在临床实践中，对大中家畜通常按下述方式进行视诊：检者站在距离病畜2米远左右的地方，由左前方开始，从前向后边走边看，顺序地观察头部、颈部、胸部、腹部和四肢，走到正后方时，稍停留一下，观察尾部、会阴部，并对照观察两侧胸腹部及臀部的状态和对称性，再由右侧到正前方。如果发现异常，可稍接近畜体，按照相反的方向再转一圈。对发现的异常变化作细致的观察。最后可进行牵遛，以观察运步状态。

对家禽的视诊可放近些，以便观察。在禽舍视诊时，应有饲养员陪同。

（三）注意事项

① 避免突然接近病畜，以防意外；

② 视诊时应有充足的光线，必要时可用照明器械；

③ 视诊役畜应先卸下装具，以便观察；

④ 注意力要集中，不能做与视诊无关的事。

三、触诊

（一）触诊内容

触诊是用手指、手掌和手背对要检查的组织或器官进行触压和感觉，以判定病变的位置、大小、形状、硬度、温度及敏感性等。这种直接触诊可用一手或双手。此外，触诊也用于脉搏检查、直肠检查、发情鉴定及妊娠诊断等。

借助器械进行触诊，称为间接触诊。如用胃管行食管探诊，用导尿管行尿道探诊，用金属探子行海关检查及伤员创道或弹道（片）瘘管的探诊等。

（二）触诊的方法与应用

触诊，按用力大小和使用范围，分为两种方法。

1. 浅部触诊法

是将手指伸直平贴于体表，不加按压而轻轻滑动，依次进行感触。常用于检查体表的温度、湿度和敏感性等。检查体表的温度最好用手背，因手背对温度的差异比较敏感。

浅部触诊法也用于检查心搏动、脉搏、肌肉的紧张性、骨骼和关节的肿胀变形等。当肌肉痉挛变紧张时，触诊感硬度增加；当肌肉迟缓时，感觉松弛无力。

2. 深部触诊法

主要用于对内脏器官的触诊。它是用不同的力量对患部进行按压，以便进一步了解病变的硬度、大小和范围。深触可分为三种。

（1）按压触诊法　①以手掌平放于被检部位，轻轻地按压，以感知其内容物的性状与敏感性，适用于检查胸、腹壁的敏感性及中小动物的腹腔器官与内容物的性状。

②以指腹按压被检部位，以感知其内容物的性状、硬度、可移动性及疼痛反应等。适用于按压肿物。

（2）冲击触诊法　以一只手放在动物的背腰部作支点，另一只手四指伸直并拢，或弯曲第二指节，或握成拳头，垂直地放在被检部位，手不离开皮肤，用力行短而急的触压。此法可察之瘤胃内容物的性状，或感觉腹水的波动等。

（3）切入触诊法　以一个或几个并拢的手指，沿一定部位进行深入的切入或压入，以感知内部器官的性状，适用于检查肝、脾的边缘等。

（三）触诊注意事项

① 触诊时，应从健康区域或健康的一侧开始，然后移向患病的区域或患病的一侧，并行健、病区对比。

② 触诊时，用力的大小，应根据病变的性质、深浅而定。病变浅在或疼痛重剧的，用力小一些；反之，用力可大一些。

总的原则是：先周围、后中心，先浅后深，先轻后重。

（四）对触诊结果的描述

1. 捏粉状

感觉稍柔软，如压生面团样，指压留痕，除去压迫后慢慢平复。见于组织间发生浆液性浸润时，如皮下水肿。也可见于瘤胃积食等。

2. 波动性

像捏压热水袋样，柔软有弹性，指压不留痕，行间歇压迫时有波动感，见于组织间有液体潴留且组织周围弹力减退时，如血肿、脓肿及黏液囊肿等。

3. 坚实

感觉致密，硬度如肝。见于组织间发生细胞浸润时或结缔组织增生时。

4. 硬固

感觉组织坚硬如骨，见于骨瘤、骨质增生等。

5. 气肿

感觉柔软，稍具弹性，且感觉有气体向邻近组织逃窜，同时可听到有如在耳边捻头发的声音（捻发音）。见于皮下气肿、恶性水肿（产气）和气肿疽等。

四、叩诊

叩诊是用手指或借助器械对动物体表的某一部位进行叩击，以引起其振动并发生音响，再借助其发出的音响特性来帮助判断体内器官、组织状况的检查方法。

（一）音响的物理学特点

1. 组成音响的三要素

（1）音调　即声音的高低，取决于物体振动的频率。

（2）音强　即声音的强弱程度，取决于发音体振幅的大小，而振幅又与振动物体的弹性、含气量及叩击的力量大小有关。

（3）音色　即声音的品质，是由伴随基音的伴音所决定的，根据音色不同，肉耳可分辨出声音的不同。

2. 音时的长短

音时与物体振动时间长短和波速在介质中衰减的快慢有关。物质振动期长，音时也长；波速在介质中衰减缓慢，其音时也长。

3. 介质

音响在介质中传递时，介质密度大、弹性好时，音响传播快、密度小；弹性差的物体其音响传播缓慢。

（二）叩诊的应用范围

叩诊被广泛应用于肺、心、肝、脾、胃肠等几乎所有的胸、腹腔器官的检查。

(三) 叩诊的方法

根据叩诊的手法与目的不同，可分为直接叩诊法与间接叩诊法。

1. 直接叩诊法

即用一个（中指或食指）或用并拢的食指、中指和无名指的掌面或指端直接轻轻叩打（或拍）被检查部位体表，或借助叩诊器械向动物体表的一定部位直接叩击。借助叩击后的反响音及手指的振动感来判断该部组织或器官的病变。

2. 间接叩诊法

其特点是在被叩击的体表部位上，先放一振动能力较强的附加物，而后向这一附加物体上进行叩击。附加的物体，称为叩诊板。间接叩诊的具体方法主要有指指叩诊法及槌板叩诊法。

（1）指指叩诊法　其手法通常是以左手中指末梢两指节紧贴于被检部位代替叩诊板，其余手指要稍微抬起勿与体表接触；右手各指自然弯曲，以中指（或食指）的指端垂直叩击左手中指第二指节背面。叩击时应以掌指关节及腕关节用力为主，叩击要灵活而富有弹性，不要将右手中指停留在左手中指指背上。对每一叩诊部位应连续均匀叩击 2~3 下，同时在相应部位左右对比，以便正确判断叩诊音的变化。该法简单、方便、不需用器械，适用于中、小动物和大动物浅表部位的诊查。

（2）槌板叩诊法　其手法通常是以左手持叩诊板，将其紧密地放于欲检查的部位上；以右手持叩诊槌，用腕关节做轴而上下摆动，使之垂直地向叩诊板上连续叩击 2~3 次，以分辨其产生的音响。

间接叩诊法叩击力量的轻重，视不同的检查部位、病变性质、范围和位置深浅，一般分轻叩法（又称阈界叩诊法，用于确定心、肝及肺心相对浊音界）、中度叩诊法（适用于病变范围小而轻、表浅的病灶，且病变位于含气空腔组织或病变表面有含气组织遮盖时）和重叩诊法（适用于深部或较大面积的病变以及肥胖、肌肉发达者）等。

(四) 叩诊音的种类和性质

临床上将叩诊音分为清音、浊音、实音、鼓音和过清音 5 种。

1. 清音

是一种音调低、音响较强、音时较长的叩诊音，在叩击富弹性含气的器官时产生。见于正常肺脏区域。

2. 浊音

是一种高音调、音响较弱、音时较短的叩诊音，在叩击覆盖有少量含气组织的实质器官时产生。见于正常肝及心区，病理状况下见于肺有浸润、炎症、肺不张等。

3. 实音

为音调比浊音更高、音响更弱、音时更短的叩诊音。为叩击不含气的实质性脏器时所产生的声音。在病理情况下，大量胸腔积液和肺完全实变也可出现。

4. 鼓音

是一种比清音音响强、音时长而和谐的低音，在叩击含有大量气体的空腔器官时出现。病理状况下见于瘤胃胀气、气胸、气腹、肺空洞等。

5. 过清音

是一种介于清音与鼓音之间的叩诊音，此种叩诊音正常时不易听到，可见于肺组织弹性减弱而含气量增多的肺气肿患者。

（五）叩诊的注意事项

① 宜在安静并有适当空间的室内进行，以防其他声音的干扰。

② 叩诊板（或作叩诊板用的手指）须密贴动物体表，其间不得留有空隙。

③ 叩诊板不应过于用力压迫，除作叩诊板用的手指外，其余不应接触动物的体壁，以免妨碍振动，叩诊应以掌指关节和腕关节活动为主，避免肘关节的运动。应使叩诊槌或用作槌的手指，垂直地向叩诊板上叩击。

④ 叩打应该短促、断续、快速而富有弹性；叩诊槌或用作槌的手指在叩打后应很快地弹开。每一叩诊部位应连续进行 2~3 次，时间间隔均匀等。

⑤ 叩诊时用力要均匀一致且不可过重，以免引起局部疼痛和不适。叩诊时用力的大小应根据检查的目的和被检查器官的解剖特点而不同。

⑥ 叩诊时如发现异常音响，则应注意与健康部位的叩诊音响做对比，并与另一侧相应部位加以比较。应注意在叩打对称部位时的条件要尽可能地相等，当用较强的叩诊所得的结果模糊不清时，则应依次进行中等力量与较弱的叩诊再行比较之。

⑦ 确定含气器官与无气器官的界限时，先由含气器官部位开始逐渐转向无气器官部位；再从无气器官部位开始过渡到含气器官部位，应反复交替实施，最后依叩诊音转变的部位而确定其界限。

⑧ 叩诊时除注意叩诊音的变化外，还应结合听诊及手指所感受的局部组织振动的差异进行综合考虑判断。

奶牛真胃变位时应在左侧或右侧倒数一、二肋间及其周围采取听、叩诊结合的方法，若听到特征性的钢管音，则可作出初步诊断。

五、听诊

（一）听诊内容

听诊是利用人的听觉听取动物体内自然的或病理性的音响，根据音响的性质以推断内部器官病理变化的方法。听诊的应用范围很广，主要用于听诊心音，喉、气管及肺泡呼吸音，胃肠蠕动音等。

（二）听诊方法

1. 直接听诊法

通常在确实保定动物的情况下进行，不用任何器械，先在动物体表垫上一块听诊布，然后把耳直接贴在动物体表的相应部位进行听诊。方法简单，听取的声音真实。听诊肺脏前半部时，面向动物头发方，一只手放在鬐甲部作支点；听诊肺脏后半部及胃肠时，面向动物尾方，另一只手放在腰部作支点。听诊过程中，要防止动物躁动不安，注意人畜安全。

2. 间接听诊法

是借助听诊器进行听诊，在实践中普遍应用。听诊器由耳件（含耳塞）、弹簧片、胶管、金属三通及听头（包括膜型和钟型两种）所组成。钟型听头一般听取低音调的声音，膜型听头一般听取高音调的声音。

（三）听诊注意事项

① 听诊应选择安静的地方进行。

② 直接听诊时，要作适当保定，以防受到伤害。

③ 避免被毛摩擦及其他人为因素干扰听诊音。

④ 正确使用听诊器。

六、嗅诊

嗅诊是用嗅觉去嗅闻、辨别动物的呼出气、皮肤排泄物及其他排泄物气味的一种检查方法。嗅诊仅在某些疾病时有意义。如牛的呼出气有烂苹果味（氯仿味）时，提示有酮病；动物皮肤汗腺有尿臭时，常有尿毒症的可能；阴道分泌物有化脓腐败臭味时，提示有子宫蓄脓症或胎衣滞留等。

上述六种检查方法，除问诊外，都是利用我们的感官来检查病畜，而感官的灵敏度是可以通过锻炼和训练来提高的。因此，对这些基本检查方法，都应反复实践，熟练掌握，并适当配合应用，互相补充，以获得比较全面系统的资料。至于问诊，除了必须具备一定的专业素养外，还必须像有经验的新闻工作者那样，十分注意询问技巧，以便搜集到应该获得的所有资料，为诊断疾病提供可靠的依据。

第三节　体温、脉搏及呼吸频率的测定

体温、脉搏和呼吸数是评价动物生命活动的重要生理指标，一般变化在一个较为恒定的范围之内。但是，在病理过程中，受病原因素的影响而发生不同程度和形式的变化。因此，临床上测定这些指标，在诊断疾病和分析病程的变化上有重要的实际意义。

一、体温测定

动物体内的温度不依赖于外界气温的变化而改变，机体内的产热和散热保持平衡。

（一）正常体温及其生理影响因素

健康动物的体温见表1-1。

表1-1　健康动物的体温

动物种类	正常体温（℃）	动物种类	正常体温（℃）
马	37.5~38.5	猪	38.0~39.5
骡	37.5~39.0	犬	37.5~39.0
驴	37.5~38.5	猫	38.5~39.5
奶牛	37.5~39.5	兔	38.5~39.5
黄牛	37.5~39.0	狐狸	38.7~40.1
水牛	36.5~38.5	鸡	40.0~42.0
绵羊、山羊	38.0~40.0	鹅	40.0~41.3
骆驼	36.0~38.5	鸭	41.0~43.0
鹿	38.0~39.0	鸽	41.0~43.0

影响动物体温的因素有动物的年龄、性别、品种、营养及生产性能，动物的兴奋、运动与使役、采食、咀嚼活动之后，外界气候条件（温度、湿度、风力等）和地区性的影响、昼夜温差等。

（二）体温测量的方法

临床测量哺乳动物体温均以直肠温度为标准，而禽类通常测其翼下的温度，小动物可测量腋下和股内侧温度。一般用体温计进行检温。

检查体温时，先将水银柱甩动至 35℃以下；后用消毒棉轻拭之并涂以滑润剂（如液体石蜡或水）；检查人员用一只手将动物尾根部提起并推向对侧，以另一只手持体温计徐徐插入肛门中，用附有的夹子夹在尾根毛上加以固定，放开尾巴。体温计在直肠中放置 3 分钟或 5 分钟，取出后用酒精棉球拭净粪便或黏液，读取水银柱上端的度数即可。测温完毕，应甩动体温计使水银柱降下并用消毒棉清拭，以备下次使用。临床上应对病畜逐日检温，最好每昼夜定期检温 2 次，并将测温结果记录在病历上或体温记录表上，对住院或复诊病例应描绘出体温曲线表，以观察、分析病情的变化。

体温测量误差的常见原因：①测量前未将体温计的水银柱甩至 35℃以下；②没有让动物充分地休息；③频繁下痢、肛门松弛、冷水灌肠后或体温表插入直肠中的粪便中，以及测量时间过短等情况。

（三）体温的病理变化及临床意义

1. 体温升高

体温高于正常为发热，见于各种病原体所引起的全身感染，也见于某些变态反应性疾病和内分泌代谢障碍性疾病。

2. 体温降低

体温低于正常范围，临床上多见于严重贫血、营养不良、休克、大出血以及多种疾病的濒死期等。体温低于 36℃，同时伴有发绀、末梢冷厥、高度沉郁或昏迷、心脏微弱，多提示预后不良。

二、脉搏（心率）测定

脉搏的频率即每分钟的脉搏次数，以触诊的方法感知浅在动脉的搏动来测定。检查脉搏可判断心脏活动机能与血液循环状态，甚至可判断疾病的预后。

（一）正常脉搏频率及影响因素

1. 脉搏检查的部位及方法

动物种类不同，脉搏检查的部位有一定差异。马通常检查颌外动脉，牛检查尾动脉，小动物检查股动脉或肱动脉。检查时用食指、中指和无名指指腹压于血管上，左右滑动，即可感觉到血管似一富有弹性的橡皮管在指下跳动。检查计数每分钟脉搏次数。

2. 正常动物脉搏的频率

健康动物每分钟的脉搏次数见表 1-2。

表 1-2　健康动物的脉搏频率

动物种类	脉搏频率（次/分钟）	动物种类	脉搏频率（次/分钟）
马、骡	26～42	猪	60～80
驴	42～54	犬	70～120
乳牛、黄牛	50～80	猫	110～130
水牛	30～50	兔	120～140
绵羊、山羊	70～80	狐狸	85～130
骆驼	32～52	鸡（心率）	120～200
鹿	40～80	鸽（心率）	180～250

3. 脉搏的生理性影响因素

正常脉搏的频率受许多因素的影响，如品种、性别、年龄、饲养管理、地理环境、外界温度和湿度、生产性能、紧张和兴奋状态、胃肠充满程度等。

（二）脉搏频率的病理性变化

1. 脉搏频率增加

病理性脉搏加快主要见于发热性疾病、传染病、疼痛性疾病、中毒性疾病、营养代谢病、心脏疾病和严重贫血性疾病。当脉搏数比正常增加 1 倍以上时，均提示病情严重。

2. 脉搏频率降低

病理性脉搏减慢是心动徐缓的指征。一般可见于引起颅内压增高的脑病、胆血症、某些中毒及药物中毒等。高度衰竭时，也可见有心动徐缓与脉数稀少。脉搏次数的显著减少提示预后不良。

三、呼吸频率测定

（一）呼吸频率及测定方法

动物的呼吸频率或称呼吸数，以每分钟呼吸次数（次/分钟）来表示。健康动物的呼吸频率因品种、性别、年龄、劳役、肥育程度、运动、兴奋、海拔和季节等因素的影响而有一定差异。呼吸频率应在动物安静时，根据胸廓和腹壁的起伏动作或鼻翼的开张动作进行计数，亦可通过听取呼吸音来计数。鸡可注意观察肛门部羽毛的抽动而计算。冬天寒冷时，可观察鼻孔呼出的气流。健康动物的呼吸频率及其变动范围见表 1-3。

表 1-3　健康动物呼吸频率及其变动范围

动物种类	呼吸频率（次/分钟）	动物种类	呼吸频率（次/分钟）
马	8~16	犬	10~30
乳牛、黄牛	10~25	猫	10~30
水牛	10~30	兔	50~60
绵羊、山羊	12~30	狐狸	15~45
骆驼	6~15	鸡	15~30
鹿	15~25	鸽	20~35
猪	18~30		

（二）呼吸频率的病理变化

1. 呼吸次数增多

引起呼吸次数增多的常见病因：①呼吸器官本身疾病；②多数发热性疾病；③心力衰竭及心功能不全；④影响呼吸运动的其他疾病；⑤剧烈疼痛性疾病；⑥中枢神经系统的疾病；⑦某些中毒性疾病等。

2. 呼吸次数减少

临床上比较少见，主要是呼吸中枢的高度抑制。见于脑部疾病和中毒性疾病的后期引起的颅内压增高及濒死期，亦见于引起喉和气管狭窄（吸气缓慢）以及细支气管狭窄（呼气缓慢）性的疾病。呼吸次数的显著减少并伴有呼吸节律的改变，常提示预后不良。

四、血压测定

（一）动脉血压的测定方法

动脉压是指动脉管内的压力，简称血压或体循环血压。心室收缩时，血液急速流入动脉，动脉管达到最高紧张度时的血压，称收缩压（高压）。心室舒张时，动脉血压逐渐降低，血液流入末梢血管，动脉管的紧张度最低时的血压，称舒张压（低压）。收缩压与舒张压之差称脉压，它是了解血流速度的指标。

测定动脉压的方法，有视诊法和听诊法。常用的血压计有汞柱式、弹簧式两种。部位随动物种类不同而异，大家畜（如马、牛）在尾中动脉，小动物（如犬等）在股动脉。测血压时，使动物取站立姿势，将橡皮气囊（或称袖袋）绑在尾根部或股部。橡皮气囊的一端连在血压计上，另一端连在打气用的胶皮球上。在用视诊法测定时，是用胶皮球向气囊内打气，使汞柱或指针超过正常高度的刻度，随后通过胶皮球旁边的活塞缓缓放气，每秒钟放气量以下降 2 刻度为宜，一边放气，一边观察汞柱表面波动或指针的摆动情况。当开始发现汞柱表面发生波动或指针出现摆动时，这时的刻度数即为心收缩压。以后再继续缓缓放气，直至汞柱的波动或指针的摆动由大变小，由明显变为不明显时，这时的刻度数即为心舒张压。在利用听诊法测定时，先将听诊器的胸端放在绑气囊部的上方或下方，然后向气囊内打气至约 200 刻度以上，随后缓缓放气，当听诊器内听到第一个声音时，汞柱表面或指针所在的刻度，即为心收缩压。随着缓缓地放气，声音逐渐增强，以后又逐渐减弱，并且很快消失，在声音消失前血压计上的刻度，即代表心舒张压。有人认为，在利用听诊法测马的尾中动脉血压时，以将马尾根部稍上举为宜。在临床上测定血压时，多将两种方法结合起来应用。

另外，临床上还可以采用心电监护仪测定血压。

血压的记录与报告方式为：收缩压/舒张压，单位为 mmHg（毫米汞柱），如测得的收缩压为 110mmHg，舒张压为 45mmHg，则记录为 110/45mmHg。亦可直接记录为 110/45。

（二）正常值

健康家畜的血压因种属、年龄和役用情况等不同而不同，另外，也随着所测定的部位而不同（表 1-4）。

表 1-4　健康家畜的动脉压测定值　（mmHg）

家畜种类	测定部位	收缩压	舒张压	脉压
马、骡	尾根部	100~120	35~50	65~70
牛	尾根部	110~130	30~50	80
骆驼	尾根部	130~155	50~75	80
绵羊、山羊	股部	100~120	50~65	50~55
犬	股部	120~140	30~40	90~100

（三）临床意义

收缩压的高低主要取决于心肌收缩力的大小和心脏搏出量的多少，舒张压主要取决于外周血管阻力及动脉壁的弹性。例如，在心机能不全、心搏出量减少时，或外周血管扩张（如休克），外周血管阻力降低（如热性病）时，可致血压下降。反之，在动物兴奋、紧张或使役之后，由于心搏出量增多，或由于肾上腺素释放增多，血液中血管紧张素浓度升高时（如急、慢性肾炎），可致血压升高。脉压加大，见于主动脉瓣闭锁不全；脉压变小，见于二尖瓣口狭窄。

第四节 眼结膜的检查

一、眼结膜的检查方法

眼结膜的颜色是由黏膜下毛细血管中血液数量及性状，以及血液和淋巴液中胆色素含量决定的。兽医工作者在临床检查中，通过视诊检查病畜眼结膜的颜色，能初步了解病畜全身的血液循环状态，掌握黏膜本身的变化，对疾病诊断和预后的判定有一定意义。

1. 牛的眼结膜检查方法

助手一只手用鼻钳子钳压鼻中隔，或用拇指和食指捏住鼻中隔，把牛向检查人的方向牵引，另一只手持同侧角，向外用力推，如此使头转向侧方，即可露出眼结膜。也可两手分别握住两角，将头向侧方向扭转，进行眼结膜检查。健康牛的眼结膜呈浅红色。

2. 马的眼结膜检查方法

助手一手持耳夹子，一手迅速抓住马耳。以持耳夹的手迅速将耳夹子放于马耳根部并用力夹紧保定，此时应紧握耳夹，以免挣脱而使夹子脱手甩出甚至伤人。检查左眼时，检查人左手抓住笼头，右手最后三指放在颧弓上面固定后，食指撑开眼睑，用拇指翻开下眼睑，眼结膜和瞬膜即可露出。检查右眼时，换手，按同样的方法进行。健康马的眼结膜呈淡红色。

3. 羊的眼结膜检查方法

助手用手握住双耳或双角，骑在羊背上，用两腿夹住其躯干部保定。检查者一手固定羊头，另一手的拇指与食指同时拨开上下眼睑，即可观察眼结膜的颜色。健康羊的眼结膜呈粉红色。

4. 猪的眼结膜检查方法

先抓住猪尾、猪耳或后肢站立保定，使之不能乱动，然后根据需要做进一步的保定；也可用绳的一端做一套或用鼻捻棒绳套自鼻部下滑，套入上颌犬齿后面并勒紧或向一侧捻紧即可固定。用拇指和食指打开上下眼睑，即可观察眼结膜。健康猪的眼结膜呈粉红色。

5. 犬的眼结膜检查方法

犬检查眼结膜很简单，没有什么特殊方法，就是犬主用双手分别握住犬两耳，并骑在犬背上，用两腿夹住胸部保定。检查者将犬上下眼睑打开然后进行检查即可。健康犬的眼结膜呈淡红色。

检查动物眼结膜时，除应注意其温度、湿度、有无出血、完整性外，还要最好在自然光下检查，并且两眼都做检查，以免误诊，更要仔细观察颜色变化。

二、眼及眼结膜的病理变化

（一）结膜苍白

眼结膜苍白表示红细胞的丢失或生成减少，是贫血的典型症状。根据苍白时间的长短，可分为急速苍白和逐渐苍白。急速苍白的，发生在大量失血以后或大量内出血时。还应注意由于红细胞的大量被破坏而形成的溶血性贫血时，则在苍白的同时常带不同程度的黄染。

（二）结膜潮红

眼结膜潮红是眼结膜下毛细血管充血的征象，是血液循环障碍的表现。此外，也见于眼结膜的炎症和外伤等。根据潮红的性质，可分为弥漫性潮红和树枝状充血。弥漫性潮红是指整个眼结膜呈均匀潮红，见于各种急性热性传染病、胃肠炎、胃肠性腹痛病及某些器官、系统的广泛性炎症过程等；树枝状充血，是由于小血管高度扩张、显著充盈而呈树枝状，常见于脑炎及伴有高度血液回流障碍的心脏病。见于猪的眼结膜潮红，并有结膜炎、流泪、眼球浑浊等多为眼炎、猪瘟等热性病。

（三）结膜黄染

眼结膜呈不同程度的黄色，是由于胆色素代谢障碍，致使血液中胆红素浓度增高，进而渗入组织所致，以巩膜及瞬膜处较易发现。引起黄疸的常见病因，一是因为肝脏实质的病变，致使肝细胞发炎、变性、坏死，并有毛细血管的淤滞与破坏，造成胆色素混入血液或血液中的胆红素增多，称为实质性黄疸。可见于实质性肝炎、肝变性以及引起肝实质发炎、变性的某些传染病、营养病、代谢病与中毒病等。二是因胆管被结石、异物、寄生虫所阻塞或被其周围肿物压迫，引起胆汁的淤滞、胆管破裂，造成胆汁色素混入血液而发生黏膜黄染，称为阻塞性黄疸。可见于胆结石、肝片吸虫、胆道蛔虫等。此外，当小肠黏膜发炎、肿胀时，由于胆管开口被阻，可有轻度眼结膜黄染现象。三是因红细胞被大量破坏，胆色素蓄积并增多而形成黄疸，称为溶血性黄疸。

（四）眼结膜发绀

即眼结膜呈蓝紫色，主要是由于血液中还原血红蛋白的绝对值增多或血液中形成大量变性血红蛋白所致。引起发绀的常见病因，一是因高度吸入性呼吸困难或肺呼吸面积的显著减少。见于各型肺炎、胸膜炎时。二是因血流过缓或过多而使血液经过体循环的毛细血管时，过量的血红蛋白被还原。多见于全身性淤血，特别是心脏机能障碍时，如心脏衰弱、心力衰竭等。三是血红蛋白化学性质改变，常见于某些毒物中毒、饲料中毒或药物中毒等。

第五节　浅表淋巴结及淋巴管的检查

浅在淋巴结及淋巴管的检查，在确定感染或诊断某些疾病上有重要的意义。

一、浅表淋巴结的检查

临床检查中应予注意的淋巴结主要有：下颌淋巴结、耳下及咽喉周围的淋巴结、颈部淋巴结、肩前及膝窝淋巴结、腹股沟淋巴结、乳房淋巴结等。淋巴结的检查方法可用视诊，尤其常用触诊，必要时可配合应用穿刺检查法。

进行浅在淋巴结的视诊、触诊检查时，主要注意其位置、大小、形状、硬度及表现状态、敏感性及其可动性（与周围组织的关系）。

淋巴结的病理变化主要可表现为急性或慢性肿胀，有时可呈现化脓。淋巴结的急性肿胀，通常呈明显的肿大，表现光滑，且伴有明显的热、痛（局部热感、敏感）反应。淋巴结的慢性肿胀，一般呈肿胀、硬结、表面不平，无热、无痛，且多与周围组织粘连而固着，有难以活动的特点。淋巴结化脓则在肿胀、热感、呈疼痛反应的同时，触诊有明显的波动，如配合进行穿刺，则可吸出脓性内容物。

二、浅表淋巴管的检查

正常时动物体浅在的淋巴管不能明示。仅当某些病变时，才可见淋巴管的肿胀、变粗甚至呈绳索状。

第二章

系统临床检查

第一节　心脏的临床检查

一、心脏听诊

心音是随心室收缩与舒张活动而产生的两个有节律、相互交替发生的声音。心脏听诊是检查心音的重要方法，一般采用间接听诊法。

健康动物的每个心动周期，都可以听到低、高两个声音。前一个声音的音调低、钝浊、持续时间长、尾音也长，是心室收缩时、两房室瓣同时关闭而发生的振动音，称为缩期心音或第一心音；后一个声音音调高、响亮而短、尾音消失快，是心室舒张时主动脉、肺动脉根部的半月状瓣同时关闭而发生的振动音，称为张期心音或第二心音。第一心音与第二心音的间隔比第二心音距离下一次第一心音的时间短。

（一）心音听诊的方法

听诊心音时，应将动物头部固定，并将检查侧的前肢拉向前方，使心区充分暴露。然后用听诊器在肘头后上方的心区部听取。

（二）心音最强听取点

在胸壁的相应位置，距两房室瓣口和两动脉瓣口最近的部位，听取心音最清楚，这个部位称为心音最强听取点（表 2-1）。在心脏区域的任何部位，都可以听到两个心音。

表 2-1　各种家畜心音最强听取点

畜别	第一心音		第二心音	
	二尖瓣音	三尖瓣音	主动脉音	肺动脉音
牛	左侧第四肋间，主动脉口音听取点的下方	右侧第四肋骨上，胸廓下 1/3 的中央水平线上	左侧第四肋间，肩关节水平线下方 2~3 厘米处	左侧第三肋间，肘头的稍上方

（续表）

畜别	第一心音		第二心音	
	二尖瓣音	三尖瓣音	主动脉音	肺动脉音
猪	左侧第四肋间	右侧第三肋间	左侧第三肋间	左侧第二肋间
犬	左侧第四肋间	右侧第三肋间	左侧第三肋间	左侧第三肋间

（三）心音的病理改变

心音听诊时主要应注意心音的频率、强度、性质及有否分裂、杂音或节律不齐等变化。

1. 心率

以每分钟的心音次数（心动周期）来表示。牛正常心率为40~80次，心率与脉搏的次数相等。高于正常值时，称心率过速；低于正常值时，称心率徐缓。

2. 心音性质改变

常表现为心音混浊，音调低沉且含混不清；主要由热性病及其他导致心肌及瓣膜变性的疾病所引起，见于心肌炎、心肌变性、心包积水及气胸等。

3. 心音强度变化

（1）两心音均增强　可见于热性病的初期、心机能亢进以及兴奋或伴有剧痛性的疾病及心脏肥大、轻度贫血或失血及应用强心剂时。健康动物在兴奋、使役后可出现两心音增强。

（2）第一心音增强　在第一心音显著增强的同时，主要见于心脏衰弱或大失血、失水、贫血、虚脱以及其他引起动脉血压显著下降的各种病理过程。

（3）第二心音增强　可见于小循环障碍、二尖瓣闭锁不全或肾炎等。

（4）两心音均减弱　可见于心机能障碍的后期、濒死期以及渗出性胸膜炎或心包炎。

（5）第一心音减弱　可见于二尖瓣关闭不全或心室肥大。

（6）第二心音减弱　可见于贫血或大失血、高度脱水、休克等。

4. 心音分裂与重复

第一心音或第二心音分裂成两个音，不完全的分开叫分裂，完全的分开叫重复。分裂和重复只是程度不同，引起的原因和临床意义是一致的。

（1）第一心音分裂和重复　见于传导障碍、心肌炎、心肌营养不良和心力衰竭。

（2）第二心音分裂和重复　见于肾炎、肺循环障碍等。

5. 奔马调

即除第一心音、第二心音外，还有第三个附带音，音似马蹄声，见于严重的心肌炎、心肌硬化和左房室口狭窄。

6. 心杂音

伴随心脏的收缩、舒张活动而产生的正常心音以外的附加音响称为心杂音。根据产生的部位和性质不同，心脏杂音可分类为以下几种。

（1）心外性杂音　主要是心包杂音，其特点是：听之距耳较近，多用听诊器的胸端压迫心区则杂音可增强。如杂音的性质类似液体的振荡声，称心包击水音；如杂音的性质是断续性的、粗糙的擦过音，则称心包摩擦音。心包杂音是心包炎的特征，见于牛的创伤性心包炎。

（2）心内性杂音　依心内膜是否器质性病变而分为器质性杂音与非器质性杂音。依杂音出现的时期又分为缩期杂音及舒期杂音。心内性非器质性杂音：其声音的性质较柔和，如吹风样，多出现于缩期。心内性器质性杂音：是慢性心内膜炎的特征。在猪常继发于猪丹毒。其杂音的性质较粗糙，随动物运动或用强心剂后而增强。因瓣膜发生形态的改变，故杂音多是持续性（永久性）的。

7. 心律不齐

表现为心脏活动的快、慢不均及心音的间隔不等或强、弱不一。常见于心脏的兴奋性与传导机能的障碍或心肌损害。

二、心脏叩诊

对大动物，宜用槌板叩诊法；小动物可用指指叩诊法。

按常规叩诊方法，沿肩胛骨后角向下的垂线进行叩诊，直至心区，同时标记由清音转变为浊音的一点；再沿与前一垂线呈45°左右的斜线，由心区向后上方叩诊，并标记由浊音变为清音的一点，连接两点所形成的弧线，即为心脏浊音区的后上界。

健康动物心脏的叩诊区：牛在左侧第三、第四肋间呈相对浊音区，且其范围较小。

其病理变化可表现为心脏叩诊浊音区的缩小或扩大，有时呈敏感反应（叩诊时回视、反抗）或叩诊呈鼓音（如牛创伤性心包炎时）。

第二节 呼吸系统的临床检查

一、呼吸运动的检查

检查呼吸运动时，注意呼吸频率、呼吸类型、节律、强度和呼吸的匀称性。呼吸运动是指家畜在呼吸时，呼吸器官以及参与呼吸的鼻翼、胸廓和腹壁有节奏的协调运动。检查呼吸运动时，主要是检查呼吸的频率、类型、节律、匀称性、呼吸困难和呃逆（膈肌痉挛）等。

（一）呼吸类型

呼吸类型即动物的呼吸方式。即吸气与呼气时胸廓与腹壁所表现的起伏动作的对比强度。检查时，应注意动物在平静状态下自然站立，检查者立于动物的前侧方或后侧方，仔细观察动物呼吸时胸廓和腹壁起伏动作的协调性和强度。根据胸壁和腹壁起伏变化的程度及呼吸肌收缩的强度，将其分为三种类型。

1. 胸腹式呼吸

健康家畜正常的呼吸式为胸腹式呼吸。即呼吸时胸壁与腹壁的运动协调，强度也均匀一致，也称为混合式呼吸。犬例外，正常时为胸式呼吸。

2. 胸式呼吸

是犬的正常呼吸式，其他家畜为病理呼吸式。呼吸时，胸壁运动较腹壁运动明显，表明病变多在腹部或腹腔器官。常见于影响膈肌和腹肌运动的疾病，如急性瘤胃臌胀、胃扩张、膈肌炎、肠臌气、急性腹膜炎、腹壁疝、腹腔积液和创伤性网胃炎等。此外，膈破裂和膈麻痹时也出现胸式呼吸。

3. 腹式呼吸（病理呼吸式）

呼吸时，腹壁运动较胸壁运动明显。表明病变多在胸部，见于妨碍胸壁运动的疾病，如胸膜炎、胸腔积液、心包炎、肺气肿、肋骨骨折等。

（二）呼吸节律

家畜的正常呼吸，呈准确而有节律性的相互交替运动。由于吸气是随呼吸肌的收缩运动而产生的一种运动性动作，而呼气是在呼吸肌弛缓时开始的一种被动性动作，所以呼气时间比吸气长些（画呼吸波型）。吸气与呼气之比，马1：1.8，牛1：1.2，猪1：1，山羊1：2.7，绵羊1：1，犬1：1.64。

健康家畜的呼吸节律，可因兴奋、运动、恐惧、尖叫、狂吠喷鼻及嗅闻等发生暂时性变化，并无病理意义。

正常的呼吸节律遭到破坏，称为呼吸节律异常。临床上常见的呼吸节律的病理变化主要如下。

1. 吸气延长

由于空气进入肺脏发生障碍，所以吸气时间延长，见于上呼吸道狭窄、膈肌收缩运动受阻等。此时吸气不但延长同时也发生困难。

2. 呼气延长

由于肺泡中空气排出受到阻碍，呼出动作不能顺利地进行而使呼气延长，见于细支气管炎、慢性肺泡气肿、膈肌舒张不全等。

3. 间断性呼吸

其特征为间断性吸气或呼气。是在呼吸过程中，出现多次短促而有间断的动作（指在一个呼吸波中出现），此由于家畜先抑制呼吸，然后补偿以短时间的吸气或呼气。此种见于胸膜炎、胸壁痛和细支气管炎。此外，见于呼吸中枢兴奋性降低的疾病，如脑炎、中毒、濒死状态等。

出现间断性呼吸，是由于病畜先抑制呼吸，然后代偿以短时间的呼气而引起。见于细支气管炎、慢性肺泡气肿、胸膜炎和疼痛性胸腹部疾病，有时也见于呼吸中枢兴奋性降低的疾病，如脑炎、中毒和濒死期等。

4. 潮式呼吸

即陈-施二式呼吸，其特征为呼吸逐渐加强、加深、加快，当达到高峰以后，又逐渐变弱、变浅、变慢，而后呼吸中断。约经数秒乃至 15~30 秒的短暂间歇以后，又以同样的方式出现。潮式呼吸是呼吸中枢敏感性降低、病情严重的表现。见于脑炎、心力衰竭及某些中毒等。

5. 间歇呼吸

即毕奥式呼吸，其特征是数次连续的、深度大致相等的深呼吸和呼吸暂停交替出现。间歇呼吸常见于各种脑膜炎、中毒、尿毒症及各类严重疾病的濒死期。

6. 深长呼吸

即库斯茂尔式呼吸。特征为呼吸不中断，发生深而慢的大呼吸，呼吸次数少，并带有明显的呼吸杂音，如啰音和鼾声。故又称深大呼吸。见于酸中毒、尿毒症和濒死期。偶见于大失血、脑脊髓炎和脑水肿等。

（三）呼吸的对称性

健康家畜呼吸时，两侧胸壁起伏运动的强度完全一致，称为对称性呼吸。当胸部疾病局限于一侧时，患侧胸部的呼吸运动显著减弱和消失，而健侧胸部的呼吸运动出现代偿性加强，称为不对称呼吸。常见于一侧性的胸膜炎、肋骨骨折和气胸等。当胸部两侧均患病时，两侧呼吸运动均减弱，但以病重的一侧减弱更为明显，这也属于不对称呼吸。

（四）呼吸困难

呼吸困难是一种复杂的病理性呼吸障碍，表现为呼吸运动加强和呼吸次数改变，有时呼吸节律与呼吸式也发生变化等。高度的呼吸困难称为气喘。

1. 呼吸困难的表现形式

（1）吸气性呼吸困难特征　吸气用力，时间延长；头颈伸直，肘头外展，肋骨上举，肛门内陷；常听到呼吸狭窄音。

吸气性呼吸困难，主要是气体通过上呼吸道发生障碍的结果。动物为了使空气易于吸入肺脏，克服吸气的障碍，正常时不参加吸气运动的肌肉，如上、下锯肌，举肋骨肌等也参与吸气运动，呈现吸气性呼吸困难的特异姿势，常见于上呼吸道狭窄和咽及淋巴结肿胀等。鸡传染性喉气管炎、禽比翼线虫病可引起张口呼吸症状。牛副鼻窦蓄脓时，呼吸性杂音（狭窄音）特别明显。

（2）呼气性呼吸困难特征　呼气用力，时间延长；脊背弓屈，肷窝变平，肛门突出；呈二段性呼气，喘沟明显。

呼气性呼吸困难，是肺内空气排出发生障碍的结果。常见于细支气管管腔狭窄以及肺泡弹性降低的疾病，如细支气管炎、慢性肺泡气肿等。

（3）混合性呼吸困难　这是临床上最常见的一种呼吸困难。

呼气与吸气均发生困难，常伴有呼吸次数增加现象。

混合性呼吸困难是呼吸中枢兴奋、抑制或呼吸运动受阻所致。见于心肺疾病、贫血、中毒、脑病、剧痛和腹压增高性疾病等多种因素。

2. 呼吸困难的原因

（1）肺源性呼吸困难　主要是由于呼吸器官机能障碍的结果。如上呼吸道狭窄，支气管、肺、胸膜等疾病时，肺呼吸面积减少，肺组织弹力减退，胸部运动障碍等，引起肺的换气不足或血液循环障碍，使血液二氧化碳浓度增高，兴奋呼吸中枢所致。

（2）心源性呼吸困难　是由于心力衰竭、循环障碍所致。其产生的主要原因是小循环发生障碍，肺换气受到限制，导致缺氧气和二氧化碳蓄积，出现混合性呼吸困难。见于心内膜炎、心肌炎、心肥大及心扩张、创伤性心包炎和心力衰竭等。

（3）血源性呼吸困难　是由于红细胞或血红蛋白减少、血氧不足所致。见于严重贫血、大失血和血孢子虫病（如焦虫病）等。

（4）中毒性呼吸困难　是由于体内外有毒物质作用于呼吸中枢，使之兴奋或抑制所致。根据毒物来源又分为两种。

① 内源中毒性呼吸困难。各种原因引起的代谢性酸中毒，均可使血中

CO_2 浓度升高和 pH 下降，间接或直接兴奋呼吸中枢，增加呼吸通气量和换气量，表现为深而大的呼吸困难，但无明显的心、肺疾病的存在。可见于瘤胃酸中毒、尿毒症、酮病和严重的胃肠炎等。此外，高热性疾病时，因代谢亢进，血液温度增高以及血中毒，都能刺激呼吸中枢，引起呼吸困难。

② 外源中毒性呼吸困难。某些化学物质能影响 Hb，使之失去携 O_2 功能（如亚硝酸盐中毒），或抑制细胞内酶的活性，破坏组织氧化过程（如氢氰酸中毒），从而造成组织（或细胞）缺 O_2，出现呼吸困难。另外，有机磷农药中毒时，可引起支气管分泌增加，支气管痉挛和肺水肿而导致呼吸困难。

水合氯醛、吗啡、巴比妥中毒时，呼吸中枢受到抑制，故呼吸迟缓。

（5）中枢性呼吸困难　是呼吸中枢兴奋所致。见于脑膜炎、脑出血、脑肿瘤等。此外，某些疼痛性疾病，可反射性引起呼吸加深，重者可发生呼吸困难。

（6）腹压增高性呼吸困难　是由于胃肠容积增大或膨胀，腹腔压力增高，直接压迫膈肌并影响腹壁的活动所致。严重者，常因高度呼吸困难，在数分钟内窒息而死。见于紫云英中毒、急性瘤胃臌胀、肠臌胀、肠变位、胃扩张和腹腔积液等。

喘息：迅速发生的呼吸困难，称为喘息。此时病畜喘气，接近窒息状态。喘息见于声带痉挛、喉腔被异物或肿瘤阻塞。纤维性支气管炎及肺水肿时喘息发展较缓慢。肺动脉梗死及异物性肺炎，数分钟内可发生喘息，甚至窒息而死。

（五）呼吸频率

呼吸频率即每分钟呼吸的次数。测定呼吸频率时，注意昼夜时间的影响、气温和湿度、温度的影响，以及动物本身年龄、性别、妊娠、品种、营养、胃肠充满的起伏次数计数之。在马最好是在后肢休息的一侧，观察其腹肋部的起伏。冬日可观察鼻孔呼出的气流。马还可观察鼻翼的动作。如在某些特殊情况下，不能观察计数时，可听诊胸廓或气管以确定之。

呼吸频率因动物种类不同而差异很大，受下列许多因素的影响。

动物品种：一般认为，纯种动物的呼吸频率较非纯种动物为低。

动物年龄：年青的动物，物质代谢比成年动物旺盛，它们在单位时间内排出的 CO_2 较成年动物为多，呼吸次数也较多。

体格大小：大犬每分钟呼吸 10~14 次，小犬则为 20~30 次，此乃小犬的物质代谢比较旺盛，而体温的散失亦较大犬多。

昼夜时间、季节、身体姿势、使役、兴奋等都影响呼吸频率。

呼吸频速相当常见。引起呼吸频速的原因如下：发热疾病-代谢亢进，高的血温和热原质以及感染性毒素对呼吸中枢的刺激；高度贫血；呼吸器官的病变，血管系统的机能障碍-血中二氧化碳积聚以及血氧不足；反射性刺激-疼痛性疾病和神经系统的疾病对呼吸中枢的反射性刺激。

呼吸缓慢比较少见。主要为呼吸中枢的高度抑制，见于中毒、肾机能不全、肝脏的严重疾患、生产瘫痪、酮血病及各种原因引起的脑内压增高。在马的传染性脑膜炎时，呼吸次数可减少至每分钟 3 次。呼吸减慢亦见于喉和气管狭窄（吸气缓慢）以及细支气管狭窄（呼气缓慢）。

（六）呃逆（膈肌痉挛）

呃逆是膈神经直接或间接受到刺激，使膈肌发生有节律的收缩，产生一种短暂而急促的吸气运动。其特征为腹部和肷窝部发生节律性的特殊跳动。严重者，胸壁甚至全身也出现有节律的震动（又叫跳肷）。同时可闻呃逆声“呃”！见于某些中毒、脑病以及某些腹痛症和胃肠炎等。呃逆的发生与呼吸一致，这要与心悸相区别。

二、上呼吸道检查

上呼吸道检查包括呼出气息、鼻液、喉及气管的检查。

（一）呼出气息

用手背放在鼻孔前方，判定气流温度、强度，以鼻嗅之，判定气息的气味。

（二）鼻液

鼻液是呼吸道黏膜的分泌物，一般量少，湿润鼻腔黏膜表面。过量分泌是由黏膜炎症而引起的，因炎症和病变性质不同而分泌出不同性质的鼻液。

浆液性鼻液为无色透明，呈水珠样滴出，是黏膜表层炎症的产物，表明有鼻卡他。黏液性鼻液为白色或灰白色浑浊黏稠液，呈线状流出，是黏膜较深层炎症所产生。脓性鼻液为黄白色或灰黄色浓稠物，表明呼吸道化脓菌感染。鼻液带血时，呈红色，混有血丝、凝血块或为全血，血色鲜红者，常提示鼻部出血；粉红色或鲜红而混有许多小气泡，可能是肺气肿、肺充血、肺出血。

（三）喉和气管检查

主要是对外部进行视诊、触诊和听诊，如有无肿胀、变形，头部姿势有无改变，听喉和气管有无异常呼吸音，通过触诊，可以判定喉及气管疾病，有无疼痛和咳嗽，并可确定肿胀的性质。在急性严重炎症时，触诊局部发热、疼痛，并引起咳嗽。

当喉部黏膜有黏稠的分泌物、水肿、狭窄和声带麻痹时，触诊可感到喉部有明显的颤动。对内部进行检查时，主要靠直接视诊。检查时，常将动物头略微高举，用开口器打开口腔，将舌拉出口外，并用压舌板压下舌根，同时对着阳光，即可观察喉黏膜及其病理变化，注意咽喉部黏膜有无肿胀、出血、溃疡、渗出物和异物等。

三、咳嗽的检查

咳嗽是一种爆发性的强烈的呼气运动，能将呼吸道内的异物及分泌物排出体外，是动物体的一种保护性反射动作，同时也是呼吸器官疾病过程中最常见的症状之一。当咽喉、气管、支气管、肺、胸膜等部位发生炎症或受到异常刺激时，使呼吸中枢兴奋，在深吸气后关闭声门，继之以突然剧烈的呼气，则气流猛烈冲开声门，形成一种特殊的音响——“咳”！即为咳嗽。长期而剧烈的咳嗽，对机体是有害的，主要是：扩大呼吸道的炎症范围，形成肺泡气肿。

检查咳嗽时，应着重检查咳嗽的性质。常见的咳嗽及其临床意义如下。

1. 干咳

咳嗽的声音干而短，是呼吸道内无渗出液或有少量黏稠渗出液所发生的咳嗽。见于喉或气管有异物，慢性气管疾病和急性炎症过程的初期。胸膜炎和肺结核时，可见反射性干咳。

2. 湿咳

咳嗽的声音湿而长，是呼吸道内有大量的稀薄渗出液时所发生的咳嗽。见于咽喉炎、支气管炎和肺脓肿等。

3. 痛咳

咳嗽的声音短而弱，且在咳嗽时，病畜呈现伸颈、摇头、呻吟、惊恐或前肢刨地的异常表现。见于急性喉炎、胸膜炎、异物性肺炎和畜禽线虫病（牛羊网尾线虫、猪后圆线虫、禽比翼线虫）等。

4. 痉咳

咳嗽连续发作，是刺激强烈或刺激因素不易排除的表现。见于急性喉炎或上呼吸道异物刺激等。痉咳突然爆发，且剧烈而痛苦，又称为发作性咳嗽，也见于呼吸道异物的刺激。

5. 稀咳

是单发性咳嗽，每次1~2声，常反复发作而带有周期性，故亦称为周期性咳嗽。见于感冒、慢性支气管炎、肺结核和肺线虫病等。

6. 哑咳

咳嗽声音低弱而嘶哑。见于细支气管炎、支气管肺炎、肺气肿胸膜炎和胸膜粘连及猪肺疫等（从肺细支气管可挤出乳白色豆腐渣样渗出物）。

四、胸、肺检查

（一）肺部的叩诊

1. 检查方法

大动物宜用槌板叩诊法，中小动物可用指指叩诊法。

叩诊的目的，主要在于发现叩诊音的改变，并明确叩诊区域的变化，同时注意对叩诊的敏感反应。

2. 正常状态

叩诊健康动物的肺区，叩诊呈清音。正常的肺部叩诊清音区多呈近似的直角三角形。马肺脏叩诊区为假定 3 条水平线，第 1 条线是髋结节水平线；第 2 条线是坐骨结节水平线；第 3 条线是肩关节水平线。以马为例，肺叩诊界的下后界与第 1 线交于第 16 肋间，与第 2 条线交于第 14 肋间，与第 3 线交于第 10 肋间，下端交于第 5 肋间；叩诊界的上界，是自肩胛骨后角至髋结节内角的直线，它与下后界在第 16 肋骨部交叉，形成锐角；叩诊界的前界，是由肩胛骨后角引向地面的垂线，与上界在肩胛骨后角处交叉，形成直角，与下后界交接处为心脏浊音区。不同动物肺脏叩诊区有差异，但在胸部均略呈三角形。

3. 病理变化

（1）叩诊胸部时，家畜表现回视、躲闪、反抗等疼痛不安现象，提示胸壁敏感，是胸膜炎的重要特征。

（2）肺脏叩诊清音区扩大（主要表现为后下界的扩大），提示肺气肿。

（3）叩诊音的变化

① 浊音、半浊音。浊音、半浊音的出现，说明肺泡内含有液体或肺组织发生实变，含气量减少或消失。大片状浊音区见于大叶性肺炎，也可见于马传染性胸膜肺炎、牛肺疫、牛出血性败血症和猪肺疫等；局灶性浊音或半浊音区见于小叶性肺炎、肺坏疽、肺结核、肺脓肿和肺肿瘤等。

② 水平浊音。是指能叩出上界呈水平状态的浊音区。说明胸腔内有一定量的液体存在。可见于渗出性胸膜炎、胸腔积液等。浊音区的变化随体位变化而变化。

③ 鼓音。在大叶性肺炎的充血水肿期和溶解消散期及小叶性肺炎时，肺泡内含有气体和液体，弹性降低，传音增强；或病健肺组织掺杂存在，其周围健康组织叩之鼓音；气胸时，胸腔内有大量气体，叩诊呈鼓音；胸腔积液时，在水平浊音界之上叩诊呈鼓音（肺组织膨胀不全所致）。

④ 过清音。为清音和鼓音之间的一种过渡性声音，类似敲打空盒的声音，故亦称空盒音，是肺泡内含气量大增所致，主要见于肺气肿。

⑤ 金属音。如叩打金属容器之响声。当肺脏有大的含气空洞，且位置浅在、洞壁光滑时，能叩出此声。

⑥ 破壶音。类似敲打破瓷壶发出的响声。此乃肺脏有与支气管相通的大空洞，当叩诊时，洞内气体通过狭窄的支气管向外排时发出的声音。肺脏空洞可见于肺脓肿、肺结核、肺坏疽等病理过程中。

4. 注意事项

① 在两侧肺区均应由前向后、自上而下的每隔 3~4 厘米（或沿每个肋间）做一叩诊点进行普遍的叩诊检查。

② 叩诊时除应遵循叩诊的一般注意事项外，对消瘦的动物，叩诊板（或用做叩诊板的手指）宜沿肋间放置。

③ 叩诊的强度应依不同区域的胸壁厚度及叩诊的不同目的而变化，肺区的前上方宜行强叩诊，后下方应轻叩诊，发现深部病变应行强叩诊。

④ 对病区与周围健区，在左右两侧的相应区域，应进行比较叩诊，以确切地判定其病理变化。

（二）肺部的听诊

1. 检查方法

听诊区同叩诊区或稍大。在听诊区内，应普遍进行听诊；每一听诊点的距离为 3~4 厘米，每处听 3~4 次呼吸周期，先听中 1/3 部，再听上、下 1/3 部，从前向后听完肺区。如果呼吸微弱、呼吸音响不清时，可人为地加强动物运动，也可短时间捂住动物的鼻孔并于放开之后立即听诊；或使动物做短暂的运动后听诊。宜注意排除呼吸音以外的其他杂音。

2. 正常状态

健康动物可听到微弱的肺泡呼吸音，于吸气阶段较清楚，状如吹风样或类似“呋、呋”的声音。整个肺区均可听到肺泡呼吸音，但以肺区的中部最为明显。各种动物中，马属动物肺泡呼吸音最弱，牛、羊较马明显，肉食动物最强。一般幼畜呼吸音强，成畜则弱。

支气管呼吸音类似“赫、赫”的音响。马的肺区听不到支气管呼吸音，其他动物仅在肩后，靠近肩关节水平线附近区域能听到。

3. 病理变化

（1）肺泡呼吸音变化　可分为肺泡呼吸音增强和肺泡呼吸音减弱。

肺泡呼吸音普遍增强，在整个肺区均能听到重读的“呋”声，见于热性病、代谢亢进及其他伴有一般性呼吸困难的疾病；肺泡呼吸音局限性增强，见于大叶性肺炎、小叶性肺炎、渗出性胸膜炎等。这是因为，病区肺小叶功能低下或丧失，其周围健康肺小叶代偿性呼吸增强的结果。

肺泡呼吸音减弱或消失，可见于肺组织含气量减少（支气管炎、各型肺炎等）、肺泡壁的弹性降低（如慢性肺泡气肿等）、肺与胸壁间距离加大（如渗出性胸膜炎、胸壁浮肿、胸腔积气积液等）。

（2）支气管呼吸音或混合呼吸音　在肺区内听到明显支气管呼吸音，即系病态，可见于肺的炎症与实变。

如在吸气时有肺泡音，呼气时有支气管音，称混合呼吸音或支气管肺泡音，可见于大叶性肺炎或胸膜肺炎的初期。

（3）病理性呼吸音

① 啰音。啰音是伴随呼吸出现的附加音，也是一种重要的病理征象。

干性啰音，音调强、长而高朗，如笛声、嗞嗞声，主要是支气管黏膜肿胀、管腔狭窄、气流不畅或其内有少量黏稠分泌物、气流通过时发生振动的结果，可见于支气管炎、支气管肺炎。湿性啰音，音响如水泡破裂音、沸腾音、潺潺音或含漱音，是由于支气管、细支气管及肺泡内有大量稀薄液体，气流通过时，水泡的生成或破裂所致，可见于支气管炎症、细支气管炎症、肺水肿、异物性肺炎等。

② 捻发音。当肺泡内有少量液体时，肺泡壁发生黏合，气体进入肺泡时，粘合的肺泡壁被冲开而发出类似捻转头发的音响，见于肺水肿、小叶性肺炎、大叶性肺炎等。

③ 空瓮性呼吸音。类似吹狭口瓶发出的声音。是由于肺脏出现了与支气管相通的大空洞，当气体由支气管进入肺空洞时，即发出此声音。

④ 胸膜摩擦音。当胸膜发生纤维素性渗出性炎症，渗出液较少，胸膜脏、壁层又不粘连时，随着呼吸运动，2 层粗糙的膜相互摩擦就发出类似皮革摩擦的音响，即胸膜摩擦音。

⑤ 拍水音。当胸腔内有一定量的液体和气体时，随着呼吸运动，发出类似水击河岸的音响，即胸腔击水音（拍水音），主要见于腐败性胸膜炎。

第三节　消化系统的临床检查

一、饮食状态的观察

（一）饮食欲检查

饮欲是动物对饮水的需求，食欲是动物对采食饲料的需求。动物的饮食欲主要靠问诊和饲喂试验了解。

在排除饲料品质不良、饲料和饲喂制度突然改变、饲养环境突然变换、饥饿程度、年龄、劳累程度等因素外，饮食欲是否正常，是动物健康与否的重要标志。饮食欲的常见病理变化如下。

1. 食欲减退

表现为不愿采食和采食量减少，是许多疾病的共同表现。其原因是各种致病因素作用，导致舌苔（舌苔由丝状乳头分化的角化树与填充其间隙中的脱落上皮、唾液、细菌、食物残屑、渗出白细胞等组成）味觉减退，反射性地引起胃的饥饿收缩受抑制所致。同时与胃肠张力减弱，消化液分泌减少有关。其常见于发热和引起胃肠消化机能紊乱的病程中。食欲减少的同时，伴有其他不同的症状，如口炎（口腔黏膜病变）、牙齿的疾病（咀嚼困难）、咽腔与食管的疾病（伴有吞咽困难）、胃肠道疾病（便秘或腹泻）、发热性疾病（拒食，喜饮冷水）、代谢障碍（营养素缺乏）、疼痛性疾病（口腔痛、腹痛）等。有时喜食精料而不喜欢粗料，可能为胃酸过多；有时喜吃粗料而不喜吃精料，可能为胃酸过少。

2. 食欲废绝

表现为完全拒食饲料（注意：动物也有情感因素完全不食的），长期拒食饲料表示疾病严重，预后不良。见于各种高热性疾病、剧痛性疾病、中毒性疾病、急性胃肠道疾病等。

3. 食欲不定

表现为食欲时好时坏，变化不定，见于慢性消化不良、牛创伤性网胃炎等。

4. 食欲亢进

表现为食欲旺盛，采食量多。主要由于机体对能量需求增多，代谢加强，或对营养物质的吸收和利用障碍所致，其临床意义为：重病恢复期；肠道寄生虫病；代谢障碍性疾病（如糖尿病）；内分泌疾病（如甲状腺机能亢进）；机能性腹泻（乳糖不耐受）等。

营养物质吸收和利用障碍所引起的食欲亢进，尽管采食量增加，但病畜仍呈现营养不良，甚至逐渐消瘦。

5. 异嗜

病畜采食平常不吃的物品，是食欲紊乱的症状之一。如一种是采食污物、泥土、木片和塑料薄膜等；另一种也见于母畜吞食胎衣、食仔，仔猪咬耳尖、尾巴，鸡啄羽、啄肛等。异嗜现象常见于幼畜，多提示为营养代谢障碍和矿物质、维生素、微量元素缺乏性疾病的先兆。此外，也见于精神错乱（如狂犬病、脑炎、脑水肿）、慢性胃卡他（仰口线虫）及胃肠道寄生虫病（绦虫、蛔虫）等。

6. 饮欲增加

健康家畜饮水量与其运动、工作、气温、季节及饲料中的含水量有密切关系。应该注意，马对水的选择性较大，如习惯饮河水的马，一旦更换水源，则不饮水。表现为口渴多饮，常见于热性病、剧烈腹泻、呕吐、大失水、犬的糖尿病、子宫蓄脓、渗出过程（如胸、腹膜炎）及猪鸡食盐中毒、牛真胃阻塞、糖尿病等。

7. 饮欲减少

表现为不喜饮水或饮水量少，见于意识障碍的脑病及某些胃肠道疾病。

（二）采食和咀嚼

正常情况下，各种动物采食和咀嚼的方式有明显的差异。检查采食与饮水，必先熟悉各种家畜特有的方式。牛咀嚼时，口半开，头略仰起以防饲料掉出。猪则主要以上下颌的压力将饲料压碎。犬进食时，通常比较迅速，稍微咀嚼后，即进行吞咽；而猫进食相对比较缓慢，往往是细嚼之后吞咽；其他肉食动物将饲料咬成碎块后，不咀嚼即咽下。

异常的采食、咀嚼主要表现如下。

1. 采食障碍

表现为采食不灵活，或不能用唇、舌采食，或采食后不能用唇、舌运动将饲料送至臼齿间进行咀嚼。见于唇、舌、齿、下颌、咀嚼肌的直接损害，如口炎、口蹄疫、放线菌病、面神经麻痹、破伤风、脑室积水等。

2. 咀嚼障碍

轻度咀嚼障碍的特征为家畜不愿咀嚼饲料，咀嚼迟缓，并不时停止咀嚼。中度咀嚼障碍表现为咀嚼疼痛、不敢用力，和在咀嚼过程中突然停止，将饲料吐出口外，然后又重新采食，严重的甚至完全不能咀嚼。咀嚼障碍常为牙齿、颌骨、口腔黏膜、咀嚼肌及相关支配神经的疾病，如牙齿磨灭不整、齿槽骨膜炎、严重的口膜炎和破伤风等。空嚼、磨牙或咬牙声，见于某些疼痛性疾病（马疝痛）、传染性脑脊髓炎、破伤风及某些中毒现象。牛的磨牙声见于消化不良、猪则见于猪瘟，羊见于多头蚴、胃肠炎、寄生虫病及其他胃肠病。

（三）吞咽

食物被咀嚼和唾液湿润之后，形成食团，借口腔底的收缩，舌根的吸引作用，软腭关闭后鼻孔，舌根紧贴会厌，食团即沿硬腭、软腭入咽而咽下。吞咽动作是一种复杂的生理性反射活动。这一活动是由舌、咽、喉、食管以及吞咽中枢和有关传入、传出神经共同协作来完成的。在上述这些器官中，如果某一器官的机能或结构发生异常改变，均可引起吞咽障碍。液体、半液体及饲料碎粒可能误入气管和支气管而造成致命的肺坏疽。

1. 吞咽障碍的临床表现

是患畜在进行吞咽时，前肢刨地、流涎、咳嗽、摇头、伸颈，或由鼻孔逆流出混有饲料残渣的唾液和饮水等，常在试图吞咽数次后，即拒绝饲料。

2. 吞咽障碍的临床诊断意义

见于咽疼痛性肿胀、异物和肿瘤；食管阻塞、麻痹、狭窄和憩室等。动物想吃而不能吃。

（四）反刍

反刍动物采食之后，周期性地将瘤胃中的食物返回至口腔，重新咀嚼后再咽下的过程称为反刍。反刍是因网胃中积聚粗饲料时刺激其他触觉感受器而发生的一种复杂的内脏运动的连锁反应。反刍可分为四个阶段：逆呕、再咀嚼、再混唾液和再吞咽。检查内容：采食后反刍出现的时间；一昼夜内反刍周期的次数；反刍持续的时间；每一食团咀嚼的次数。

反刍通常在安静或休息状态中进行，一般在采食后 0.5～1 小时开始，每昼夜进行 4～10 次，每次持续 20～60 分钟；每个返回口腔中的食团进行 30～50 次再咀嚼。羊的反刍动作较牛为快。

反刍活动常因外界环境的影响而暂时中断。反刍障碍，可表现为反刍迟缓无力、次数稀少和完全停止等。见于各种热性病、神经系统疾病、多种传染病和前胃疾病等。当反刍完全停止是病情严重的标志之一，如反刍逐渐恢复，则是病情转好的表现。

（五）嗳气

嗳气是反刍动物的一种生理现象，借以排出瘤胃内的气体。一般每 2～3 分钟嗳气 1 次，每小时嗳气 20～30 次。

嗳气减少，见于前胃疾病以及继发前胃功能障碍的热性病和传染病等。嗳气完全停止，见于食管阻塞及严重的前胃功能障碍，并多迅速继发瘤胃臌气。一般情况下，胃气经口嗳出，肠气则经肛门排出。非反刍动物嗳气（马则提示有急性胃扩张）均为病态。

（六）呕吐

胃内容物不自主地经口或鼻腔排出（或反排出来）称为呕吐。呕吐不仅是一种重要的病理现象，还是一种保护性反应。各种动物由于胃和食管的解剖特点和呕吐中枢的感应能力不同，发生呕吐的情况各异。一般来说，犬猫等肉食动物最易发生，并伴有生理性呕吐（过食）；其次为猪和禽（鸽子）；反刍动物较少呕吐，马仅有呕的动作，极难发生呕吐。

1. 呕吐的表现

反刍动物呕吐时，表现不安、头颈伸直，后肢缩于腹下，呕吐之前瘤胃收缩增强，当腹肌和瘤胃发生痉挛性收缩时，瘤胃内容物经口、鼻排出。因反刍动物的呕吐物多为前胃（主要是瘤胃）内容物，而非真胃内容物，故一般称为返流。当食道患疾病时，病畜仅呕出食道内停留的食物，则称为假呕吐。

肉食动物和杂食动物呕吐时，最初略显不安，然后伸颈将头接近地面，此时动物腹肌强烈收缩，并张口作呕吐状，如此数次即可发生呕吐，由口中吐出多量的胃内容物。

2. 呕吐的原因

（1）中枢性呕吐　是由于毒物或毒素直接刺激延脑的呕吐中枢而引起。见于脑病（如延脑的炎症过程）、传染病（如犬瘟热、猪瘟、猪丹毒等产生的毒素）、中毒（尿毒症，安妥、砷、铅、马铃薯中毒等）和药物（如氯仿、阿扑吗啡）、犬胰腺炎的影响等。治疗一般用神经抑制性药物治疗（爱茂尔、胃复安等）。

（2）末梢性呕吐　是由于延脑以外的其他器官受到刺激而发生。主要是来自消化道（舌根、咽、食管、胃肠黏膜）及腹腔器官（如肝、胃、子宫等）及腹膜的各种异物、炎症和非炎性刺激，反射性地引起中枢兴奋而发生的，一般又称为一次性呕吐。

3. 呕吐及呕吐物的检查

检查呕吐物时，应注意呕吐出现的时间、频度及呕吐物的数量、性质、气味、酸碱度和混杂物等。

采食后一次呕出大量胃内容物，并短时间内不再出现，见于猪和肉食动物的过食现象。频繁多次的呕吐，表示胃黏膜长期遭受刺激，如猪的胃溃疡。呕吐黏液，多为中枢神经系统严重疾患，如脑炎、猪瘟等。血性呕吐物，见于出血性胃炎及某些出血性疾病（如猫、犬瘟热等）。黄色或黄绿色胆汁性呕吐物，见于十二指肠阻塞。粪性呕吐物，见于猪、犬的大肠阻塞。

口、咽与食管的检查，当发生动物饮食欲减退，或有咀嚼、吞咽障碍时，或有流涎现象时，应对口、咽、食管等进行详细检查。

二、粪便检查

（一）排粪动作的检查

排粪动作障碍主要表现为便秘、腹泻、粪失禁、排粪带痛、里急后重等。

1. 便秘

表现排粪费力、次数减少或屡呈排粪姿势而排出量少，粪便干固而色暗，有时有黏液。见于热性病、腰脊髓损伤、慢性胃肠卡他、肠阻塞、瘤胃积食、前胃弛缓、瓣胃阻塞等。

2. 腹泻（或下痢）

表现频繁排粪，粪呈稀糊状甚至水样。腹泻是各类型肠炎的特征。见于侵害胃肠道的传染病、肠道寄生虫病及中毒等。

3. 粪失禁（失禁自痢）

动物不采取固有的排粪动作而不自主地排出粪便，主要是由于肛门括约肌弛缓和麻痹所致。见于顽固性腹泻、腰荐部脊髓损伤、直肠炎、濒死期等。

4. 排粪带痛

动物排粪时，表现疼痛不安、呻吟、惊惧、拱腰努责。见于直肠炎和直肠损伤、腹膜炎及牛创伤性网胃炎等。

5. 里急后重

病畜屡呈排粪姿势并强度努责，而且仅排出少量粪便或黏液。是直肠炎的特征。

（二）排粪次数及排粪量的检查

在健康状态下，马、骡等家畜夜间排便的次数大概为 8~12 次，奶牛可以达到 12~24 次，黄牛 10~18 次，肉食动物 1~3 次；在排便数量上马 12~25 千克，牛 25~35 千克，羊 1~3 千克，猪 0.5~2 千克，犬 0.4~0.5 千克。如果家畜排便次数和数量呈现减少的趋势，则最可能的疾病类型就是便秘或者热性病，导致家畜出现肠管阻塞的问题，严重情况下动物会停止排便。如果排便次数增多且大便呈现粥样、液状或水样状态，动物出现急性肠炎或者急性肠卡他的概率比较大。

（三）粪便颜色及气味的检查

动物在健康状态下粪便的颜色和饲料种类直接相关，常见的家畜粪便颜色为黄绿色或者黄褐色。在出现病变的情况下，如果是肠胃出血则粪便会呈现出褐色或者黑色状态，表面有时候会附着鲜红色血液。出现阻塞性黄疸时，由于家畜粪胆原及粪胆素不足，因此会造成粪便颜色发灰白。仔猪下痢，粪便呈现的颜色主要为黄白色和灰白色。鸡尿酸盐含量过多的时候，粪便出现白色沉着物。需要以铁剂、铋剂、木炭末内服的时候，动物粪便出现的主要颜色变化是黑色。草食动物一般粪便没有恶臭气味，但是肉食动物粪便恶臭，草食动物患酸性肠卡他的时候，很容易出现酸臭味，患肠胃炎或者粪便堆积时间比较长的时候，场内粪便发酵也导致粪便散发恶臭气味。

（四）粪便的硬度及形状

马、骡在健康状态下粪便以球形排出，含水量在 75%左右，其坚硬程度达到落地破碎的程度；牛粪相比较来说含水量更高，在85%左右，一般为叠饼状；羊粪为小圆豆状态，含水量在55%左右。粪便形态观察过程中，需要重点了解家畜的饲料种类和家畜的采食量，家畜在患病状态下，粪便硬度和形态都要发生不同程度的变化。比如家畜出现便秘的时候，由于水分被肠壁吸收因此粪便干硬，腹泻时，粪便失去原有形状，呈现比较稀薄的状态。

（五）粪便的混杂物

动物在健康状态下的排便，粪便上会有非常薄的一层黏液层，患有肠炎疾病的时候，家畜的粪便中黏液和脓液含量增加，如果是纤维蛋白膜性肠炎，粪便中会出现灰白色同心圆状的管型；出现消化问题的时候，粪便中会出现半完整的饲料；犬类病毒性肠炎，粪便中可出现暗红色血液，肠道寄生虫注意观察粪便中是否有虫类出现，为寄生虫疾病治疗提供依据。

（六）粪便 pH 检查

1. pH 试纸法

当 pH 监测值为 7 的时候表示被测物酸碱性为中性，低于 7 则为酸性，高于 7 为碱性。

2. 溴麝香草酚蓝法

试验结果呈现绿色则为中性，黄色则为酸性，蓝色则为碱性。临床上，食草动物一般情况下粪便呈现弱碱状态，如果状态发生转变后呈现酸性，则常见于胃肠卡他；碱性过大则多见于胃肠炎。

（七）显微镜检查法

1. 检查方法

选择粪便不同部位取少量作为样本，将样本放在载玻片上，以少量生理盐水加入之后用牙签涂抹成薄层，使用低倍镜检查。如遇到水样粪便，显微镜检查过程中可以先让样本进行沉淀，使用吸管吸去沉渣，制片后实施镜检。粪球表面以及内部以肉眼可见的异常混合物，包括血液、脓汁、脓块、肠道黏膜等，要单独挑选出来放置到载玻片上，盖玻片覆盖之后使用低、高倍镜检查。

2. 镜下情况

（1）饲料、食物残渣　出现植物细胞或者植物组织，可见较厚且有光泽的细胞膜和叶绿素；动物使用混合型食物之后，植物细胞、淀粉颗粒以及脂肪滴都在镜下可见。脂肪滴过多则表示家畜存在一定消化障碍可能性，消化不完全和未被消化的淀粉颗粒在加入稀碘溶液后，分别呈现紫色（淡红色）和蓝色。

（2）细胞数量　以高倍镜 10 个视野内的平均数报告细胞数量，红细胞如果数量过多则考虑家畜后部肠管有出血情况，形态正常的红细胞少量存在同时伴随数量过多的白细胞，说明存在肠炎疾病隐患。白细胞呈现圆形状态，内有核，构造清晰；脓球构造模糊，聚集状态，粪便中大量白细胞和脓球说明肠管内有炎症发生。上皮细胞主要有扁平状态和柱状形态，前者一般位于动物肛门附近，后者则多来自肠黏膜，柱状细上皮细胞少量出现且伴随白细胞、脓球，则多见于肠炎类型疾病。

（3）黏液、丝状物　镜下检查中出现的黏液或者丝状物，一般细胞成分缺乏，其实是纤维蛋白渗出之后形成的纤维蛋白膜，我们称为伪膜，猪、马、牛等家畜常见，诊断为黏液膜性肠炎。

（4）寄生虫　观察粪便中是否有寄生虫或者虫卵、幼虫存在。

3. 粪便潜血检查

潜血一般是无法用肉眼直接观察和判断的，家畜的消化系统无论是哪一部分出现问题，粪便中出现潜血的概率都是比较大的，因此检查粪便潜血的过程对家畜的疾病诊断有很大支撑作用。粪便潜血检查原理和我们熟悉的胃液潜血检查原理相同，由于青草中过氧化氢酶含量较多，因此针对食草动物的粪便进行加热的过程中，酶的活性会被破坏。为了减少干扰因素对检查结果的影响，我们采用经洗液浸泡过的玻片、试管参与试验，防止实验器材黏着物对血液性质产生影响，检查阳性结果一般可判断家畜出现了出血性胃肠炎、牛创伤性网胃炎、真胃溃疡、马肠系膜动脉栓塞以及其他能引起胃肠道出血的疾病。

三、口腔检查

（一）开口

口腔检查首先要给家畜开口。开口的方法有徒手开口法和开口器开口法。

1. 徒手开口法

（1）牛的徒手开口法　检查者位于牛头的侧方，可先用手轻轻拍打牛的眼睛，在其闭眼的瞬间，以一只手的拇指和食指从两侧鼻孔同时伸入，并捏住鼻中隔（或握住鼻环）向上提举，再用另一只手伸入口腔中握住舌体并拉出，口即行张开。

（2）犬的徒手开口法　两手握住犬的上下颌骨部，将唇压入齿列，使唇被盖于臼齿上，然后掰开口，也可用布带开口，即用布带或绷带两段，各横置于上下犬齿之后，用两手同时将口向上下拉开即可。

2. 开口器开口法

通常使用单手开口器，一只手握住笼头，另一只手持开口器自口角处伸入，随动物张口而逐渐将开口器的螺旋形部分伸入上下臼齿之间，而使口腔张开。检查完一侧后，再同样检查另一侧。

开口时要注意防止动物咬伤手指；拉出舌体时不要用力过大，以免造成舌系带损伤；使用开门器开口时，对患软骨症的病畜，要防止开张过大造成骨折。

（二）检查项目

1. 口腔气味

健康家畜口腔一般无特殊臭味，仅在采食后可留有某种饲料的气味。

甘臭味是由于长时间食欲废绝，口腔脱落上皮和饲料残渣腐败分解而引起，常见于口炎、肠炎和肠阻塞等。腐臭味常见于齿槽骨膜炎、坏死性口炎、牙槽-腮积草等。烂苹果味见于奶牛酮病。

2. 口唇状态

健壮家畜两唇紧闭。老年、疲倦和瘦弱的动物，下唇因组织紧张性减弱而松弛下垂，有时露出齿龈黏膜和门齿。

口唇下垂见于面神经麻痹、狂犬病、唇舌损伤和炎症，下颌骨骨折等。双唇紧闭见于脑膜炎和破伤风、中毒等。唇部肿胀见于口黏膜的深层炎症、外伤。马传染性脑脊髓炎、血斑病、穗状葡萄球菌毒病以及牛瘟。唇部疹疱见于牛和猪的口蹄疫、过敏、痘等。

3. 口腔黏膜

应注意其颜色、温度、湿度及完整性等。

（1）颜色　正常颜色及其病理变化同眼结膜。苍白、潮红、黄染、发绀等变化。除口腔黏膜局部炎症可引起潮红外，其余与可视黏膜（如眼结膜、鼻黏膜、阴道黏膜）病理变化意义一致。

（2）温度　温度可以手指伸入口腔中感知。其温度与体温的意义基本一致。如仅口温高而体温并不高，常提示为口炎。口温和体温均升高，并口干舌燥，见于发热性疾病。口温低下，见于贫血、虚脱及动物濒死期。

（3）湿度　健康家畜口腔湿度适中。口腔过分湿润，是唾液分泌过多或吞咽障碍的结果。见于口炎、咽炎、唾液腺炎、口蹄疫、狂犬病、破伤风等。口腔干燥，见于热性病、重剧胃肠疾病（如肠阻塞、肠变位、胃肠炎等）、脱水及阿托品中毒等。

（4）完整性　口黏膜出现红肿、发疹、结节、水泡、脓疱、溃疡、表面坏死、上皮脱落等，除见于一般性口炎外，也见于口蹄疫、痘疹、猪水泡病等过程中。雏禽维生素 A 缺乏症、霉菌性口炎、犬念珠菌病和某些物理化学因素引起口腔黏膜不同程度的损伤。

4. 舌体与牙齿检查

应注意舌苔、舌色及舌的形态变化、牙齿状况等。

（1）舌苔　是由一层脱落不全的上皮细胞沉淀物、唾液和饲料残渣等组成的滑腻物质，舌面上的苔样物质，称为舌苔。舌苔是胃肠消化不良时所引起的一种保护性反应，可见于胃肠病和热性病。舌苔黄厚，表示病情重或病程长；舌苔薄白，见于贫血、营养不良、慢性消耗性疾病，表示病情轻或病程短。

（2）舌色　意义与眼结膜同。

（3）形态变化　①舌硬化（木舌）。舌硬如木，体积增大，可见于牛放线菌病。②舌麻痹。舌垂于口角外并失去活动能力，见于各型脑炎后期及饲料中毒（如肉毒梭菌毒素）等。③舌部囊虫结节。一般发生于舌下和舌系带两侧，有高粱米粒至豌豆大的水泡样结节，是猪囊尾蚴病的特征。④舌体咬伤。可因神经机能扰乱，如狂犬病、脑炎等而引起。

（4）牙齿　牙齿检查应注意齿列是否整齐，有无松动、龋齿、过长齿、赘生齿和磨灭情况。动物氟中毒时，出现氟斑牙。矿物质缺乏时出现牙齿松动或不整齐。

5. 流涎

口腔中的分泌物流出口外，称为流涎。大量流涎是由于各种刺激使口腔分泌物增多的结果。可见于各种类型口炎、咽炎或食道阻塞、狂犬病、牛口蹄疫、犬瘟热、中毒（如鸡有机磷中毒、猪食盐中毒等）及某些药物的影响、犬晕车等。

四、咽和食管的检查

（一）咽的检查

当动物发生吞咽障碍，尤其是伴随吞咽动作有饲料或饮水从鼻孔返流时，必须作咽的局部检查。

1. 视诊

咽部发生炎症时，动物表现头颈伸直、咽区肿胀、吞咽障碍。小动物及禽类，咽的内部视诊比较容易，大动物须借助于喉镜检查。当怀疑有咽部异物阻塞或麻痹性病变时，则应进行口咽的内部检查。

2. 触诊

大动物触诊，应站在颈侧，以两手同时由两侧耳根部向下逐渐滑行并随之轻轻按压以感知其周围组织状态。如出现有明显肿胀和热感并引起敏感反应（疼痛反应或咳嗽时），多为急性炎症过程。如附近淋巴结弥漫性肿胀，可见于腮腺炎、马腺疫等，但吞咽障碍的表现不甚明显。局限性肿胀，可见于咽后淋巴结化脓、牛结核病和放线菌性肉芽肿。

（二）食管检查

动物吞咽发生扰乱，怀疑食管阻塞或痉挛时，应进行食管检查。颈部食管可进行外部视诊、触诊及探诊，而胸部食管只能进行胃管探诊。

1. 食管视诊

颈部食管出现界限明显的局限性膨隆，见于食管阻塞或食管扩张。

2. 食管触诊

注意感知有无肿胀和异物，注意内容物硬度及有无波动感等。

3. 食管探诊

（1）探诊的应用价值　探察病变部位，进行食管探诊的同时，实际上也可作胃的探诊。首先用于对食管疾病和胃扩张的诊断，以确定食管阻塞、狭窄、憩室及炎症发生的部位，并可提示是否有胃扩张（马属动物）的可疑。

（2）探管的选择　应根据动物种类及大小而选用不同口径及相应长度的胶管（通常称胃管）。对大家畜一般采用长2~2.5米，内径10~20毫米，管壁厚度为3~4毫米，软硬适中的橡胶探管。对猪、羊、犬可用长90厘米，外径8~12毫米的弹性胶管。探管在使用前应以消毒液（0.1%新洁尔灭等）浸泡并涂以润滑剂。

（3）探诊方法　动物要确实保定，一般取站立保定，尤其要固定好头部。猪可用侧卧位保定。在牛、羊、猪、犬常用开口器开口后自口腔送入探管。在马属动物食管探诊时，一只手握住鼻翼软骨，另一只手将探管前端沿下鼻道底壁缓缓送入。当探管前端达到咽腔时即感觉有抵抗，此时不要强行推送，可稍停并轻轻来回抽动探管，当引起动物吞咽动作时，应趁机送入探管。在进行探诊时，若动物不吞咽，探管过咽较为困难，此时可用手捏压咽部或拨动舌头以诱发吞咽动作。探管过咽后，应立即检查探管插入的位置（气管、食管或折转等）。

若探管误入气管或折转，应拔出重插。注意：探管不宜在鼻腔内多次扭转，以免引起黏膜破损出血。当发现鼻咽黏膜出血时，应暂停操作，并采取止血措施。

（4）探管插入位置的判定　判定探管插入的位置是非常重要的，如判定不准，将会带来严重后果。甚至会引起动物立即死亡。判定探管插入位置是否准确，可参考表2-2。

表2-2　探管插入位置判定

判定内容	插入气管	插入食管	探管折转
吞咽动作	无	有	无
推动探管	无阻力	有阻力	有阻力

（续表）

判定内容	插入气管	插入食管	探管折转
感觉气流	很强，与呼气一致，无异味	较弱，无规律，带酸臭味	无
现场判定	看不见、摸不着、吹得动、吸不住	看得见、摸得着、吹得动、吸得住	看不见、摸不着、吹不动、吸得住

（5）食管探诊的临床诊断意义　探管在食管内遇有抵抗，不能继续送入，见于食管阻塞。动物挣扎不安，伴有咳嗽，见于食管炎。推送探管有阻力，改用细探管后，可顺利送入，见于食管狭窄。推送探管有阻力，如仔细调转方向后，又可顺利通过，提示有食管憩室的可能（因食管憩室多为一侧食管壁弛缓扩张所形成，探管前端误入憩室即不能后送，更换方向后可继续进行）。探管入胃后，如有大量酸臭气体或黄绿色稀薄胃内容物从管口排出，则提示急性胃扩张（马、犬等）。

五、腹部及胃肠的检查

（一）腹部视诊

腹部视诊，主要是观察腹围的大小及有无局限性肿胀等。健康家畜，由于品种和饲养方式不同，腹围大小的差异较大。妊娠后期的家畜，腹部两侧均膨大，尤以腹部后 1/3 明显。妊娠牛则右侧明显。

腹围增大，除怀孕（右腹部明显）外，一般见于积气、积食、积液等。积气（上方大），见于肠和瘤胃臌气（左腹部明显）、急性胃扩张（前腹部明显）等。积食（横径大）多由于过食或便秘引起，见于大肠便秘和瘤胃积食。积液（下方大），则多见于腹膜炎和腹水（肉鸡腹水综合征）时。

腹围缩小，见于下列情况：剧烈腹泻，如急性肠炎、牛副结核病长期发热和慢性腹泻时。后肢剧痛性疾病，如蹄叶炎和骨软症等。营养不良及慢性消耗性疾病，如贫血、结核、寄生虫病等。

局限性膨大，常见于腹壁疝、公猪包皮囊肿、肿瘤等。

（二）腹部触诊

主要是判定腹壁的敏感性、紧张度和内容物的性质等。

腹壁敏感性和紧张度增高，见于腹膜炎和破伤风等。腹壁紧张度降低，见于腹泻、营养不良和热性病等。腹部有击水音，见于腹水和腹膜炎等。内容干硬，见于积食、便秘等。

注意小动物腹部触诊法：检查人面向动物的头方，两手置于两侧肋骨弓的后方，逐渐向后上方移动，让内脏滑过整个指端，以感知腹腔脏器的状态。

（三）腹部听诊

肠音是由于肠管蠕动时，肠内容物移动而产生的。马、犬、猪的小肠音正常如流水声，含漱音，大肠音如雷鸣音、远炮声。牛的正常肠音，在整个右腹侧，可听到短而稀少的流水音，较马、犬、猪的肠音弱。

病理性肠音主要根据肠音的次数、强弱、蠕动波长短及是否完整等综合判定。主要有下列几种情况。

（1）肠音增强　声音高朗，连绵不断，有时离数步远也能听到。见于肠痉挛、消化不良及胃肠炎的初期等。

（2）肠音减弱或消失　肠音短促而微弱，次数稀少。见于重剧胃肠炎、肠变位、肠阻塞和肠便秘等。

（3）肠音不整　即次数不定，时强时弱，蠕动波不整等。见于消化不良即大肠便秘的初期。

（4）金属性肠音　如水滴落在金属板上的声音，是因肠内充满气体，或肠壁过于紧张，邻贴的肠内容物移动冲击该部肠壁发生震动而形成的声音。多见于肠痉挛和肠臌胀的初期等。

六、反刍动物胃的检查

（一）反刍动物胃肠消化道特点

动物的消化方式有物理性消化（机械性消化）、化学性消化（消化酶消化）和微生物消化。微生物消化主要发生在复胃动物前胃和大肠以及单胃草食动物（马、驴、骡、兔等）大肠等部位。复胃消化与单胃消化的区别主要在前胃，除了特有的反刍、食管沟反射和瘤胃运动外，主要是前胃内进行的微生物消化。

1. 瘤胃内的环境条件

反刍动物出生时前胃中各胃体积较小，且差别不大。采食固体饲料后迅速发育。逐渐成为一个连续接种的高效率的活体发酵罐。

2. 胃微生物的种类与作用

纤毛虫：在瘤胃内直接影响饲料中碳水化合物、含氮物质、矿物质和维生素的消化和利用。

真菌：对纤维素有强大的分解能力，在含硫量丰富的饲料时真菌数量增加，消化力增强。

细菌：是瘤胃内数量最多的纤维素降解微生物，但真菌却是最高效的纤维素降解微生物。真菌能合成大量的纤维素酶和半纤维素酶，还可合成木聚糖酶来分解木聚糖，同时能够参与不溶性蛋白质的降解和合成。

（二）胃肠检查

1. 瘤胃检查

（1）瘤胃视诊　正常时，左侧肷窝部稍凹陷，牛羊饱食后则变平坦。肷窝凸出，见于瘤胃臌气和积食时。尤其在急性臌气时，凸出更为显著，甚至和背线一样平。肷窝凹陷加深，见于饥饿、长期腹泻。

（2）瘤胃触诊　用右手掌和拳于左肷窝上部，先反复触压（深触）瘤胃，以感知其内容物性状，后静置以感知其蠕动力量并计算蠕动次数。正常时，2 分钟内瘤胃收缩次数，牛为 2~5 次，羊为 3~6 次。每个蠕动波持续 10~15 秒。

正常情况下，瘤胃内容物的性状一般上部较松软，中、下部较坚实。触诊瘤胃收缩的强度，健康牛瘤胃壁收缩时，可将紧贴腹壁的检手微微顶起。

病理情况下，瘤胃内容物性状、蠕动次数和强度，均发生不同程度的改变。上腹部紧张而有弹性，用力强压亦不能感觉到胃中的内容物，表示瘤胃臌气。触诊内容物硬固或呈面团样，压痕久久（10 秒以上）不能消失，见于瘤胃积食。内容物稀软，瘤胃上部气体层可增厚至 6 厘米左右（正常 3 厘米），常见于前胃弛缓。瘤胃蠕动力微弱，次数稀少，持续时间短促，或蠕动完全消失，则标志瘤胃机能衰弱，见于前胃弛缓、瘤胃积食、热性病等。瘤胃蠕动加强，次数频繁，持续时间延长，见于急性瘤胃臌气初期、中毒或药物的影响等。

（3）听诊　听诊的主要内容是瘤胃蠕动次数、强度和每次蠕动持续的时间。正常瘤胃蠕动音呈沙沙声，先弱后强，而后又逐渐减弱。当瘤胃弛缓持续多日时，可在上部听到流水音。左侧腹部前下方（第 11 肋下方）听到与瘤胃蠕动不一致的流水音，应考虑为真胃变位。

（4）叩诊　健康牛左肷窝上部为鼓音，其强度依内容物打击气体多少而异。由肷窝向下逐渐变为半浊音、浊音。在病理状态下，若浊音范围扩大，甚至肷窝处亦为浊音，提示瘤胃积食。如鼓音区扩大，是瘤胃臌气的特征。

2. 网胃检查

网胃位于腹腔左前下方，相当于第 6~8 肋骨间，前缘紧贴膈肌，与心脏相隔约 1 厘米，其后部恰位于剑状软骨之上。误食尖锐的金属异物后，常在网胃的前下方刺入胃壁引起创伤性网胃炎，进一步发展能引起膈、心包的创伤，个别情况下也可刺伤肝或肺。因此，网胃的检查重点是检查有无异物创伤而引起的疼痛反应。其方法如下。

（1）捏压法　由助手捏住牛的鼻中隔（或鼻环）向前牵引，使额线与背线呈水平，检查者强捏鬐甲部皮肤，健康牛呈现背腰下凹姿势，但并不试图卧下（动作也可由检查者 1 人完成）。

（2）拳压法　检查者蹲于牛的左前肢稍后方，以右手握拳，顶在剑状软骨部，肘部抵于右膝上，以右膝频频抬高，使拳顶压网胃区。

（3）抬压法　检查者 2 人分别站于牛的胸部两侧，各伸 1 手于剑状软骨下互握，并向上抬举，各将其另只手放于鬐甲部，并向下压；或以一木棒横放于剑状软骨下，两人自两侧抬举，同时抬高后移换位置，以实施对网胃的压迫。

（4）叩诊　沿横膈膜的附着线（即肺叩诊区后界）行强叩击（直接叩），只有当异物刺伤横膈膜才有反应。

（5）牵病牛下坡或急转运动　如病牛表现不安、呻吟、躲闪、反抗或企图卧下等行为；或当下坡和急转弯时，表现运动小心，步态紧张，不愿意前进，四肢集于腹下，甚至呻吟、磨牙等，均为网胃敏感疼痛的反应，提示有创伤性网胃炎的可疑。

3. 瓣胃检查

（1）听诊　在牛的右侧第 7~9 肋间、尖端线上下 3~5 厘米的范围内进行听诊。正常瓣胃蠕动时发出微弱的捻发音，或“沙沙”声，且在瘤胃蠕动之后。于采食后更为明显。瓣胃蠕动音减弱或消失，见于瓣胃阻塞、严重的前胃病和热性病等。

（2）触诊　在右侧瓣胃区第 7、8、9 肋间，用伸直的手指指尖实施重压触诊（切入触），有时靠近瓣胃区的肋骨弓下部，亦可用平伸的指尖进行冲击式触诊。重压触诊时如有敏感反应，或于瓣胃区肋骨弓下部进行冲击式触诊时，触及坚实胃壁，提示瓣胃阻塞。

4. 真胃检查

真胃位于右腹部第 9~11 肋之间，沿肋骨弓下部区域直接与腹壁接触。真胃检查可用视诊、触诊、叩诊和听诊。

（1）视诊　如见到右侧腹壁真胃区向外突出，左右腹壁显著不对称，提示真胃严重阻塞和扩张。

（2）触诊　将手指插入肋骨弓下方进行切入触诊，排除动物的保护性反应外，如表现回顾、躲闪、呻吟、后肢踢腹，表示真胃疼痛，见于真胃炎、溃疡和扭转等。如触诊真胃区感到内容物坚实或坚硬，则为真胃阻塞的特征。如冲击触诊有波动感，并能听到击水音，提示真胃扭转或幽门阻塞、十二指肠阻塞等。

（3）叩诊　正常时，真胃区叩诊为浊音，如叩诊出现鼓音，提示真胃扩张。如左侧肋弓区叩诊出现鼓音，多为真胃左侧移位。

（4）听诊　真胃蠕动音类似肠蠕动音，呈流水音和含漱声。蠕动音增强，见于真胃炎；蠕动音减弱或消失，见于真胃阻塞。

七、直肠检查

直肠检查，是以手和手背深入直肠内，隔着肠壁对腹腔后部和骨盆腔内的脏器进行触诊检查的方法。牛的直肠检查常用于妊娠诊断和母牛生殖器官疾病的诊断。此外，对其他器官（如泌尿器官、消化器官）疾病，如肠阻塞、肠套叠及真胃扭转等的诊断都有一定意义。

（一）准备工作

术者的指甲要剪短、磨光，手臂涂以润滑剂，并注意卫生防护。

被检查牛应确实保定（一般为柱栏保定）。对腹痛剧烈的牛，应先镇静止痛。如出现其他紧急病情，应先采取相应的抢救措施后再直检。

（二）操作方法

术者站于牛的正后方，以一手重叠成圆锥形，开始检查。检手以旋转动作通过肛门进入直肠，当直肠内有宿粪时，应小心纳入掌心后取出。检手以水平方向渐次前进，将手伸入结肠的最后段“S”状弯曲部（此部移动性较大，故手得以自由活动）。检手伸入时要按照“努则退、缩则停、缓则进”的要领进行操作。

（三）牛直肠检查的顺序

肛门—直肠—骨盆—耻骨前缘—膀胱—子宫—卵巢—瘤胃—盲肠—结肠襻—左肾—输尿管—腹主动脉—子宫中动脉—骨盆部尿道。

（四）被检器官（手感）特征及其临床意义

1. 肛门及直肠

正常时，检手进入直肠后，可感到直肠内充满比较稀软的粪团。在病理状态下，如直肠变空虚而干涩，直肠黏膜上附着干燥、碎小的粪屑，提示肠阻塞；如直肠内发现大量黏液或带血的黏液，提示肠套叠或肠扭转。

2. 膀胱及子宫

膀胱位于骨盆腔底部，空虚时如拳头大，充满尿液时如排球大且有波动感。膀胱显著膨大，充满骨盆腔，可能是由于尿道结石或尿道痉挛，引起膀胱积尿所致；触诊膀胱敏感，膀胱壁增厚，提示膀胱炎；膀胱异常空虚，有时触到破裂口，则提示膀胱破裂。对母畜可触摸子宫及卵巢的大小、性状和形态变化。对公畜可触摸到副性腺及骨盆部尿道的变化等。

3. 瘤胃

检手触诊骨盆腔脏器后，继续向前移动，首先在骨盆腔前口的左侧，能触摸到瘤胃的后背盲囊。正常时表面光滑，呈面团样硬度，同时能触感瘤胃的蠕动波。当触摸时感到腹内压异常增高、瘤胃的后背盲囊抵到骨盆腔入口处，瘤胃壁紧张充满气体，表示瘤胃臌气。当触感瘤胃异常坚实，有疼痛反应，表示瘤胃积食。

4. 腹主动脉

在椎体下方，腹腔顶部，可以触摸到粗管状，具有明显搏动感的腹主动脉。

5. 左肾

悬垂于腹腔内，位置不固定，决定于瘤胃内容物的充满程度，瘤胃充满时，左肾被挤到正中矢面的右侧；瘤胃空虚时，则大部分回到正中矢面的左侧，其前后活动的范围在第 2~6 腰椎横突的腹侧。检查时注意其大小、形状、表面状态、硬度等。如肾脏增大，触压敏感，肾分叶结构（仅指牛）不清者，多提示肾炎。如肾盂肿大，肾门部位有波动感，输尿管变粗，多为输尿管炎和肾盂炎。右肾因位置较前，其后缘达第 2~3 腰椎横突腹侧，较难触摸。

6. 肠

牛的大小肠全部位于腹腔右半部。在耻骨前缘的右侧可触到盲肠，盲肠尖常抵骨盆腔内，感知有少量气体或较软的内容物。在盲肠的上方，即右肷窝上部，腰椎横突的腹侧有结肠初襻，终襻及十二指肠平行排列，触摸时其彼此界限不易分辨清楚。在盲肠的下方，即右腹中部，可触及圆盘状的结肠盘。空肠及回肠位于结肠盘的下方，正常时不易摸到。肠襻呈异常充满且有硬块感时，多为肠阻塞。如有异常硬固肠段，触诊时剧痛，并有部分肠管充气者，多疑为肠变位。右侧腹腔触之异常空虚，多疑为真胃左侧变位。

第三章

样品采集与病理剖检

第一节　样品采集与送检

一、样品采集前准备工作

1. 明确采样目的

要做疫病监测还是疫病诊断，目的不同采样的方案也会不同。监测以采集正常畜禽的血样为主，病料为辅，样品数量大；诊断以采集发病畜禽群病料为主。

2. 做好详细的记录

畜主姓名和地址、品种、性别、年龄、临床症状、眼观病变表现（包括大小和位置）、已经采取的措施（如有）、上次治疗后复发的时间以及该群动物的发病率、死亡率、相关疫苗免疫情况。如果怀疑为人畜共患病，应在送检单中明确标注，提醒实验室检测人员注意。

3. 采样物品的准备

器械：包括采样箱、保温箱、酒精灯、酒精或碘酒棉球、各规格的一次性兽用注射器和采血管等，灭菌好的大小解剖取样器械、各种规格的离心管、玻璃瓶子、平皿、载玻片等，试管架、无菌棉球、胶带、密封袋和冰袋等。

记录用具：包括记号笔、登记表、标签纸等，务必和器械类分开放置。

样品保护液：病料保存液（蒸馏水、生理盐水、30%甘油缓冲液等）、固定液（95%酒精、10%福尔马林溶液）。

防护用品：根据需要应包括口罩、防护眼镜、胶靴、乳胶手套、连体服、防护帽、消毒液和喷壶、肥皂或洗手液、脸盆等。

二、样品采集操作技术

1. 尿

排尿时，用一次性消毒塑料杯接取20~30毫升。

2. 粪

用棉拭子从直肠采集。

3. 脓汁、胆汁

用注射器吸取放入灭菌试管中。

4. 淋巴结、肺、肝、脾、肾等

有典型病变部位采集2~3厘米^{2}的组织块，置于灭菌容器中。

5. 血液

牛、羊、兔、犬、猫、中大猪等在耳静脉采血，仔猪在前腔静脉采血。无菌采取10毫升血液，分别置于无抗凝剂和有抗凝剂的采血管中。

6. 肠

用线扎紧一段肠道的两端，然后将两端切断，放入灭菌容器中。

7. 水疱性疾病样品

采取水疱皮、水疱液放入50%甘油缓冲盐水中。

8. 流产胎儿

整个装入不透水的容器内。

三、采样过程注意事项

1. 做好人员防护

采样人员必须戴好手套、口罩、帽子，穿好工作服等防护用品后，才能进行采样操作，以减少被感染的机会（布鲁氏菌病、口蹄疫、链球菌等）。

死因不明的动物尸体在解剖前应先对病情、病史加以了解，详细进行检查，如怀疑为炭疽（急性死亡、天然孔出血），切不可解剖，经取末梢血液检查排除炭疽后，方可进行解剖检查，并采集病料。

2. 选择好最佳采样时机

采集的病料力求新鲜。能进行活体采集的病料，尽量进行活体采集，如采集血液、乳汁、尿液以及鼻拭子等。患病动物死亡后，随着时间的延长，尸体腐败，组织器官的病理变化会发生一定程度的改变，病原体种类也可能增加，有碍于病原体的检查。因此，内脏病料的采集，须于患病动物死亡后立即进行，一般不超过6小时，夏季最好不要超过4小时，冬季北方可适当延长到24小时。

采集全血样品时，最好先禁食 8 小时。

如果检测病毒，最好在体温升高，发病初期采集，对于怀疑带毒而没有症状的动物，最好被隔离 7 天以前采样。

在平时做抗体检测时，应采集 2 次，第 1 次是在理论上抗体最先出现的时期采集，第 2 次是在理论上抗体快要达到消长的末期时采集。

用做寄生虫检测时，要根据被检测寄生虫的特点，决定相应的时间和采血的部位，制成血涂片等。

3. 采集有典型性针对性的适量样品

诊断检测时，采集样本最好在发病初期（未用药），临床症状明显期采集 5 只（头）以上病死和发病动物的有病变的器官组织、血清和抗凝血各 10 份。

免疫效果监测时，最好是在动物免疫后 14～20 天，随机采集同群动物血清样品 30 份。

4. 病料采集的全过程要求

无菌操作，做到一畜一套器械，防止样品交叉感染。

四、样品的处理

1. 病理组织学检测样品

要想使试验诊断得出正确结果，除采取适当的病料外，需使病料保持或接近新鲜状态，为此需对病料进行处理。采用 10%福尔马林溶液或 95%酒精等固定。固定液体积应为病料的 10 倍。如用 10%福尔马林固定组织，经 24 小时必须更换一次新鲜溶液。神经系统组织需要使用 10%福尔马林溶液，并且加入 5%～10%的碳酸镁。

2. 细菌学检测样品

一般用灭菌的液体石蜡、30%甘油缓冲盐水或饱和氯化钠溶液来保存病料。

3. 病毒学检测样品

一般使用 50%甘油缓冲盐水，需做组织学检查的材料最好使用包音氏固定液或岑克氏固定液。

4. 血清学检测材料

从发病动物无菌采取血液，注入灭菌试管中，室温或 37℃放置 0.5～1 小时（有利于血清自然分离），然后 4℃冷藏。

五、样品送检

一般采集样品后必须 24 小时内送抵实验室，放在 4℃左右的容器中运送。

送检病料的容器一般采用保温箱或泡沫盒，内置冰块进行运输。送检越快越好，避免病料接触高温和阳光，以免病料腐败或病原体死亡。送检过程中，要防止倾倒、破碎，避免样品泄漏，要注意有的样品不能剧烈震荡，要注意缓冲放置，所有样品都要贴上能标示采样动物的详细标签。

第二节　病理剖检

一、剖检的准备与注意事项

（一）剖检准备

1. 解剖器械和消毒药品的准备

有条件的基层兽医站、养殖场都购有动物专用的解剖器械箱，其箱内都配备解剖所需要的器械。一般而言，解剖器械的准备主要包括外科刀、外科剪、骨剪、斧头、镊子等。消毒药品主要有5%碘酒、75%酒精、3%～5%来苏尔、0.2%新洁尔灭、高锰酸钾、消毒威、菌毒灭等，解剖前最好准备好两种以上用途的常用消毒药品。

2. 剖检人员自身防护的准备

在解剖前，剖检人员应先行戴好手套、口罩、防护帽，穿上防护服、长筒胶鞋，必要时还要外罩胶皮或塑料围裙、戴上防护眼镜，以防病菌的感染。

3. 解剖场地的准备

尸体剖检一般应在专用解剖室内进行，以便于清洗、消毒，防止病原的扩散。如果条件不许可，应选择远离村庄、房屋、水源、道路和畜禽栏舍，并且地势高、环境干燥、方便就地掩埋畜禽尸体的地点进行。

（二）剖检注意事项

1. 剖检对象的选择

剖检畜禽最好是选择临床症状比较典型的病畜禽或病死畜禽。有的病例，特别是最急性死亡的病例，特征性病变尚未出现。因此，为了全面、客观、准确地了解病理变化，可多选择几头（只）疫病流行期间不同时期出现的病、死畜禽进行解剖检查。

2. 剖检时间

剖检应在病畜禽死后尽早进行，死后时间过长（夏天超过12个小时）的尸体，因发生自溶和腐败而难以判断原有病变，失去剖检意义。剖检最好在白天进行，因为灯光下很难把握病变组织的颜色（如黄疸、变性等）。

3. 正确认识尸体变化

畜禽死亡后，血液循环停止，机体组织器官的功能与代谢过程先后停止，受体内细胞酶和肠道内细菌的作用，以及外界环境的影响，逐渐发生一系列的死后变化。其中包括尸冷、尸僵、尸斑、血液凝固、尸体自溶与腐败等。正确地辨认尸体的变化，可以避免把某些死后变化误认为生前的病理变化。

4. 剖检人员的防护

剖检人员在剖检过程中要时刻警惕感染人畜共患病以及尚未被证实，而可能对人类健康有害的微生物，所以剖检人员应尽可能采取各种防护手段，穿工作服、胶靴，戴胶手套及工作帽、口罩、防护眼镜。剖检过程中要经常用低浓度的消毒液冲洗器械上及手套上的血液和其他分泌物、渗出物等。剖检中若不慎皮肤被损伤，应立即停止剖检，妥善消毒包扎；若液体溅入眼中，要迅速用2%硼酸水冲洗，并滴入消炎杀菌的眼药水。剖检后，双手用肥皂洗数次后，再用0.1%新洁尔灭洗3分钟以上；为除去腐败臭味，可先用5%高锰酸钾溶液浸洗，再用3%草酸溶液洗涤脱色，然后用清水清洗；口腔可用2%硼酸水漱口；面部可用香皂清洗，然后用70%乙醇擦洗口腔附近面部。

5. 尸体消毒和处理

剖检前应在尸体体表喷洒消毒液，如怀疑患炭疽时，取颌下淋巴结涂片染色检查，确诊患炭疽的尸体禁止剖检。死于传染病的尸体，可采用深埋或焚烧法处理。搬运尸体的工具及尸体污染场地也应认真清理消毒。

6. 注意综合分析诊断

有些疾病特征性病变明显，通过剖检可以确诊，但大多数疾病缺乏特征病变。另外，原发病的病变常受混合感染、继发感染、药物治疗等诸多因素的影响。在尸体剖检时应正确认识剖检诊断的局限性，结合流行病学、临床症状、病理组织学变化、血清学检验及病原分离鉴定，综合分析诊断。

7. 做好剖检记录，写出剖检报告

尸体剖检记录是尸体剖检报告的重要依据，也是进行综合分析诊断的原始资料。记录的内容要力求完整、详细，能如实地反映尸体的各种病理变化。记录应在剖检当时进行，按剖检顺序记录。记录病变时要客观地描述病变，对于无肉眼可见变化的器官，不能记录为“正常”或“无变化”，因为无肉眼变化，不一定就说明该器官无病变，可用“无肉眼可见变化”或“未发现异常”来描述。

8. 尸体剖检报告内容

其中病理解剖学诊断是根据剖检发现的病理变化和它们的相互关系，以及其他诊断检查所提供的材料，经过详细的分析而得出的结论。结论是对疾病的诊断或疑似诊断。

二、尸体外观检查

（一）鸡尸体外部检查

对待剖检的活病鸡，先进行外部检查，重点观察营养状况，眼结膜、口腔、肛门等处有无出血、坏死等变化，观察呼吸动作、冠和脸的颜色等，然后处死。如果剖检的病鸡已经死亡，在剖检前也应注意各部状态的检查。为了防止污染，病鸡的处死一般不采用放血致死的方法，可采用折断颈椎法致死。折断颈椎法是用左手握住病鸡的两腿和翅膀，以右手拇指和食指及中指握住鸡头，并用力向前方紧拉，使靠近头部的颈椎分离致死。也可把鸡只倒提，左手固定腿和翅膀，用右手握紧头部并向后方与颈部呈垂直方向屈折，同时向下牵挂，直到颈椎分离致死为止。

（二）猪尸体外部检查

猪尸体外部检查基本顺序是从头部开始，依次检查颈、胸、腹、四肢、背、尾和外生殖器，主要检查皮肤、四肢、眼结膜的颜色等有无异常，下颌淋巴结是否有肿胀，肛门附近有无粪便污染等内容。

（三）反刍动物（牛羊）尸体外部检查

主要检查其营养状况、皮肤、被毛、可视黏膜、天然孔等有无异常，以及尸体变化和卧位等内容。

三、病理剖检

（一）家禽尸体剖检的技术要点

1. 体腔剖开

用水或消毒液将羽毛浸湿，防止绒毛和尘埃飞起。将尸体仰放在解剖盘中或垫纸上。切开两侧大腿与腹壁之间的皮肤和筋膜，用力下压两大腿，使髋关节脱离躯体，两腿外展平放于解剖盘中或垫纸上。然后，在胸骨末端后方，将皮肤作一横切线，切开胸部皮肤至大腿与腹壁间的皮肤切口，并将其拉起向前方剥离，翻至头部，暴露胸腹部及颈部的皮下组织和肌肉，注意观察胸肌的发育情况、颜色、有无出血、皮下有无水肿和脂肪的颜色等。皮下及肌肉检查完毕后，在胸骨末端与肛门之间做一切线，切开腹壁，并用剪刀沿两侧肋骨关节向前下剪开肋骨和胸肌，剪断乌喙骨和锁骨，最后将整个胸骨翻向头部，这时胸腔及腹腔就剖开了。注意观察胸、腹腔内有无积水、渗出液和血液等，并观察内脏器官的位置及表面有无异常变化。若要采取病料进行微生物学检查，一定要用无菌方法采取。取完病料后，再分别进行各脏器的检查。

2. 脏器检查

在食管末端剪断，并切开泄殖腔周围的皮肤组织，将整个胃肠取出，包括腺胃、肌胃、胰腺、小肠、大肠和盲肠，泄殖腔、肝、脾也同时取出检查，先观察浆膜有无水肿、出血等；然后，剪开腺胃、肌胃、肠管和泄殖腔，检查黏膜及腺胃乳头有无出血、肿胀、坏死和溃疡，观察脾、肾的色泽、大小，有无出血、坏死和溃疡等。胆囊是否肿大，胆汁性状如何。必要时可剖开肝、脾检查。卵巢和输卵管应注意有无肿瘤或出血、萎缩，卵子有无出血、变色或坏死等变化。在尾部泄殖腔的上方找到法氏囊，并分离出来，剪开检查有无出血、肿胀或干酪样渗出物等变化。心脏和肺通常在原位检查，必要时也可取出检查，观察有无出血、淤血和结节。最后，将尸体的位置倒转。使鸡的头部朝向剖检者，剪开嘴的上下联合，并伸进口腔、咽喉、食道和嗉囊，剖开后看其情况有无异常，再用剪刀从喉头剪开气管、支气管进行检查，观察有无异常分泌物及出血等。必要时，可剪开鼻孔，轻压鼻部，如鼻腔积液则可流出。

3. 其他检查

检查脑，可先用剪刀沿眼后角剪掉头部皮肤，再用刀沿头骨中线切开头骨，剥去脑部骨片，检查脑膜及脑髓的情况，检查外周神经，可先将大腿部肌肉分离或扒开，暴露出坐骨神经，然后将尸体背部羽毛和皮肤剥去，在肩胛骨和脊椎之间检查臂神经丛，注意观察神经的色泽、有无肿大等。

剖检结束后，应立即将需要进行送检和长期保存的病料贴上送检单位或保存病料的标签。然后，将剖检病鸡尸体深埋或焚毁，剖检用具进行清洗消毒，剖检场地也应按规定进行清扫和消毒，以防病原体扩散和传播。

（二）猪尸体剖检的技术要点

剖检猪尸体时，采取背卧位（仰卧位）固定为宜。剖检前应在体表喷洒消毒液，而后把四肢与躯干之间关联的肌肉切开，背靠下，将四肢向外展开，从而保持尸体仰卧固定。首先从下颌间隙开始沿气管、胸骨，再沿腹壁白线侧方直至尾根部做一切线切开皮肤，并进行皮下检查。然后从下颌间隙连着颈部、胸部及腹部左右切开肌肉、骨连接，整个打开胸、腹腔，检查各个器官的位置及病理变化。然后在下颌支部的内侧把刀立起两侧切断舌骨，把舌头翻转出来，剥离扁桃体、喉头气管、胸腔气管，接着切断纵隔、横膈膜，把腹腔的内脏推向一侧，单结扎直肠并切断，取出所有的内脏器官并逐一进行检查。然后剥离肾上周围组织，将肾脏、膀胱、输尿管等骨盆腔内容物一并取出并逐一进行检查。接着检查淋巴结、关节，最后锯开颅骨，检查脑组织。

（三）反刍动物（牛羊）尸体剖检的技术要点

由于牛胃占据了整个左侧腹腔，故剖检牛宜采用左侧卧位固定，而羊体躯较小，仰卧剖检便于采出内脏器官。剖检前，应在体表喷洒消毒液，而后在剑状软骨处开一个切口，然后用左手食指和中指插入切口，呈“V”形叉开，再将刀口向上插入切口，沿腹壁白线向后切开腹壁至耻骨联合部，然后在脐的后方左右侧各横切至腰椎部，这样就可以看到整个腹腔；接着沿着肋骨弓向前到软骨，在肋骨与胸骨连接处锯断，沿着肋软骨部位切断，再切开横膈膜，即暴露了整个胸腔，随后检查胸、腹腔各个器官的位置及病理变化。接着在第四胃后部十二指肠的起始部做双结扎，在结扎之间剪断肠管；然后找到直肠，做个单结扎，在远端剪断，并进行胃、肠道摘离，以及肝、脾、胰、肾脏等的剥离；再用环切的办法取出骨盆腔其他器官；接着摘除胸腔各个器官和气管；然后逐一检查各个器官。随后检查鼻、舌、口腔、咽喉以及身体各处淋巴结。最后在脑部打开颅腔并检查脑组织。

第三节　常见病理变化

一、充血

由于小动脉扩张而流入局部组织和器官中的血量增多的现象，称为动脉性充血，简称充血。

按充血发生的机理，可分为生理性充血和病理性充血两类。生理性充血见于生理情况下，当器官组织和机能活动加强时，如采食后的胃肠道充血，运动时肌肉的充血等。病理性充血是在致病因子作用下发生的，如炎症早期的充血，就是动脉性充血。

充血时，由于局部小动脉和毛细血管扩张，组织的含血量增多，血流速度加快，血液中富含氧气，因此，充血的组织、器官色泽鲜红，局部温度升高，体积肿大，血管搏动明显，代谢旺盛，机能增强。

二、淤血

由于静脉回流受阻，血液淤积在小静脉和毛细血管里，引起局部组织中的静脉血含量增多的现象，称为静脉性充血，简称淤血。

淤血按其原因不同可分为局部性淤血和全身性淤血。局部性淤血的原因：主要由于局部静脉管腔狭窄，或完全阻塞所致。全身性淤血的原因：主要由于心脏机能障碍或肺循环障碍。

淤血时，各级静脉（特别是小静脉）毛细血管或细动脉因血液回流障碍而扩张，其中充满血液。静脉的回流不畅，必然妨碍动脉血的灌注，从而使局部动脉血液的含量减少；同时因血流缓慢，又使血氧过多地消耗，因而血中还原血红蛋白含量显著增多，血管内充满着紫黑色的血液，使局部组织呈蓝紫色，称为发绀。

三、局部贫血

是指由于动脉管腔高度狭窄或完全闭塞所造成的局部组织的血液供应不足或完全断绝。

贫血的原因可归纳为以下三类。

（1）动脉痉挛性　这种局部贫血是指中、小动脉管壁的平滑肌，因缩血管神经兴奋而发生强力收缩，造成管腔持续性狭窄，导致血液流入减少，乃至完全停止所引起的贫血。寒冷、外伤、疼痛等均可引起局部动脉痉挛。

（2）动脉阻塞性　由于中、小动脉管壁增厚（慢性小动脉炎、小动脉硬化）或血管内腔被某些异物（血栓）所阻塞引起其内腔狭窄或闭塞所致。

（3）动脉压迫性　这是由于血管壁受某种外力压迫而引起的局部贫血。如肿瘤、异物、积液等。

局部贫血组织，因缺血暴露出组织所固有的色彩。如黏膜、皮肤贫血时，其色彩苍白，肺则呈灰白色，肝呈褐色。缺血的组织温度下降，体积变小，被膜有皱纹形成。

四、梗死

当某组织或器官由于动脉血流断绝，组织因缺血而发生坏死的过程称为梗死形成。因缺血所致的坏死灶称为梗死。

由任何原因所造成的组织缺血，在侧支循环不能及时建立的情况下，均可以引起梗死。其中最多见的是血管内血栓形成和栓塞。

梗死灶的形态与发生梗死的血管所分布的区域相一致。肺、肾、脾等动脉均由这些器官的“门部”向外缘作树枝状分布，因此，这些器官的梗死灶呈尖端指向器官中心的锥体状，锥体的底部位于器官的表面。心、脑发生梗死时，因局部血液循环重新有所调整，故呈不规则形。当动脉闭塞时，由于闭塞局部及其周围的血管发生反射性痉挛，组织内的血液几乎全部被挤出，残留的红细胞崩解，其血红蛋白迅速被破坏和吸收。因此，梗死部位呈灰白色，称为白色梗死（贫血性梗死）。白色梗死多见于心、脑、肾、脾和肝。初期形成的梗死灶除脑部形成液化性坏死外，其他各器官的相应组织则发生凝固性坏死。坏死的组织呈轻度肿胀，所以略向表面隆起；而与之相邻的健康组织的血管，则发生反射性充血和出血，因此，在梗死灶外围形成一红色反应带。外观呈红色的梗死则称为红色梗死（出血性梗死），这是因为梗死区伴有显著的出血所致。红色梗死常见于肺和肠。

五、出血

血液流出血管或心脏之外，称为出血。血液流出体外称为外出血；血液流入组织间隙或体腔内称内出血。

血管壁被损坏是出血的直接原因。根据破坏的情况不同，分为破裂性出血和渗出性出血。

(1) 破裂性出血　是由于血管受损而引起的出血。见于外伤、炎症和肿瘤的侵蚀，或在血管壁发生某种病理变化的基础上，血压突然升高时。

(2) 渗出性出血　渗出性出血时，肉眼上甚或光学显微镜下看不出血管壁有明显的解剖学变化。红细胞可通过通透性增高的血管壁漏出血管之外。

出血的表现因出血血管的种类、局部组织的特性以及出血速度不同等而异。动脉管的破裂性出血时，由于血压高、血流急、出血量多，从而压迫周围组织，往往形成血肿。毛细血管出血，多形成小出血点（淤血）或出血斑。组织内的出血，称为溢血。当有全身性渗出性出血倾向时，称为出血性素质。

六、水肿

组织间液在组织间隙内蓄积过多，称为水肿。若组织间液在胸腔、腹腔、心包腔、关节腔和脑室等浆膜腔蓄积过多时，则称为积水。

水肿的病变特征是，局部组织体积增大、膨胀、变重、紧张度增加、弹性降低、局部温度降低、颜色苍白等。

七、脱水

机体内水分因摄入不足或丧失过多，所造成水的负平衡，称为脱水。由于水、盐（主要是氯化钠）是体液的主要组成成分，所以在水分丧失的同时，都伴有不同程度的盐类丧失。根据水、盐丧失的比例不同，在临床实践中将脱水区分为缺水性脱水、缺盐性脱水和混合性脱水三种类型。

1. 缺水性脱水

以水分丧失为主、盐类丧失较少的一种脱水，称为缺水性脱水，也叫作单纯性脱水。

缺水性脱水的特点是：血液浓稠，血浆渗透压升高，细胞因脱水而皱缩。患畜呈现口渴、尿少，尿的比重增高。此型脱水的主导环节是血浆渗透压升高，故临床又称为高渗性脱水。

2. 缺盐性脱水

以盐类的丧失多于水分丧失的一类脱水，称为缺盐性脱水。此型脱水的特点是：血浆渗透压降低，血浆容量及组织间液减少，血液浓稠，细胞内水肿；患畜不感到口渴，尿量较多，尿的比重降低。由于血浆渗透压降低是本型脱水的主导环节，所以在临床上又称为低渗性脱水。

3. 混合性脱水

混合性脱水是体内水分和盐类都大量丧失，但往往以水分的丧失略微显著。又因丧失的多半是等渗溶液，故又称为等渗性脱水。

八、变性

变性是细胞和组织物质代谢和机能活动障碍在形态学上的反映，它的特点是表现在细胞或间质内出现过多的或异常的，具有各种各样特殊物理和化学性质的物质。例如，水分、糖类、脂类及蛋白质类等。大多数变性是属于可复性的病理过程，此时细胞或组织保持着生活能力，但是机能往往减低。严重的变性，则能导致细胞和组织的死亡。

常见的细胞变性有颗粒变性、水泡变性、脂肪变性及透明变性等；间质的变性则有黏液变性、透明变性及淀粉样变等。

1. 颗粒变性

是一种最常见和轻微的细胞变性，很容易恢复，但也可能是其他严重变化的先兆。临床上使用的名称很多。它的主要特征是变性细胞的体积肿大，胞浆内出现蛋白质颗粒，这是颗粒变性这一名称的由来。由于变性的器官细胞肿胀和浑浊，失去原有光泽，所以也称为浑浊肿胀，简称“浊肿”。

2. 水泡变性

也是主要见于急性病理过程中的一种细胞变性形式。它的主要特征是细胞的胞浆和胞核内出现多量水分，形成大小不等的水泡，使整个细胞呈蜂窝状的结构。镜检时，细胞内的水泡呈空泡状，所以又称空泡变性或水肿变性。

3. 脂肪变性

是指在变性细胞的细胞浆内，出现大小不等的游离脂肪小滴，简称脂变。所见脂肪较多为中性脂肪（甘油三酯），也可能是类脂质或为两者的混合物。

4. 黏液变性

是指某些间液组织（结缔组织）发生物质代谢障碍时，失去原来的组织结构而变成一种透明、黏稠的物质，其中含有多量的黏液物质或黏蛋白。

5. 透明变性

又称玻璃样变，是指某些病理过程（主要是慢性过程）中在间质或细胞内出现一种在光学显微镜下呈同质化、半透明、致密无结构的蛋白样物质，称为透明蛋白或透明素。

6. 淀粉样变

是指一种淀粉样物质沉着在某些器官的网状纤维、血管壁或组织间的病理过程，常伴发于体内存在慢性抗原性刺激和异常的浆细胞增多症时。

7. 免疫复合物沉着

在某种超敏反应过程中，抗原和循环抗体在小血管壁内及其周围形成一种很小的沉淀物，并吸引补体共同形成抗原-抗体-补体复合物，称为免疫复合物沉着。这种复合物引起的病变，就称作免疫复合物疾病。

九、坏死

动物体内局部细胞组织的病理性死亡，称为坏死。坏死是细胞组织物质代谢障碍的最严重的表现，是不可逆的变化。

组织坏死的原因复杂，有缺氧性坏死，生物性因素、化学性因素、物理性因素、机械性因素坏死，神经营养障碍性坏死等。

坏死的类型主要如下。

（1）凝固性坏死　组织坏死后，由于蛋白质凝固，形成一种灰白或灰黄色，比较干燥而无光泽的凝固物质，称为凝固性坏死。

（2）液化性坏死　这一类型的坏死组织，因受蛋白分解酶的作用，细胞死后迅速进行酶分解而变成液体状态。

（3）坏疽　组织坏死后，由于受到外界环境的影响和不同程度的腐败菌感染所引起的变化，坏死组织外观上呈现灰褐色或黑色的色彩，称为坏疽。

按照坏疽的发生原因、条件及病理变化，可分为干性坏疽、湿性坏疽、气性坏疽。

十、炎症

炎症通常称为发炎。它是机体遭受有害刺激物的作用，特别是微生物感染时，在受作用的局部所发生的一系列复杂反应的病理过程，首先是引起组织的损伤，继而出现血液循环障碍，白细胞游出及液体的渗出，最后常以组织增生、修复损伤而告痊愈。临床上，发炎的部位常表现红（局部充血）、肿（组织肿胀）、热（炎区温度升高）、痛（疼痛）及机能障碍（器官组织的机能下降）等症候。

（一）炎症反应的基本过程

1. 变质

炎症的第一个阶段是变质。变质是指炎症发生的部位组织出现了变性和坏死的现象。变质通常是致炎因子直接作用的结果，或者是局部血液循环障碍作用的结果。变质的轻重与致炎因子的性质、强度有关，症状表现不一，严重时可导致组织功能障碍。

2. 渗出

炎症的第二个阶段是渗出。渗出的过程主要包括流血动力学改变、血管通透性增加、液体渗出和细胞渗出等。流血动力学改变通常包括细动脉短暂收缩、炎症充血和血流速度减慢等。血管通透性增加会导致炎症发生部位液体和蛋白质渗出。

3. 增生

增生是指在致炎因子的刺激下，炎症发生部位的细胞出现再生和增殖的现象。在临床上，炎症增生是很重要的防御反应，能够有效限制炎症的扩散，促进组织的修复。

（二）炎症的本质

炎症是动物有机体受到有害因子的损伤时引起的一种综合性病理反应过程，它是动物在进化发展过程中受外界条件的作用而形成，并遗传下来的一种生物学特性；它不仅是一种病理性过程，而且在本质上还是一种有利于机体的防卫适应性反应。通过炎症反应，机体能预防和制止许多疾病的发生发展。

需要指出的是，炎症的本质虽然是一种防御性反应，但在评价炎症对机体的意义时，必须考虑到炎症过程中的具体情况，而不能单从概念上来确定。

（三）炎症的分类

在病理解剖分类上，通常以炎症过程的三种基本变化（变质、渗出和增生）为依据，把炎症区分为三大类。

1. 变质性炎

这种炎症的特征是炎灶内以组织变质，营养不良或渐进性坏死的变化为主，而渗出性和增生性的反应微弱。

2. 渗出性炎

渗出性炎的特征是以渗出现象为主，变质和增生现象较轻微。这是由于血管壁的损害较重，有较大量的液体或细胞成分由血管内渗出所致。

按照炎症发生的部位和渗出物的性质不同，渗出性炎可以分为下列五种。

（1）浆液性炎　以渗出较多的浆液为特征。浆液类似血浆或淋巴液，含蛋白质3%~5%，色淡黄。在炎症时，浆液性渗出液中还含一些白细胞及脱落细胞，故呈轻度浑浊。

（2）纤维素性炎　纤维素性炎是以炎症渗出液中含大量凝固的纤维蛋白为特征。纤维蛋白（纤维素）来源于血浆中的纤维蛋白原，渗出后，受到损伤组织释出的酶的作用即凝固成为淡灰黄色的纤维蛋白。

按炎灶组织坏死的程度不同，纤维素性炎可分为两种类型。

① 浮膜性炎：发生在黏膜或浆膜上。它的特征是渗出的纤维蛋白凝固，形成一层淡黄色、有弹性的膜状物（假膜），被覆在炎灶的表面。这种膜状物易于剥离，剥离后，被覆上皮一般仍保存。

② 固膜性炎：又称纤维素性坏死性炎，它的特征是黏膜发炎时，渗出的纤维蛋白形成一层与深层组织较牢固地相结合的纤维蛋白膜（痂）、不易剥离。这是由于组织损伤较重，黏膜层发生坏死，纤维蛋白透入坏死组织中而凝固所致。

（3）卡他性炎　是指发生于黏膜并在表面有大量渗出物流出为特征的一种炎症。卡他性炎简称“卡他”。“卡他”一词是来自拉丁语的译音，它的含义是“流溢”之意。黏膜发生轻度炎症时，由于分泌增强，浆液性和黏性渗出物从表面多量流出，故称卡他性炎。

卡他性炎又分为不同类型。渗出液稀薄透明者称浆液性卡他；渗出物黏稠而不透明者称黏液性卡他；渗出液为灰黄或浅绿色的脓性分泌物者，称脓性卡他。

（4）化脓性炎　炎性过程中以形成脓液为主要特征者称化脓性炎。脓液是浑浊的、灰白色、灰黄色或浅绿色的凝乳状渗出物，其中混有多量中性粒细胞和富于白蛋白和球蛋白的成分。

表现形式：脓性浸润、脓性卡他、积脓、脓肿、蜂窝织炎。

（5）出血性炎　炎症时，有大量的红细胞渗出。致使渗出液甚至整个炎区组织呈现血红色。

出血性炎的基础是血管壁严重损伤，通透性显著增加所致。病因一般是一些强烈的刺激物。常发于胃肠道。

3. 增生性炎

是以组织增殖反应占优势为特征的炎症。它分为普通的和特异的两种。

（1）普通增生性炎　这是与特异增生性炎比较而言。在普通增生性炎中，增生的组织无特殊的组织结构。

（2）特异性增生性炎　某些炎症，其增生的组织具有一定的特殊性结构。例如结核杆菌、鼻疽杆菌、放线菌等病原微生物所引起的慢性炎症。

第四章

兽药与临床应用

第一节　临床常用药物

一、消毒防腐药

消毒防腐药是具有杀灭病原微生物或抑制其生长繁殖的一类药物，与抗生素和其他抗菌药不同，这类药物没有明显的抗菌谱和选择性，在临床应用达到有效浓度时，往往对机体组织产生损伤作用，一般不作为动物全身用药。消毒药是指能杀灭病原微生物的药物，主要用于饲养环境、房间、排泄物及器材等非生物表面的消毒。防腐药是指能抑制病原微生物生长繁殖的药物，主要用于抑制局部皮肤、黏膜和创伤等动物体表微生物感染。防腐药和消毒药无严格界限，前者在高浓度时能起杀菌作用，后者低浓度时只能抑菌。

各类消毒防腐药的作用机理各不相同，可归纳为以下三种。

① 使菌体蛋白变性、沉淀。大部分的消毒防腐药是通过这一机理起作用的，其作用不具选择性，可损害一切生命物质，故称为“一般原浆毒”。如酚类、醛类、醇类、重金属盐类等。

② 改变菌体细胞膜的通透性。如表面活性剂。

③ 干扰或损害细菌生命必需的酶系统。如氧化剂、卤素等。

消毒防腐剂的作用受病原微生物的种类、药物浓度和作用时间、环境温度和湿度、环境 pH、有机物以及水质等的影响，使用时应加以注意。

（一）酚类

苯酚（酚或石炭酸）

苯酚为原浆毒，使菌体蛋白凝固变性而呈现杀菌作用。0.1%~1%溶液有抑菌作用，1%~2%溶液有杀灭细菌和真菌作用，5%溶液可在 48 小时内杀死炭疽芽孢，对病毒的作用较弱。碱性环境、脂类和皂类等能减弱其杀菌作用。

【作用与用途】消毒防腐药。用于用具、器械和环境等消毒。

【用法与用量】配成2%~5%溶液。

【注意事项】① 由于苯酚对动物和人有较强的毒性，不能用于创面和皮肤的消毒。

② 忌与碘、溴、高锰酸钾、过氧化氢等配伍应用。

复合酚

本品为原浆毒，使菌体蛋白凝固变性而呈现杀菌作用。0.1%~1%溶液有抑菌作用，1%~2%溶液有杀灭细菌和真菌作用，5%溶液可在48小时内杀死炭疽芽孢，对病毒的作用较弱。碱性环境、脂类和皂类等能减弱其杀菌作用。由于苯酚对动物和人有较强的毒性，不能用于创面和皮肤的消毒。

【作用与用途】消毒防腐药。用于猪舍及器具等的消毒。

【用法与用量】喷洒：配成0.3%~1%的水溶液。浸涤：配成1.6%的水溶液。

【注意事项】① 本品对皮肤、黏膜有刺激性和腐蚀性，对动物和人有较强的毒性，不能用于创面和皮肤的消毒。

② 禁与碱性药物或其他消毒剂混用。

甲酚皂溶液

甲酚为原浆毒消毒药，使菌体蛋白凝固变性而呈现杀菌作用。抗菌作用比苯酚强3~10倍，毒性大致相等，但消毒用量比苯酚低，故较苯酚安全。可杀灭一般繁殖型病原菌，对芽孢无效，对病毒作用较弱，是酚类中最常用的消毒药。

由于甲酚的水溶性较低，通常都用肥皂乳化配成50%甲酚皂溶液。甲酚皂溶液的杀菌性能与苯酚相似，其苯酚系数随成分与菌种不同而介于1.6~5。常用浓度可破坏肉毒梭菌毒素，能杀灭包括铜绿假单胞菌在内的细菌繁殖体，对结核杆菌和真菌有一定杀灭能力，能杀死亲脂性病毒，但对亲水性病毒无效。

【作用与用途】消毒防腐药。用于器械、畜禽舍、场地、排泄物消毒。

【用法与用量】喷洒或浸泡：配成5%~10%的水溶液。

【注意事项】① 甲酚有特臭，不宜在肉联厂、奶牛厩舍、乳品加工车间和食品加工厂等应用，以免影响食品质量。

② 本品对皮肤有刺激性，注意保护使用者的皮肤。

氯甲酚溶液

氯甲酚对细菌繁殖体、真菌和结核杆菌均有较强的杀灭作用，但不能有效杀灭细菌芽孢。有机物可减弱其杀菌效能。pH值较低时，杀菌效果较好。

【作用与用途】消毒防腐药。用于畜、禽舍及环境消毒。

【用法与用量】喷洒消毒：1：（33~100）倍稀释。

【注意事项】① 本品对皮肤及黏膜有腐蚀性。

② 现用现配，稀释后不宜久贮。

（二）醛类

甲醛溶液

甲醛能杀死细菌繁殖体、芽孢（如炭疽芽孢）、结核杆菌、病毒及真菌等。甲醛对皮肤和黏膜的刺激性很强，但不会损坏金属、皮毛、纺织物和橡胶等。甲醛的穿透力差，不易透入物品深部发挥作用。甲醛具滞留性，消毒结束后即应通风或用水冲洗，甲醛的刺激性气味不易散失，故消毒时空间仅需相对密闭。

常用福尔马林，含甲醛不少于36%。

【作用与用途】主要用于畜禽舍熏蒸消毒，标本、尸体防腐。

【用法与用量】首先对空舍进行彻底清扫，高压水冲洗，晾干。按甲醛计。熏蒸消毒：每立方米空间12.5~50毫升的剂量，加等量水一起加热蒸发。也可加入高锰酸钾（30克/米^3）即可产生高热蒸发，熏蒸消毒12~14小时。然后开窗通风24小时。

【注意事项】① 对动物皮肤、黏膜有强刺激性。药液污染皮肤，应立即用肥皂和水清洗。

② 消毒后在物体表面形成一层具腐蚀作用的薄膜。

③ 甲醛气体有强致癌作用，尤其是肺癌。

④ 动物误服甲醛溶液，应迅速灌服稀氨水解毒。

复方甲醛溶液

为甲醛、乙二醛、戊二醛和苯扎氯铵与适宜辅料配制而成。

【作用与用途】用于畜禽舍及器具消毒。

【用法与用量】将所需消毒的物体表面彻底清洁，然后按下面方法使用：常规情况下，1：（200~400）倍稀释作畜禽舍的地板、墙壁及物品、运输工具等的消毒；发生疫病时，1：（100~200）倍稀释消毒。

【注意事项】① 对皮肤和黏膜有一定的刺激性，操作人员要作好防护措施。

② 温度低于5℃时，可适当提高使用浓度。

③ 不宜与肥皂、阴离子表面活性剂、碘化物、过氧化物合用。

浓戊二醛溶液

戊二醛为灭菌剂，具有广谱、高效和速效消毒作用。对革兰氏阳性和阴性细菌均有迅速的杀灭作用，对细菌繁殖体、芽孢、病毒、结核杆菌和真菌等均有很好的杀灭作用。水溶液 pH 值 7.5~7.8 时，杀菌作用最佳。

【作用与用途】消毒防腐药。用于畜禽舍及器具消毒。

【用法与用量】以戊二醛计。喷洒、浸泡消毒：配成 2%溶液，消毒 10~20 分钟或放置至干。

【注意事项】① 避免与皮肤、黏膜接触，如接触后应立即用水清洗干净。

② 使用过程中不应接触金属器具。

戊二醛溶液

【作用与用途】用于畜禽舍及器具的消毒。

【用法与用量】以戊二醛计。喷洒浸透：配成 0.78%溶液，保持 5 分钟或放置至干。

【注意事项】① 避免与皮肤、黏膜接触。如接触，应及时用水冲洗干净。

② 不应接触金属器具。

稀戊二醛溶液

【作用与用途】用于畜禽舍及器具的消毒。

【用法与用量】以戊二醛计。喷洒浸透：配成 0.78%溶液，保持 5 分钟或放置至干。

【注意事项】避免与皮肤、黏膜接触。如接触，应及时用水冲洗干净。

复方戊二醛溶液

为戊二醛和苯扎氯铵配制而成。

【作用与用途】用于畜禽舍及器具的消毒。

【用法与用量】喷洒：1∶150 倍稀释，9 毫升/米^2；涂刷：1∶150 倍稀释，无孔材料表面 100 毫升/米^2，有孔材料表面 300 毫升/米^2。

【注意事项】① 易燃。为避免被灼烧，避免接触皮肤和黏膜，避免吸入，使用时需谨慎，应配备防护衣、手套、护面和护眼用具等。

② 禁与阴离子表面活性剂及盐类消毒剂合用。

季铵盐戊二醛溶液

为苯扎溴铵、葵甲溴铵和戊二醛配制而成。配有无水碳酸钠。

【作用与用途】用于畜禽舍日常环境消毒，可杀灭病毒、细菌和芽孢。

【用法与用量】以本品计。临用前，将消毒液碱化，每 100 毫升消毒液加无水碳酸钠 2 克，搅拌至无水碳酸钠完全溶解，再用自来水将碱化液稀释后喷雾或喷洒：200 毫升/米^2，消毒 1 小时。日常消毒：1∶（250~500）倍稀释；杀灭病毒，1∶（100~200）倍稀释；杀灭芽孢，1∶（1~2）倍稀释。

【注意事项】① 使用前，彻底清理畜舍。

② 对具有碳钢或铝设备的畜禽舍进行消毒时，需在消毒 1 小时后及时清洗残留的消毒液。

③ 消毒液碱化后 3 天内用完。

④ 产品发生冻结时，用前进行解冻，并充分摇匀。

（三）季铵盐类

辛氨乙甘酸溶液

为双性离子表面活性剂。对化脓球菌、肠道杆菌等及真菌有良好的杀灭作用，对细菌芽孢无杀灭作用。具有低毒、无残留的特点，有较好的渗透性。

【作用与用途】用于猪舍、环境、器械和手的消毒。

【用法与用量】畜舍、环境、器械消毒：1∶（100~200）倍稀释；手消毒：1∶1 000 倍稀释。

【注意事项】① 忌与其他消毒药合用。

② 不宜用于粪便、污秽物及污水的消毒。

苯扎溴铵溶液

苯扎溴铵为阳离子表面活性剂，对细菌如化脓杆菌、肠道菌等有较好的杀灭作用，对革兰氏阳性菌的杀灭能力比革兰氏阴性菌为强。对病毒的作用较弱，对亲脂性病毒如流感病毒有一定杀灭作用，对亲水性病毒无效；对结核杆菌与真菌的杀灭效果甚微；对细菌芽孢只能起到抑制作用。

【作用与用途】用于手术器械、皮肤和创面消毒。

【用法与用量】以苯扎溴铵计。创面消毒：配成 0.01%溶液；皮肤、手术器械消毒：配成 0.1%溶液。

【注意事项】① 禁与肥皂及其他阴离子活性剂、盐类消毒剂、碘化物和过氧化物等合用，术者用肥皂洗手后，务必用水冲净后再用本品。

② 不宜用于眼科器械和合成橡胶制品的消毒。

③ 配制手术器械消毒液时，需加 0.5%亚硝酸钠以防生锈，其水溶液不得贮存于聚乙烯制作的容器内，以避免与增塑剂起反应而使药液失效。

④ 不适用于粪便、污水和皮革等的消毒。

⑤ 可引起人的药物过敏。

葵甲溴铵溶液

癸甲溴铵溶液为阳离子表面活性剂，能吸附于细菌表面，改变菌体细胞膜的通透性，呈现杀菌作用。具有广谱、高效、无毒、抗硬水、抗有机物等特点，适用于环境、水体、器具等的消毒。

【作用与用途】用于猪舍、饲喂器具和饮水等消毒。

【用法与用量】以葵甲溴铵计。畜禽舍、器具消毒：配成 0.015%~0.05%

溶液；饮水消毒：配成 0. 002 5%～0. 005%溶液。

【注意事项】① 原液对皮肤和眼睛有轻微刺激，避免与眼睛、皮肤和衣服直接接触，如溅及眼部和皮肤立即以大量清水冲洗至少 15 分钟。

② 内服有毒性，一旦误服立即饮用大量清水或牛奶洗胃。

度米芬

度米芬为阳离子表面活性剂，可用作消毒剂、除臭剂和杀菌防腐剂。对革兰氏阳性和阴性菌均有杀灭作用，但对革兰氏阴性菌需较高浓度。对细菌芽孢、耐酸细菌和病毒效果不显著。有抗真菌作用。在中性或弱碱性溶液中效果更好，在酸性溶液中效果下降。

【作用与用途】用于创面、黏膜、皮肤和器械消毒。

【用法与用量】创面、黏膜消毒：0. 02%～0. 05%溶液；皮肤、器械消毒：0. 05%～0. 1%溶液。

【不良反应】可引起人接触性皮炎。

【注意事项】① 禁止与肥皂、盐类和其他合成洗涤剂、无机碱合用。避免使用铝制容器。

② 消毒金属器械需加 0. 5%亚硝酸钠防锈。

醋酸氯己定

醋酸氯己定为阳离子表面活性剂，对革兰氏阳性、阴性菌和真菌均有杀灭作用，但对结核杆菌、细菌芽孢及某些真菌仅有抑制作用。抗菌作用强于苯扎溴铵，其作用迅速且持久，毒性低，无局部刺激作用。与苯扎溴铵联用对大肠杆菌有协同作用。本品不易被有机物灭活，但易被硬水中的阴离子沉淀而失去活性。

【作用与用途】用于皮肤、黏膜、人手及器械消毒。

【用法与用量】皮肤消毒：配成 0. 5%醇溶液（用 70%乙醇配制）；黏膜、创面消毒：配成 0. 05%溶液；手消毒：配成 0. 02%溶液；器械消毒：配成 0. 1%溶液。

【不良反应】按规定剂量配制使用，暂未见不良反应。

【注意事项】① 禁与汞、甲醛、碘酊、高锰酸钾等消毒剂配伍应用。

② 本品不能与肥皂、碱性物质和其他阳离子表面活性剂混合使用；金属器械消毒时加 0. 5%亚硝酸钠防锈。

③ 本品遇硬水可形成不溶性盐，遇软木（塞）可失去药物活性。

月苄三甲氯铵溶液

月苄三甲氯铵具有较强的杀菌作用，金黄色葡萄球菌、猪丹毒杆菌、化脓性链球菌、口蹄疫病毒以及细小病毒等对其较敏感。

【作用与用途】用于猪舍及器具消毒。

【用法与用量】畜舍消毒：喷洒，1∶30 倍稀释；器具浸涤：1∶（100~150）倍稀释。

【注意事项】禁与肥皂、酚类、原酸盐类、酸类、碘化物等混用。

（四）碱类

氢氧化钠（苛性钠、火碱、烧碱）

为一种高效消毒剂。属原浆毒，能杀灭细菌、芽孢和病毒。2%~4%溶液可杀死病毒和细菌。30%溶液 10 分钟可杀死芽孢；4%溶液 45 分钟可杀死芽孢。

【作用与用途】消毒药和腐蚀药。用于厩舍、车辆等的消毒。也用于牛、羊新生角的腐蚀。

【用法与用量】消毒：1%~2%热溶液。腐蚀新生角：50%溶液。

【注意事项】① 遇有机物可使其杀灭病原微生物的能力下降。

② 消毒畜舍前应将畜赶出圈舍。

③ 对组织有强腐蚀性，能损坏织物和铝制品等。

④ 消毒剂应注意防护，消毒后适时用清水冲洗。

碳酸钠

本品溶于水中可解离出 OH^- 起抗菌作用，但杀菌效力较弱，很少单独用于环境消毒。

【作用与用途】主要用于去污性消毒，如器械煮沸消毒；也可用于清洁皮肤、去除痂皮等。

【用法与用量】外用：清洁皮肤去除痂皮，配成 0.5%~2%溶液；器械煮沸消毒：配成 1%溶液。

（五）卤素类

含氯石灰（漂白粉）

遇水生成次氯酸并释放活性氯和新生态氧而呈现杀菌作用。杀菌作用强，但不持久。含氯石灰对细菌繁殖体、芽孢、病毒及真菌都有杀灭作用，并可破坏肉毒梭菌毒素。1%澄清液作用 0.5~1 分钟即可抑制炭疽杆菌、沙门氏菌、猪丹毒杆菌和巴氏杆菌等多数繁殖型细菌的生长，1~5 分钟可抑制葡萄球菌和链球菌的生长，对结核杆菌和鼻疽杆菌效果较差。30%含氯石灰混悬液作用 7 分钟后，炭疽芽孢即停止生长。实际消毒时，含氯石灰与被消毒物的接触至少需 15~20 分钟。含氯石灰的杀菌作用受有机物的影响。含氯石灰中所含的氯可与氨和硫化氢发生反应，故有除臭作用。

【作用与用途】用于饮水消毒和猪舍、场地、车辆、排泄物等的消毒。

【用法与用量】饮水消毒：每 50 升水加本品 1 克，30 分钟后即可应用；猪舍、地面、排泄物等消毒：配成 5%~20%混悬液。

【不良反应】含氯石灰使用时可释放出氯气，引起流泪、咳嗽，并可刺激皮肤和黏膜。严重时可引起急性氯气中毒，表现为躁动、呕吐、呼吸困难。

【注意事项】① 对皮肤和黏膜有刺激作用。

② 对金属有腐蚀作用，不能用于金属制品；可使有色棉织物褪色。

③ 现配现用，久贮易失效，保存于阴凉干燥处。

次氯酸钠溶液

【作用与用途】用于畜舍、器具及环境的消毒。

【用法与用量】以本品计。畜舍、器具消毒：1∶（50~100）倍稀释；常规消毒：1∶1 000 倍稀释。

【注意事项】① 本品对金属有腐蚀性，对织物有漂白作用。

② 可伤害皮肤，置于儿童不能触及的地方。

③ 包装物用后集中销毁。

复合次氯酸钙粉

由次氯酸钙和丁二酸配合而成。遇水生成次氯酸，释放活性氯和新生态氧而呈现杀菌作用。

【作用与用途】用于空舍、周边环境喷雾消毒和猪饲养全过程的带畜喷雾消毒，饲养器具的浸泡消毒和物体表面的擦洗消毒。

【用法与用量】① 配制消毒母液：打开外包装后，先将 A 包内容物溶解到 10 升水中，待搅拌完全溶解后，再加入 B 包内容物，搅拌，至完全溶解。

② 喷雾：畜禽舍和环境消毒，1∶（15~20）倍稀释，每立方米空间 150~200 毫升作用 30 分钟；带畜禽消毒：预防和发病时分别按 1∶20 倍和 1∶15 倍稀释，每立方米空间 50 毫升作用 30 分钟。

③ 浸泡、擦洗饲养器具：1∶30 倍稀释，按实际需要量作用 20 分钟。

④ 对特定病原体如大肠杆菌、金黄色葡萄球菌 1∶140 倍稀释，巴氏杆菌 1∶30 倍稀释，口蹄疫病毒 1∶2 100 倍稀释。

【注意事项】① 配制消毒母液时，袋内的 A 包和 B 包必须按顺序一次性全部溶解，不得增减使用量。配制好的消毒液应在密封非金属容器中贮存。

② 配制消毒液的水温不得超过 50℃和低于 25℃。

③ 若母液不能一次用完，应放于 10 升桶内，密闭，置凉暗处，可保存 60 天。

④ 禁止内服。

复合亚氯酸钠

复合亚氯酸钠遇盐酸可生成二氧化氯而发挥杀菌作用。对细菌繁殖体、芽孢、病毒及真菌都有杀灭作用，并可破坏肉毒梭菌毒素。二氧化氯形成的多少与溶液的 pH 值有关，pH 值越低，二氧化氯形成越多，杀菌作用越强。

【作用与用途】消毒防腐药。用于畜禽舍、饲喂器具及饮水等消毒，并有除臭作用。

【用法与用量】取本品 1 克，加水 10 毫升溶解，加活化剂 1.5 毫升活化后，加水至 150 毫升备用。猪舍、饲喂器具消毒：15~20 倍稀释。饮水消毒：200~ 1 700 倍稀释。

【注意事项】① 避免与强还原剂及酸性物质接触。

② 现用现配。

③ 本品浓度为 0.01%时，对铜、铝有轻度腐蚀，对碳钢有中度腐蚀。

二氯异氰脲酸钠粉（优氯净）

含氯消毒剂。二氯异氰脲酸钠在水中分解为次氯酸和氰脲酸，次氯酸释放出活性氯和初生态氧，对细菌原浆蛋白产生氯化和氧化反应而呈杀菌作用。

【作用与用途】消毒药。主要用于猪舍、畜栏、器具及种蛋等消毒。

【用法与用量】以有效氯计。猪饲养场所、器具消毒：每升水 0.21~1 克；疫源地消毒：每升水 0.2 克。

【注意事项】所需消毒溶液现用现配，对金属有轻微腐蚀，可使有色棉织品褪色。

三氯异氰脲酸粉

含氯消毒剂。在水中可水解生成有强氧化性的次氯酸，后者又可以放出活性氯和新生态氧，对细菌原浆蛋白产生氯化和氧化反应而呈现杀菌作用。

【作用与用途】主要用于猪舍、猪栏、器具及饮水消毒。

【用法与用量】以有效氯计。喷洒、冲洗、浸泡：猪饲养场地的消毒，配成 0.16%溶液；饲养用具，配成 0.04%溶液；饮水消毒，每升水中 0.4 毫克，作用 30 分钟。

【注意事项】本品对皮肤、黏膜有强刺激作用和腐蚀性，对织物、金属有漂白和腐蚀作用，注意使用人员的防护，使用时不能用金属器皿。

溴氯海因粉

为有机溴氯复合型消毒剂，能同时解离出溴和氯分别形成次氯酸和次溴酸，有协调增效作用。溴氯海因具广谱杀菌作用，对细菌繁殖型芽孢、真菌和病毒有杀灭作用。

【作用与用途】用于猪舍、运输工具等的消毒。

【用法与用量】以本品计。喷洒、擦洗或浸泡：环境或运输工具细菌繁殖体的消毒，按 1∶1 333 倍稀释。

【注意事项】① 本品对炭疽芽孢无效。

② 禁用金属容器盛放。

（六）含碘消毒剂

碘

碘能引起蛋白质变性而具有极强的杀菌力，能杀死细菌、芽孢、霉菌、病毒和部分原虫。碘难溶于水，在水中不易水解形成次碘酸。在碘水溶液中具有杀菌作用的成分为元素碘（I_2）、三碘化物的离子（I_3^-）和次碘酸（HIO），其中次碘酸的量较少，但作用最强，I_2 次之，解离的 I_3^- 杀菌作用极微弱。在酸性条件下，游离碘增多，杀菌作用较强；在碱性条件下则相反。

与含汞化合物相遇，产生碘化汞而呈现毒性作用。

【用法与用量】常用制剂有碘甘油、碘酊等。因商品化碘消毒剂较多，具体用量见相关产品说明书。

【注意事项】① 偶尔可见过敏反应。对碘过敏的猪禁用。

② 禁止与含汞化合物配伍。

③ 必须涂于干的皮肤上，如涂于湿皮肤上不仅杀菌效力降低，而且容易引起起疱和皮炎。

④ 配制碘液时，若加入了过量的碘化物，可使游离碘变为碘化物，反而导致碘失去杀菌作用。配制的碘溶液应存放在密闭的容器内。

⑤ 若存放时间过长，颜色变浅，应测定碘含量，并将碘浓度补足后再用。

⑥ 碘可着色，沾有碘液的天然纤维织物不易洗除。

⑦ 长时间浸泡金属器械会产生腐蚀性。

碘酊

碘酊是常用最有效的皮肤消毒药。含碘 2%，碘化钾 1.5%，加水适量，以 50%乙醇配制。

【作用与用途】用于手术前和注射前皮肤消毒和术野消毒。

【用法与用量】一般使用 2%碘酊，外用：涂擦消毒。

【注意事项】同碘。

碘甘油

碘甘油刺激性较小。含碘 1%、碘化钾 1%，加甘油适量配制而成。

【作用与用途】用于黏膜表面消毒，治疗口腔、舌、齿龈、阴道等黏膜炎症与溃疡。

【用法与用量】涂擦皮肤。

【注意事项】同碘。

碘伏

碘伏由碘、碘化钾、硫酸、磷酸等配制而成。

【作用与用途】消毒剂。用于猪舍、饲喂器具、手术部位和手术器械消毒。

【用法与用量】以本品计。喷洒、冲洗、浸泡：手术部位和手术器械消毒，用水 1：（3～6）倍稀释；猪舍、饲喂器具消毒，用水 1：（100～200）倍稀释。

【注意事项】同碘。

碘酸混合溶液

【作用与用途】用于猪舍、用具及饮水的消毒。

【用法与用量】用于病毒消毒：配成 0.6%～2%溶液；猪舍及用具消毒：配成 0.33%～0.5%溶液。

【注意事项】同碘。

聚维酮碘溶液

通过释放游离碘，破坏菌体新陈代谢，对细菌、病毒和真菌均有良好的杀灭作用。

【作用与用途】用于手术部位、皮肤和黏膜的消毒。

【用法与用量】以聚维酮碘计。皮肤消毒及治疗皮肤病：配成 5%溶液；黏膜及创面冲洗：配成 0.33%溶液；带猪消毒：0.5%溶液。

【注意事项】① 当溶液变为白色或淡黄色时失去消毒活性。

② 勿用金属容器盛装。

③ 勿与强碱类物质及重金属混用。

蛋氨酸碘溶液

为蛋氨酸与碘的络合物。通过释放游离碘，破坏菌体新陈代谢，对细菌、病毒和真菌均有良好的杀灭作用。

【作用与用途】主要用于畜禽舍消毒。

【用法与用量】以本品计。畜禽舍消毒：取本品稀释 500～2 000 倍后喷洒。

【注意事项】勿与维生素 C 等强还原剂同时使用。

（七）氧化剂类

过氧乙酸溶液

为强氧化剂，遇有机物放出新生态氧通过氧化作用杀灭病原微生物。

【作用与用途】用于猪舍、用具（食槽、水槽）、场地的喷雾消毒及猪舍内空气消毒，也可用于带猪消毒，还可用于饲养人员手臂消毒。

【用法与用量】以本品计。喷雾消毒：畜禽厩舍 1：（200~400）倍稀释；浸泡消毒：器具 1：500 倍稀释；熏蒸消毒：5~15 毫升/米^3 空间；饮水消毒：每 10 升水加本品 1 毫升。

【注意事项】① 使用前将 A、B 液混合反应 10 小时后生成过氧乙酸消毒液。

② 本品腐蚀性强，操作时戴上防护手套，避免药液灼伤皮肤，稀释时避免使用金属器具。

③ 当室温低于 15℃时，A 液会结冰，用温水浴融化溶解后即可使用。

④ 配好的溶液应置玻璃瓶内或硬质塑料瓶内低温、避光、密闭保存。

⑤ 稀释液易分解，宜现用现配。

过硫酸氢钾复合物粉

【作用与用途】用于畜禽舍、空气和饮水等消毒。

【用法与用量】浸泡或喷雾：猪舍环境、饮水设备、空气消毒、终末消毒、设备消毒、脚踏盆消毒：1：200 倍稀释；饮水消毒，1：1 000 倍稀释。对于特定病原体消毒，如大肠杆菌、金黄色葡萄球菌、猪水疱病病毒：1：400 倍稀释；链球菌：1：800 倍稀释；口蹄疫病毒：1：1 000 倍稀释。

【注意事项】① 现用现配。

② 不得与碱类物质混存或合并使用。

（八）酸类

醋酸

又名乙酸。对细菌、真菌、芽孢和病毒均有较强的杀灭作用。一般来说，对细菌繁殖体最强，其他依次为真菌、病毒、结核杆菌及芽孢。

【作用与用途】用于空气消毒等。

【用法与用量】空气消毒：稀醋酸（36%~37%）溶液加热蒸发，每 100 米^{3}空间 20~40 毫升（加 5~10 倍水稀释）。

【注意事项】避免与眼睛接触，若与高浓度醋酸接触，立即用清水冲洗。

二、抗生素

临床常用的抗生素包括 β-内酰胺类、氨基糖苷类、大环内酯类、林可霉素类、多肽类、喹诺酮类、磺胺类、抗结核药、抗真菌药及其他抗生素。

青霉素钠（钾）

青霉素属杀菌性抗生素，能抑制细菌细胞壁黏肽的合成，对生长繁殖期细菌敏感，对非生长繁殖期的细菌无杀菌作用。临床上应避免将青霉素与抑制细胞生长繁殖的“快效抑菌剂”（如氟苯尼考、四环素类、红霉素等）合用。主要敏感菌有葡萄球菌、链球菌、猪丹毒杆菌、棒状杆菌、破伤风梭菌、放线菌、炭疽杆菌、螺旋体等。对分枝杆菌、支原体、衣原体、立克次体、诺卡菌、真菌和病毒均不敏感。

青霉素与氨基糖苷类呈现协同作用；大环内酯类、四环素类和酰胺醇类等快效抑菌剂对青霉素的杀菌活性有干扰作用，不宜合用；重金属离子（尤其是铜、锌、汞）、醇类、酸、碘、氧化剂、还原剂、羟基化合物，呈酸性的葡萄糖注射液或盐酸四环素注射液等可破坏青霉素的活性，禁止配伍；胺类与青霉素可形成不溶性盐，可以延缓青霉素的吸收，如普鲁卡因青霉素；青霉素钠水溶液与一些药物溶液（如盐酸氯丙嗪、盐酸林可霉素、酒石酸去甲肾上腺素、盐酸土霉素、盐酸四环素、B 族维生素及维生素 C）不宜混合，否则可产生混浊、絮状物或沉淀。

1. 注射用青霉素钠

本品为青霉素钠的无菌粉末。

【作用与用途】β-内酰胺类抗生素。主要用于革兰氏阳性菌感染，亦用于放线菌及钩端螺旋体等的感染。

【用法与用量】以青霉素计。肌内注射，一次量，每千克体重，马、牛 1 万~2 万单位，羊、猪、驹、犊 2 万~3 万单位，犬、猫 3 万~4 万单位，禽 5 万单位。1 日 2~3 次，连用 2~3 日。

临用前，加灭菌注射用水适量使溶解。

【不良反应】① 主要的不良反应是过敏反应，大多数家畜均可发生，但发生率较低。局部反应表现为注射部位水肿、疼痛，全身反应为荨麻疹、皮疹，严重者可引起休克或死亡。

② 对某些动物，青霉素可诱导胃肠道的二重感染。

【注意事项】① 青霉素钠易溶于水，水溶液不稳定，很易水解，水解率随温度升高而加速，因此注射液应在临用前配制。必须保存时，应置冰箱中（2~8℃），可保存 7 天，在室温只能保存 24 小时。

② 应了解与其他药物的相互作用和配伍禁忌，以免影响青霉素的药效。

③ 大剂量注射可能出现高钠血症。对肾功能减退或心功能不全患畜会产生不良后果。

④ 治疗破伤风时宜与破伤风抗毒素合用。

2. 注射用青霉素钾

【作用与用途】【用法与用量】【不良反应】【注意事项】同注射用青霉素钠。

氨苄西林钠

氨苄西林钠具有广谱抗菌作用，对青霉素酶敏感，故对耐青霉素的金黄色葡萄球菌无效。对革兰氏阴性菌如大肠杆菌、变形杆菌、沙门氏菌、嗜血杆菌、布鲁氏菌和巴氏杆菌等有较强的作用，对铜绿假单胞菌不敏感。

氨苄西林钠与下列药物有配伍禁忌：琥乙红霉素、乳糖酸红霉素、盐酸土霉素、盐酸四环素、盐酸金霉素硫酸卡那霉素、硫酸庆大霉素、硫酸链霉素、盐酸林可霉素、硫酸多黏菌素 B、氯化钙、葡萄糖酸钙、B 族维生素、维生素 C 等。本品与氨基糖苷类合用，可提高后者在菌体内的浓度，呈现协同作用。大环内酯类、四环素类和酰胺醇类等快效抑菌剂对本品的作用有干扰作用，不宜合用。

注射用氨苄西林钠

【作用与用途】β-内酰胺类抗生素。用于对氨苄西林敏感菌感染。

【用法与用量】以氨苄西林计。肌内、静脉注射：一次量，每千克体重，家畜 10~20 毫克（即本品一支可用于 100~200 千克体重）。1 日 2~3 次，连用 2~3 天。

【不良反应】本类药物可出现与剂量无关的过敏反应，表现为皮疹、发热、嗜酸性细胞增多、白细胞和血小板减少、贫血、淋巴结病或全身性过敏反应。

【注意事项】对青霉素酶敏感，不宜用于耐青霉素的金黄色葡萄球菌感染。

阿莫西林

阿莫西林具有广谱抗菌作用。抗菌谱及抗菌活性与氨苄西林基本相同，对大多数革兰氏阳性菌的抗菌活性稍弱于青霉素，对青霉素酶敏感，故对革兰氏阴性菌如大肠埃希菌、变形杆菌、沙门氏菌、嗜血杆菌、布鲁氏菌和巴氏杆菌等有较强的作用。对铜绿假单胞菌不敏感。适用于敏感菌所致的呼吸系统、泌尿系统、皮肤及软组织等全身感染。

本品与氨基糖苷类合用，可提高后者在菌体内的浓度，呈现协同作用。大环内酯类、四环素类和酰胺醇类等快效抑菌剂对本品的杀菌作用有干扰作用，不宜合用。

注射用阿莫西林钠

【作用与用途】β-内酰胺类抗生素。用于治疗对阿莫西林敏感的革兰氏阳性菌和革兰氏阴性菌感染。

【用法与用量】以阿莫西林计。静脉或肌内注射：一次量，每千克体重，畜禽 5~10 毫克（即 100 千克体重用 1~2 支）。1 日 1 次，连用 2~3 天。

【不良反应】偶见过敏反应，注射部位有刺激性。

【注意事项】① 对青霉素耐药的细菌感染不宜使用。

② 现配现用。

苯唑西林钠

苯唑西林钠抗菌谱比青霉素窄，但不易被青霉素酶水解，对耐青霉素的产酶金黄色葡萄球菌有效，对不产酶菌株和其他对青霉素敏感的革兰氏阳性菌的杀菌作用不如青霉素。肠球菌对本品耐药。

苯唑西林钠与氨苄西林或庆大霉素联合用药可相互增强对肠球菌的抗菌活性。大环内酯类、四环素类和酰胺醇类等快效抑菌剂对苯唑西林钠的杀菌活性有干扰作用，不宜合用。重金属离子（尤其是铜、锌、汞）、醇类、酸、碘、氧化剂、还原剂、羟基化合物，呈酸性的葡萄糖注射液或盐酸四环素注射液等可破坏苯唑西林钠的活性，禁止配伍。

注射用苯唑西林钠

【作用与用途】β-内酰胺类抗生素。主要用于耐青霉素金黄色葡萄球菌感染，如败血症、肺炎、乳腺炎、烧伤创面感染等。

【用法与用量】肌内注射：一次量，每千克体重，马、牛、羊、猪 10~15 毫克；犬、猫 15~20 毫克。2~3 次/天，连用 2~3 天。

【不良反应】主要的不良反应是过敏反应，但发生率较低。局部反应表现为注射部位水肿、疼痛，全身反应为荨麻疹、皮疹，严重者可引起休克或死亡。

【注意事项】① 苯唑西林钠易溶于水，水溶液不稳定，很易水解，水解率随温度升高而加速，因此注射液应在临用前配制；必须保存时，应置冰箱中（2~8℃），可保存 7 天，在室温只能保存 24 小时。

② 大剂量注射可能出现高钠血症。对肾功能减退或心功能不全的猪会产生不良后果。

苄星青霉素

苄星青霉素属杀菌性抗生素，抗菌活性强，其抗菌作用机理主要是抑制细菌细胞壁黏肽的合成。临床上应避免与抑制细菌生长繁殖的快效抑菌剂（如氟苯尼考、四环素类、红霉素等）合用。主要敏感菌有葡萄球菌、链球菌、猪丹毒杆菌、棒状杆菌、破伤风梭菌、放线菌、炭疽杆菌、螺旋体等。对分枝杆菌、支原体、衣原体、立克次体、诺卡菌、真菌和病毒均不敏感。对急性重度感染不宜单独使用，须注射青霉素钠（钾）显效后，再用本品维持药效。

本品与氨基糖苷类合用，可提高后者在菌体内的浓度，故呈现协同作用。大环内酯类、四环素类和酰胺醇类等快效抑菌剂对苄星青霉素的杀菌活性有干扰作用，不宜合用。重金属离子（尤其是铜、锌、汞）、醇类、酸、碘、氧化剂、还原剂、羟基化合物，呈酸性的葡萄糖注射液或盐酸四环素注射液等可破坏其活性，属配伍禁忌。本品与一些药物溶液（如盐酸氯丙嗪、盐酸林可霉素、酒石酸去甲肾上腺素、盐酸土霉素、盐酸四环素、B 族维生素及维生素 C）不宜混合，否则可产生混浊、絮状物或沉淀。

注射用苄星青霉素

【作用与用途】β-内酰胺类抗生素。为长效青霉素，用于革兰氏阳性细菌感染。

【用法与用量】肌内注射。一次量，每千克体重，马、牛 2 万~3 万单位，羊、猪 3 万~4 万单位，犬、猫 4 万~5 万单位，必要时 3~4 日重复 1 次。

【不良反应】主要的不良反应是过敏反应，大多数家畜均可发生，但发生率较低。局部反应表现为注射部位水肿、疼痛，全身反应为荨麻疹、皮疹，严重者可引起休克或死亡。

【注意事项】① 本品血药浓度较低，急性感染时应与青霉素钠合用。

② 注射液应在临用前配制。

③ 应注意与其他药物的相互作用和配伍禁忌，以免影响其药效。

头孢氨苄

头孢氨苄属杀菌性抗生素。抗菌谱广，对革兰氏阳性菌活性较强，但肠球菌除外。对部分革兰氏阴性菌如大肠埃希菌、奇异变形杆菌、克雷伯氏菌、沙门氏菌和志贺氏菌等有抗菌作用。

头孢氨苄注射液

【作用与用途】β-内酰胺类抗生素。主要用于治疗由敏感菌引起的感染。

【用法与用量】以头孢氨苄计。肌内注射。家畜，一次量，每千克体重 10 毫克（即家畜每千克体重使用本品 0.1 毫升），每日 1 次。

【不良反应】① 有潜在的肾毒性。

② 有胃肠道反应，表现为厌食、呕吐和腹泻。

【注意事项】① 本品应振摇均匀后使用。

② 对头孢菌素、青霉素过敏动物慎用。

头孢噻呋（钠）

头孢噻呋具有广谱杀菌作用，对革兰氏阳性菌、革兰氏阴性菌（包括 β-内酰胺酶菌）均有效。敏感菌主要有多杀性巴氏杆菌、溶血性巴氏杆菌、胸膜性肺炎放线杆菌、沙门氏菌、大肠杆菌、链球菌、葡萄球菌等。本品抗菌活性比氨苄西林强，对链球菌的活性比奎诺酮类强。

与青霉素、氨基糖苷类药物合用有协同作用。

1. 注射用头孢噻呋

【作用与用途】β-内酰胺类抗生素。主要用于治疗畜禽细菌性疾病，如猪细菌性呼吸道感染和鸡的大肠埃希菌、沙门氏菌感染等。

【用法与用量】以头孢噻呋计。肌内注射：一次量，每千克体重，猪 3~5 毫克；1 日 1 次，连用 3 日。皮下注射：1 日龄鸡，每羽 0.1 毫克。

【不良反应】① 可能引起胃肠道菌群紊乱或二重感染。

② 有一定的肾毒性。

③ 可能出现局部一过性疼痛。

【注意事项】① 现配现用。

② 对肾功能不全动物应调整剂量。

③ 对 β-内酰胺类抗生素高敏的人应避免接触本品，避免儿童接触。

【休药期】猪 4 日。

2. 注射用头孢噻呋钠

【作用与用途】【用法与用量】【不良反应】【注意事项】同注射用头孢噻呋。

硫酸头孢喹肟

硫酸头孢喹肟是动物专用第四代头孢菌素类抗生素。通过抑制细胞壁的合成达到杀菌效果，具有广谱抗菌活性，对 β-内酰胺酶稳定。头孢喹肟对常见的革兰氏阳性菌和革兰氏阴性菌敏感，包括大肠埃希菌、枸橼酸杆菌、克雷伯氏菌、巴氏杆菌、变形杆菌、沙门氏菌、黏质沙雷菌、牛嗜血杆菌、化脓放线菌、芽孢杆菌属的细菌、棒状杆菌、金黄色葡萄球菌、链球菌、类杆菌、梭状芽孢杆菌、梭杆菌属的细菌、普雷沃菌、放线杆菌和猪丹毒杆菌等。

1. 注射用硫酸头孢喹肟

【作用与用途】头孢喹肟是头孢菌素类抗生素，通过抑制细胞壁的合成达到杀菌效果，具有广谱抗菌活性，对青霉素与 β-内酰胺酶稳定。体外抑菌试验表明头孢喹肟对常见的革兰氏阴性菌敏感，包括大肠埃希氏菌、枸橼酸杆菌、克雷伯氏菌、巴氏杆菌、变形杆菌、沙门氏菌、黏质沙雷菌、牛嗜血杆菌、化脓放线菌、芽孢杆菌属的细菌、棒状杆菌、金黄色葡萄球菌、链球菌、类杆菌、梭状芽孢杆菌、梭杆菌属的细菌、普雷沃菌、放线杆菌和猪丹毒杆菌。

主要用于由敏感菌引起的猪呼吸道疾病、犊牛肺炎、乳房炎及奶牛产后感染等。对常见感染的 G^+ 和 G^- 菌均有较强的杀灭作用，临床上主要用于预防和治疗雏鸡的大肠杆菌、沙门氏菌等细菌性单一或混合感染引起的心包炎、肝周炎、气囊炎；净化种鸡的沙门氏杆菌和大肠杆菌；治疗鸭的大肠杆菌和沙门氏菌等。

【用法与用量】以头孢喹肟计。牛肌内注射：一次量，每千克体重，1 毫克；1 日 1 次，连用 3~5 日。猪肌内注射：一次量，每千克体重，2~3 毫克；1 日 1 次，连用 3~5 日。

① 蛋鸡、种鸡。配合油苗注射，净化输卵管，防止垂直传播，有效净化大肠杆菌及沙门氏菌，防止垂直感染。8~10 日龄，6 000~ 10 000 只/10 毫升；35~40 日龄，5 000~6 000 只/100 毫升；100 日龄以上，2 500~3 000 只/100 毫升。

② 商品肉鸡。8~10 日龄，6 000~10 000 只/100 毫升。配合油苗注射，减少 8~15 日龄大肠杆菌药使用，降低口服药对肝肾的损伤，方便省时省力，提高疗效。

③ 鸭传染性浆膜炎及鸡群细菌重度感染的治疗。皮下或肌内注射，0.1~0.2 毫升/千克，每日 1 次，连用 2~3 天。

【不良反应】按规定的用法用量使用尚未见不良反应。

【注意事项】① 对 β-内酰胺类抗生素过敏的动物禁用。

② 对青霉素和头孢类抗生素过敏者勿接触本品。

③ 现用现配，用前充分摇匀。

④ 本品在溶解时会产生气泡，操作时要注意。

2. 硫酸头孢喹肟注射液

【用法与用量】以硫酸头孢喹肟计。肌内注射：一次量，猪 2~3 毫克/千克体重。1 次/天，连用 3~5 天。

【作用与用途】【不良反应】【注意事项】同注射用硫酸头孢喹肟。

链霉素

链霉素通过干扰细菌蛋白质合成过程，致使合成异常的蛋白质、阻碍已合成的蛋白质释放，还可使细菌细胞膜通透性增加导致一些重要生理物质的外漏，终引起细菌死亡。

链霉素对结核杆菌和多种革兰氏阴性杆菌，如大肠杆菌、沙门氏菌、布鲁氏菌、巴氏杆菌、志贺氏痢疾杆菌、鼻疽杆菌等有抗菌作用。对金黄色葡萄球菌等多数革兰氏阳性球菌的作用差。链球菌、铜绿假单胞菌和厌氧菌对本品固有耐药。

与其他具有肾毒性、耳毒性和神经毒性的药物，如两性霉素、其他氨基糖苷类药物、多黏菌素 B 等联合应用时慎重。与作用于髓袢的药（呋塞米）或渗透性药（甘露醇）合用，可使氨基糖苷类药物的耳毒性和肾毒性增强。与全身麻醉药或神经肌肉阻断剂联合应用，可加强神经肌肉传导阻滞。与青霉素类或头孢菌素类合用对铜绿假单胞菌和肠球菌有协同作用，对其他细菌可能有相加作用。

注射用硫酸链霉素

【作用与用途】氨基糖苷类抗生素。可用于治疗各种敏感革兰氏阴性菌引起的急性感染。

【用法与用量】以链霉素计。肌内注射：一次量，每千克体重，家畜 10~15 毫克。2 次/天，连用 2~3 天。

【不良反应】① 耳毒性。链霉素最常引起前庭损害，这种损害可随连续给药的药物积累而加重，并呈剂量依赖性。

② 剂量过大，易诱导神经肌肉传导阻滞，急性中毒表现为呼吸抑制、肢体麻痹、全身无力等症状。

③ 长期应用可引起肾脏损害。

【注意事项】① 与其他氨基糖苷类有交叉过敏现象，对氨基糖苷类过敏的猪禁用。

② 猪出现脱水（可致血药浓度增高）或肾功能损害时慎用。

③ Ca^{2+}、Mg^{2+}、NH_4^+、K^+、Na^+等阳离子可抑制本类药物的抗菌活性。

④ 本品治疗泌尿道感染时，可同时内服碳酸氢钠使尿液呈碱性，可增强药效。

⑤ 与头孢菌素、右旋糖酐、强效利尿药（如呋塞米等）、红霉素等合用，可增强本类药物的耳毒性。

⑥ 骨骼肌松弛药（如氯化琥珀胆碱等）或具有此种作用的药物可加强本类药物的神经肌肉阻滞作用。

硫酸双氢链霉素

硫酸双氢链霉素属于氨基糖苷类抗生素，通过干扰细菌蛋白质合成过程，致使合成异常的蛋白质、阻碍已合成的蛋白质释放，还可使细菌细胞膜通透性增强导致一些重要生理物质的外漏，最终引起细菌死亡。双氢链霉素对结核杆菌和多种革兰氏阴性杆菌，如大肠埃希菌、沙门氏菌、布鲁氏菌、巴氏杆菌、志贺氏痢疾杆菌、鼻疽杆菌等有抗菌作用。对金黄色葡萄球菌等多数革兰氏阳性球菌的作用差。链球菌、铜绿假单胞菌和厌氧菌对本品固有耐药。

与青霉素类或头孢菌素类合用有协同作用；本类药物在碱性环境中抗菌作用增强，与碱性药物（如碳酸氢钠、氨茶碱等）合用可增强抗菌效力，但毒性也相应增强。当 pH 值超过 8.4 时，抗菌作用反而减弱。Ca^{2+}、Mg^{2+}、NH_4^+、K^+、Na^+等阳离子可抑制本类药物的抗菌活性。与头孢菌素、右旋糖酐、强效利尿药（如呋塞米等）、红霉素等合用，可增强本类药物的耳毒性。骨骼肌松弛药（如氯化琥珀胆碱等）或具有此种作用的药物可加强本类药物的神经肌肉阻滞作用。

1. 注射用硫酸双氢链霉素

【作用与用途】氨基糖苷类抗生素。用于革兰氏阴性菌和结核杆菌的感染。

【用法与用量】以双氢链霉素计。肌内注射：一次量，家畜10毫克/千克体重。2次/天。

【不良反应】① 耳毒性比较强，最常引起前庭损害，这种损害可随连续给药的药物积累而加重，并呈剂量依赖性。

② 剂量过大，易导致神经肌肉阻断。

③ 长期应用可引起肾脏损害。

【注意事项】① 与其他氨基糖苷类有交叉过敏现象，对氨基糖苷类过敏的猪禁用。

② 患畜出现脱水（可致血药浓度增高）或肾功能损害时慎用。

③ 用本品治疗泌尿道感染时，猪可同时内服碳酸氢钠使尿液呈碱性，以增强药效。

2. 硫酸双氢链霉素注射液

【作用与用途】【用法与用量】【不良反应】【注意事项】同注射用硫酸双氢链霉素。

卡那霉素

卡那霉素属氨基糖苷类抗菌药，抗菌谱与链霉素相似，但作用稍强。对大多数革兰氏阴性杆菌如大肠杆菌、变形杆菌、沙门氏菌和多杀性巴氏杆菌等有强大抗菌作用，对金黄色葡萄球菌和结核杆菌也较敏感。铜绿假单胞菌、革兰氏阳性菌（金黄色葡萄球菌除外）、立克次体、厌氧菌和真菌等对本品耐药。与链霉素相似，敏感菌对卡那霉素易产生耐药性。与新霉素存在交叉耐药性，与链霉素存在单向交叉耐药性。大肠杆菌及其他革兰氏阴性菌常出现获得性耐药。

与青霉素类或头孢菌素类合用有协同作用。在碱性环境中抗菌作用增强，与碱性药物（如碳酸氢钠、氨茶碱等）合用可增强抗菌效力，但毒性也相应增强。当pH值超过8.4时，抗菌作用反而减弱。Ca^{2+}、Mg^{2+}、NH_4^+、K^+、Na^+等阳离子可抑制本类药物的抗菌活性。与头孢菌素、右旋糖酐、强效利尿药（如呋塞米等）、红霉素等合用，可增强本类药物的耳毒性。骨骼肌松弛药（如氯化琥珀胆碱等）或具有此种作用的药物可加强本类药物的神经肌肉阻滞作用。

1. 硫酸卡那霉素注射液

【作用与用途】用于敏感的革兰氏阴性菌所致的感染，如细菌性心内膜炎，呼吸道、肠道、泌尿道感染和败血症、乳腺炎等，亦用于猪气喘病及猪萎缩性鼻炎。

【用法与用量】以卡那霉素计。肌内注射：一次量，家畜 10~15 毫克/千克体重。2 次/天，连用 3~5 天。

【不良反应】① 卡那霉素与链霉素一样有耳毒性、肾毒性，而且其耳毒性比链霉素、庆大霉素更强。

② 剂量过大，常有神经肌肉阻滞作用。

【注意事项】① 卡那霉素与其他氨基糖苷类有交叉过敏现象，对氨基糖苷类过敏的猪禁用。

② 当家畜出现脱水（可致血药浓度增高）或肾功能损害时慎用。

③ Ca^{2+}、Mg^{2+}、NH_4^+、K^+、Na^+等阳离子可抑制本类药物的抗菌活性。

④ 与头孢菌素、右旋糖酐、强效利尿药（如呋塞米等）、红霉素等合用，可增强本类药物的耳毒性。

2. 注射用硫酸卡那霉素

【作用与用途】【不良反应】【注意事项】同硫酸卡那霉素注射液。

【用法与用量】肌内注射：一次量，家畜 10~15 毫克/千克体重。2 次/天，连用 2~3 天。

庆大霉素

庆大霉素属氨基糖苷类抗菌药，对多种革兰氏阴性菌（如大肠杆菌、克雷伯氏菌、变形杆菌、铜绿假单胞菌、巴氏杆菌、沙门氏菌等）和金黄色葡萄球菌（包括产 β-内酰胺酶菌株）均有抗菌作用。多数链球菌（化脓链球菌、肺炎球菌、粪链球菌等）、厌氧菌（类杆菌属或梭状芽孢杆菌属）、结核杆菌、立克次氏体和真菌对本品耐药。

庆大霉素与 β-内酰胺类抗生素合用，通常对多种革兰氏阴性菌，包括铜绿假单胞菌等有协同作用。对革兰氏阳性菌如马红球菌、李斯特菌等也有协同作用。与四环素、红霉素等合用可能出现拮抗作用。与头孢菌素合用可能使肾毒性增强。与青霉素类或头孢菌素类合用有协同作用。本类药物在碱性环境中抗菌作用增强，与碱性药物（如碳酸氢钠、氨茶碱等）合用可增强抗菌效力，但毒性也相应增强。当 pH 值超过 8.4 时，抗菌作用反而减弱。与头孢菌素、右旋糖酐、强效利尿药（如呋塞米等）、红霉素等合用，可增强本类药物的耳毒性。骨骼肌松弛药（如氯化琥珀胆碱等）或具有此种作用的药物可加强本类药物的神经肌肉阻滞作用。

硫酸庆大霉素注射液

【作用与用途】用于治疗敏感的革兰氏阴性和阳性菌感染，如败血症、泌尿生殖道感染、呼吸道感染、胃肠道感染、腹膜炎、胆道感染、乳腺炎及皮肤和软组织感染以及传染性鼻炎等。

【用法与用量】以庆大霉素计。肌内注射，一次量，每千克体重，家畜24毫克，犬、猫3~5毫克。2次/天，连用2~3天。

【不良反应】① 耳毒性。常引起耳前庭功能损害，这种损害可随连续给药的药物积累而加重，呈剂量依赖性。

② 可导致可逆性肾毒性，这与其在肾皮质部蓄积有关。

③ 偶见过敏反应。

④ 大剂量可引起神经肌肉传导阻断。

【注意事项】① 庆大霉素可与β-内酰胺类抗生素联合治疗严重感染，但在体外混合存在配伍禁忌。

② 本品与青霉素联合，对链球菌具协同作用。

③ 有呼吸抑制作用，不宜静脉推注。

④ 与四环素、红霉素等合用可能出现拮抗作用。

⑤ 与头孢菌素、右旋糖酐、强效利尿药（如呋塞米等）、红霉素等合用，可增强本类药物的耳毒性。

安普霉素

安普霉素对多种革兰氏阴性菌（如大肠杆菌、假单胞菌、沙门氏菌、克雷伯氏菌、变形杆菌、巴氏杆菌、猪痢疾密螺旋体、支气管炎败血博代氏杆菌）及葡萄球菌和支原体均具杀菌活性。革兰氏阴性菌对其较少耐药，许多分离自动物的病原性大肠杆菌及沙门氏菌对其敏感。安普霉素与其他氨基糖苷类不存在染色体突变引起的交叉耐药性。

与青霉素类或头孢菌素类合用有协同作用。本品在碱性环境中抗菌作用增强，与碱性药物（如碳酸氢钠、氨茶碱等）合用可增强抗菌效力，但毒性也相应增强。当pH值超过8.4时，抗菌作用反而减弱。与铁锈接触可使药物失效。与头孢菌素、右旋糖酐、强效利尿药（如呋塞米等）、红霉素等合用，可增强本品的耳毒性。骨骼肌松弛药（如氯化琥珀胆碱等）或具有此种作用的药物可加强本品的神经肌肉阻滞作用。

1. 硫酸安普霉素可溶性粉

【作用与用途】氨基糖苷类抗生素。主要用于治疗猪肠道革兰氏阴性菌引起的肠道感染。

【用法与用量】以安普霉素计。猪混饲，每500千克饲料100克，连用7

天。鸡混饮，每 200 千克水 100 克，连用 5 天。

【不良反应】内服可能损害肠壁绒毛而影响肠道对脂肪、蛋白质、糖、铁等的吸收。也可引起肠道菌群失调，发生厌氧菌或真菌等二重感染。

【注意事项】① 本品遇铁锈易失效，混饲机械要注意防锈，也不宜与微量元素制剂混合使用。

② 饮水给药必须当天配制。

2. 硫酸安普霉素预混剂

【作用与用途】【不良反应】【注意事项】同硫酸安普霉素可溶性粉。

【用法与用量】以安普霉素计。混饲：猪 80～100 毫克/1 000 千克饲料。连用 7 天。

3. 硫酸安普霉素注射液

【作用与用途】同硫酸安普霉素可溶性粉。

【用法与用量】以安普霉素计。肌内注射：猪 20 毫克/千克体重。1 次/天。

【不良反应】按规定的用法与用量使用尚未见不良反应。

【注意事项】长期或大量应用可引起肾毒性。

土霉素

土霉素属四环素类广谱抗生素，对葡萄球菌、溶血性链球菌、炭疽杆菌、破伤风梭菌和梭状芽孢杆菌等革兰氏阳性菌作用较强，但不如 β-内酰胺类。对大肠埃希菌、沙门氏菌、布鲁氏菌和巴氏杆菌等革兰氏阴性菌较敏感，但不如氨基糖苷类和酰胺醇类抗生素。本品对立克次体、衣原体、支原体、螺旋体、放线菌和某些原虫也有抑制作用。

与泰乐菌素等大环内酯类合用呈协同作用。与黏菌素合用，由于增强细菌对本类药物的吸收而呈协同作用。本类药物均能与二、三价阳离子等形成复合物，因而当它们与钙、镁、铝等抗酸药、含铁的药物或牛奶等食物同服时会减少其吸收，造成血药浓度降低。与碳酸氢钠同服可使土霉素胃内溶解度降低，吸收率下降，肾小管重吸收减少，排泄加快。与利尿药合用，可使血尿素氮升高。

1. 土霉素片

【作用与用途】四环素类抗生素。用于某些敏感的革兰氏阳性和阴性细菌、支原体等感染。

【用法与用量】以土霉素计。内服，一次量，每千克体重，猪、马驹、牛犊、羊羔 10～25 毫克，犬 15～50 毫克，禽 25～50 毫克。2～3 次/天，连用 3～5 天。

【不良反应】① 局部刺激作用。特别是空腹给药对消化道有一定刺激性。

② 肠道菌群紊乱。

③ 影响牙齿和骨骼发育。

④ 肝、肾损害。偶尔可见致死性的肾中毒。

【注意事项】① 肝、肾功能严重不良的猪禁用本品。

② 怀孕、哺乳期禁用。

③ 长期服用可诱发二重感染。

④ 避免与乳制品和含钙量较高的饲料同服。

2. 土霉素注射液

【作用与用途】同土霉素片。

【用法与用量】以土霉素计。皮下或肌内注射：每 10 千克体重，猪 1 毫升，72 小时后再注射 1 次。

【不良反应】① 局部刺激作用。本类药物的盐酸盐水溶液有较强的刺激性，内服后可引起呕吐，肌内注射可引起注射部位疼痛、炎症和坏死。

② 影响牙齿和骨骼发育。四环素类药物进入机体后与钙结合，随钙沉积于牙齿和骨骼中。

③ 肝脏、肾脏损害。本类药物对肝、肾细胞有毒效应。

④ 抗代谢作用。四环素类药物可引起氮血症，还可引起代谢性酸中毒及电解质失衡。

【注意事项】① 本品应避光密闭，在凉暗的干燥处保存。忌日光照射。不用金属容器盛药。

② 肝、肾功能严重损害时忌用。

3. 土霉素预混剂

【作用与用途】四环素类抗生素。用于防治某些革兰氏阳性和阴性细菌、支原体等感染，如附红细胞体病、链球菌病、猪肺疫、猪喘气病、仔猪黄痢和白痢等。还可促进仔猪生长发育，提高饲料利用率。

【用法与用量】以土霉素计。混饲：仔猪 20~30 千克/1 000 千克饲料；育肥猪 30~ 40 千克/1 000 千克饲料。

【不良反应】以推荐剂量使用，未见不良反应。

【注意事项】① 怀孕母猪禁用。

② 忌与含氯量多的自来水和碱性溶液混合。勿用金属容器盛药。

③ 避免与乳制品和含钙、镁、铝、铁等药物及含钙量较高的饲料同时使用。

④ 长期应用，可诱发耐药细菌和真菌的二重感染，严重者引起败血症而

死亡。

4. 土霉素钙预混剂

【作用与用途】【用法与用量】【不良反应】同土霉素预混剂。

【注意事项】① 怀孕母猪禁用。

② 本品为饲料添加剂，不作治疗用。

③ 遇有吸潮、结块、发霉现象，应立即停止使用。

④ 在猪丹毒疫苗接种前 2 天和接种后 10 天，不得使用本品。

⑤ 在低钙（0.4%~0.55%）饲料中连用不得超过 5 天。

5. 注射用盐酸土霉素

【作用与用途】同土霉素片。

【用法与用量】静脉注射：一次量，家畜 5~10 毫克/千克体重。2 次/天，连用 2~3 天。

【不良反应】① 局部刺激作用。本类药物的盐酸盐水溶液有较强的刺激性，静脉注射可引起静脉炎和血栓。静脉注射宜用稀溶液，缓慢滴注，以减轻局部反应。

② 肝、肾损害。对肝、肾细胞有毒效应，可引起多种动物的剂量依赖性肾脏机能改变。

③ 可引起氮血症，而且可因类固醇类药物的存在而加剧，还可引起代谢性酸中毒及电解质失衡。

【注意事项】① 肝、肾功能严重不良的猪禁用。

② 静脉注射宜缓注，不宜肌内注射。

6. 盐酸土霉素可溶性粉

【作用与用途】同注射用盐酸土霉素。

【用法与用量】以土霉素计。混饮；每升水，猪 0.5~1 克；鸡 0.75~1.25 克，连用 3~5 天。

【不良反应】长期应用可引起二重感染和肝脏损害。

【注意事项】① 本品不宜与青霉素类药物和含钙盐、铁盐及多价金属离子的药物或饲料合用。

② 与强利尿药同用可使肾功能损害加重。

③ 不宜与含氯量多的自来水和碱性溶液混合。

④ 肝肾功能严重受损的家畜禁用。

四环素

四环素为广谱抗生素，对葡萄球菌、溶血性链球菌、炭疽杆菌、破伤风梭菌和梭状芽孢杆菌等革兰氏阳性菌作用较强。对大肠杆菌、沙门氏菌、布鲁氏菌和巴氏杆菌等革兰氏阴性菌较敏感。本品对立克次体、衣原体、支原体、螺旋体、放线菌和某些原虫也有抑制作用。

与泰乐菌素等大环内酯类合用呈协同作用。与黏菌素合用，由于增强细菌对本类药物的吸收而呈协同作用。与利尿药合用可使血尿素氮升高。

1. 四环素片

【作用与用途】四环素类抗生素。主要用于革兰氏阳性菌、阴性菌和支原体感染。

【用法与用量】以四环素计。内服：一次量，猪 10~20 毫克/千克体重。2~3 次/天。

【不良反应】① 有局部刺激作用，内服后可引起呕吐。

② 引起肠道菌群紊乱，轻者出现维生素缺乏症，重者造成二重感染。

③ 影响牙齿和骨骼发育。四环素进入机体后与钙结合，随钙沉积于牙齿和骨骼中。

④ 肝、肾损害。本类药物对肝、肾细胞有毒效应。过量四环素可致严重的肝损害，尤其患有肾衰竭的动物。

【注意事项】① 易透过胎盘和进入乳汁，因此妊娠猪、哺乳猪禁用。

② 肝肾功能严重不良的猪忌用。

2. 注射用盐酸四环素

【作用与用途】同四环素片。

【用法与用量】静脉注射：一次量，家畜 5~10 毫克/千克体重。2 次/天，连用 2~3 天。

【不良反应】① 本品的水溶液有较强的刺激性，静脉注射可引起静脉炎和血栓。

② 肠道菌群紊乱，长期应用可出现维生素缺乏症，重者造成二重感染。大剂量静脉注射对马肠道菌有广谱抑制作用，可引起耐药沙门氏菌或不明病原菌的继发感染，导致严重甚至致死性的腹泻。

③ 影响牙齿和骨骼发育。四环素进入机体后与钙结合，随钙沉积于牙齿和骨骼中。

④ 肝、肾损害。过量四环素可致严重的肝损害和剂量依赖性肾脏机能改变。

⑤ 心血管效应。牛静脉注射四环素速度过快，可出现急性心衰竭。

【注意事项】① 易透过胎盘和进入乳汁，因此妊娠猪、哺乳畜禁用，泌乳牛、羊禁用。

② 肝、肾功能严重不良的患畜忌用本品。

金霉素

金霉素属于四环素类广谱抗生素，对葡萄球菌、溶血性链球菌、炭疽杆菌、破伤风梭菌和梭状芽孢杆菌等革兰氏阳性菌作用较强，但不如β-内酰胺类。对大肠埃希菌、沙门氏菌、布鲁氏菌和巴氏杆菌等革兰氏阴性菌较敏感，但不如氨基糖苷类和酰胺醇类抗生素。本品对立克次体、衣原体、支原体、螺旋体、放线菌和某些原虫也有抑制作用。

金霉素能与镁、钙、铝、铁、锌、锰等多价金属离子形成难溶性的络合物，从而影响药物的吸收。因此，它不宜与含上述多价金属离子的药物、饲料及乳制品共服。

金霉素预混剂

【作用与用途】四环素类抗生素。用于仔猪促生长；治疗断奶仔猪腹泻；治疗猪气喘病、增生性肠炎等。

【用法与用量】以金霉素计。混饲，每吨饲料中，肉鸡促生长 133.3~333.3 克，仔猪促生长 166.7~500 克。治疗，仔猪 2 666~4 000 克，连用 7 天。

【不良反应】按规定的用法与用量使用尚未见不良反应。

【注意事项】① 低钙日粮（0.4%~0.55%）中添加 100~200 毫克/千克饲料金霉素时，连续用药不得超过 5 天。

② 在猪丹毒疫苗接种前 2 天和接种后 10 天内，不得使用金霉素。

盐酸多西环素

盐酸多西环素属四环素类广谱抗生素，具有广谱抑菌作用，敏感菌包括肺炎球菌、链球菌、部分葡萄球菌、炭疽杆菌、破伤风梭菌、棒状杆菌等革兰氏阳性菌，以及大肠杆菌、巴氏杆菌、沙门氏菌、布鲁氏菌和嗜血杆菌、克雷伯氏菌和鼻疽杆菌等革兰氏阴性菌。对立克次体、支原体（如猪肺炎支原体）、螺旋体等也有一定程度的抑制作用。

与碳酸氢钠同服，可升高胃内 pH，使本品的吸收减少及活性降低。本品能与二价、三价阳离子等形成复合物，因而当它们与钙、镁、铝等抗酸药、含铁的药物或牛奶等食物同服时会减少其吸收，造成血药浓度降低。与强利尿药如呋塞米等同用可使肾功能损害加重。可干扰青霉素类对细菌繁殖期的杀菌作用，应避免同用。

1. 盐酸多西环素片

【作用与用途】四环素类抗生素。用于革兰氏阳性菌、阴性菌和支原体等的感染。

【用法与用量】以多西环素计。内服：一次量，猪、驹、犊、羔 3~5 毫克/千克体重，犬、猫 5~10 毫克/千克体重，禽 15~25 毫克/千克体重。1 次/天，连用 3~5 天。

【不良反应】① 本品内服后可引起呕吐。

② 肠道菌群紊乱。长期应用可出现维生素缺乏症，重者造成二重感染。对马肠道菌有广谱抑制作用，可引起耐药沙门氏菌或不明病原菌继发感染，导致严重腹泻。

③ 猫内服可引起食道狭窄。

④ 过量应用会导致胃肠功能紊乱，如厌食、呕吐或腹泻等。

【注意事项】① 蛋鸡产蛋期禁用，泌乳期奶牛禁用。

② 成年反刍动物、马属动物和兔不宜内服。

③ 肝、肾功能严重不良的患畜禁用本品。

④ 避免与乳制品和含钙量较高的饲料同服。

2. 盐酸多西环素可溶性粉

【作用与用途】【不良反应】【注意事项】同盐酸多西环素片。

【用法与用量】以多西环素计。混饮，猪 25~50 毫克/升水，鸡 300 毫克/升水。连用 3~5 天。

3. 盐酸多西环素注射液

【作用与用途】【注意事项】同盐酸多西环素片。

【用法与用量】以多西环素计。肌内注射：5~10 毫克/千克体重。1 次/天。

【不良反应】① 肌内注射可引起注射部位疼痛、炎症和坏死。

② 多西环素具有一定的肝肾毒性，过量可致严重的肝损伤，致死性肾中毒偶见。

红霉素

红霉素属于大环内酯类抗菌药，对革兰氏阳性菌的作用与青霉素相似，但其抗菌谱较青霉素广，敏感的革兰氏阳性菌有金黄色葡萄球菌（包括耐青霉素金黄色葡萄球菌）、肺炎球菌、链球菌、炭疽杆菌、猪丹毒杆菌、李斯特菌、腐败梭菌、气肿疽梭菌等。敏感的革兰氏阴性菌有流感嗜血杆菌、脑膜炎双球菌、布鲁氏菌、巴氏杆菌等。此外，红霉素对弯曲杆菌、支原体、衣原体、立克次体及钩端螺旋体也有良好作用。

红霉素与其他大环内酯类、林可胺类和氯霉素因作用靶点相同，不宜同时使用。与 β-内酰胺类合用表现为拮抗作用。红霉素有抑制细胞色素氧化酶系统的作用，与某些药物合用时可能抑制其代谢。

注射用乳糖酸红霉素

【作用与用途】用于治疗耐青霉素葡萄球菌及其他敏感菌引起的感染性疾病，如肺炎、子宫炎、乳腺炎、败血症，也可用于其他革兰氏阳性菌及治疗支原体感染。

【用法与用量】以乳糖酸红霉素计。静脉注射：一次量，马、牛、羊、猪3~5毫克/千克体重，犬、猫5~10毫克/千克体重。2次/天，连用2~3天。

临用前，先用灭菌注射用水溶解（不可用氯化钠注射液），然后用5%葡萄糖注射液稀释，浓度不超过0.1%。

【不良反应】无明显不良反应。

【注意事项】① 本品局部刺激性较强，不宜作肌内注射。静脉注射的浓度过高或速度过快时，易发生局部疼痛和血栓性静脉炎，故静注速度应缓慢。

② 在pH过低的溶液中很快失效，注射溶液的pH值应维持在5.5以上。

泰乐菌素

泰乐菌素属大环内酯类抗菌药，对支原体作用较强，对革兰氏阳性菌和部分阴性菌有效。敏感菌有金黄色葡萄球菌、化脓链球菌、链球菌、化脓棒状杆菌等。对支原体属特别有效，是大环内酯类中对支原体作用强的药物之一。

药物相互作用，与大环内酯类、林可胺类因作用靶点相同，不宜同时使用。与β-内酰胺类合用表现为拮抗作用。有抑制细胞色素氧化酶系统的作用，与某些药物合用时可能抑制其代谢。

1. 注射用酒石酸泰乐菌素

【作用与用途】用于治疗支原体及敏感革兰氏阳性菌引起的感染，如猪的支原体和支原体关节炎。也用于治疗猪巴氏杆菌引起的和猪痢疾密螺旋体引起的痢疾。

【用法与用量】以酒石酸泰乐菌素计。皮下或肌内注射：一次量，猪禽5~13毫克/千克体重。

【不良反应】① 泰乐菌素可引起人接触性皮炎。

② 可能具有肝毒性，表现为胆汁瘀积，也可引起呕吐和腹泻，尤其是高剂量给药时。

③ 具有刺激性，肌内注射可引起剧烈的疼痛，静脉注射后可引起血栓性静脉炎及静脉周围炎。

【注意事项】有局部刺激性。

2. 磷酸泰乐菌素预混剂

【作用与用途】同注射用酒石酸泰乐菌素。

【用法与用量】以泰乐菌素计。混饲：10~100克/1 000千克饲料。

【不良反应】可引起剂量依赖性胃肠道紊乱。

【注意事项】① 与其他大环内酯类、林可胺类作用靶点相同，不宜同时使用。

② 与 β-内酰胺类合用表现为拮抗作用。

③ 可引起人接触性皮炎，避免直接接触皮肤，沾染的皮肤要用清水洗净。

酒石酸泰万菌素

酒石酸泰万菌素属于大环内酯类动物专用抗生素，可抑制细菌蛋白质的合成，从而抑制细菌的繁殖。其抗菌谱近似于泰乐菌素，如对金黄色葡萄球菌(包括耐青霉素菌株)、肺炎球菌、链球菌、炭疽杆菌、猪丹毒丝菌、李斯特氏菌、腐败梭菌、气肿疽梭菌等均有较强的抗菌作用。本品对其他抗生素耐药的革兰氏阳性菌有效，对革兰氏阴性菌几乎不起作用，对败血型支原体和滑液型支原体具有很强的抗菌活性。细菌对本品不易产生耐药性。

对林可霉素类的效应有拮抗作用，不宜同用。β-内酰胺类药物与本品(作为抑菌剂）联用时，可干扰前者的杀菌效能，需要发挥快速杀菌作用的疾患时，两者不宜同用。

酒石酸泰万菌素预混剂

【作用与用途】大环内酯类抗生素。用于猪支原体感染。

【用法与用量】以泰万菌素计。混饲：每吨饲料，猪 250～375 克；鸡 500～1 500 克。连用 7 日。

【不良反应】按规定的用法与用量使用尚未见不良反应。

【注意事项】① 不宜与青霉素类联合应用。

② 非治疗动物避免接触本品；避免眼睛和皮肤直接接触，操作人员应佩戴防护用品如面罩、眼镜和手套；严禁儿童接触本品。

替米考星

替米考星属动物专用半合成大环内酯类抗生素。对支原体作用较强，抗菌作用与泰乐菌素相似，敏感的革兰氏阳性菌有金黄色葡萄球菌（包括耐青霉素金黄色葡萄球菌)、肺炎球菌、链球菌、炭疽杆菌、猪丹毒杆菌、李斯特菌、腐败梭菌、气肿疽梭菌等。敏感的革兰氏阴性菌有嗜血杆菌、脑膜炎双球菌、巴氏杆菌等。对胸膜肺炎放线杆菌、巴氏杆菌及畜禽支原体的活性比泰乐菌素强。95%的溶血性巴氏杆菌菌株对本品敏感。

与肾上腺素合用可增加猪的死亡。与其他大环内酯类、林可胺类的作用靶点相同，不宜同时使用。与 β-内酰胺类合用表现为拮抗作用。

替米考星预混剂

【作用与用途】大环内酯类抗生素。用于治疗猪胸膜肺炎放线杆菌、巴氏杆菌及支原体感染。

【用法与用量】以替米考星计。畜禽混饮：本品100克兑水200千克，或拌料100千克；1日2次，连用3~5天。预防量减半，重症加倍。

【不良反应】① 本品对猪的毒性作用主要是心血管系统，可引起心动过速和收缩力减弱。

② 猪内服后常出现剂量依赖性胃肠道紊乱，如呕吐、腹泻、腹痛等。

【注意事项】替米考星对眼睛有刺激性，可引起过敏反应，避免直接接触。

吉他霉素

吉他霉素属大环内酯类抗菌药，抗菌谱近似红霉素，作用机理与红霉素相同。敏感的革兰氏阳性菌有金黄色葡萄球菌（包括耐青霉素金黄色葡萄球菌）、肺炎球菌、链球菌、炭疽杆菌、猪丹毒杆菌、李氏杆菌、腐败梭菌、气肿疽梭菌等。敏感的革兰氏阴性菌有流感嗜血杆菌、脑膜炎双球菌、巴氏杆菌等。此外，对支原体也有良好作用。对大多数革兰氏阳性菌的抗菌作用略逊于红霉素，对支原体的抗菌作用近似泰乐菌素，对立克次体、螺旋体也有效，对耐药金黄色葡萄球菌的作用优于红霉素和四环素。

与其他大环内酯类、林可胺类因作用靶点相同，不宜同时使用。与β-内酰胺类合用表现为拮抗作用。

1. 吉他霉素片

【作用与用途】大环内酯类抗生素。主要用于治疗革兰氏阳性菌、支原体及钩端螺旋体等引起的感染性疾病。

【用法与用量】以吉他霉素计。内服：猪20~30毫克/千克体重，禽20~50毫克/千克体重。2次/天，连用3~5天。

【不良反应】猪内服后可出现剂量依赖性胃肠道功能紊乱（如呕吐、腹泻、肠疼痛等），发生率较红霉素低。

【注意事项】产蛋期禁用。治疗疾病时连续使用不得超过5~7天。

2. 吉他霉素预混剂

【作用与用途】大环内酯类抗生素。用于治疗革兰氏阳性菌、支原体及钩端螺旋体等感染。

【用法与用量】以吉他霉素计。混饲，每吨饲料，猪800~3 000克（8 000万~30 000万单位）；鸡1 000~3 000克（10 000万~30 000万单位），连用5~7天。

【不良反应】【注意事项】同吉他霉素片。

氟苯尼考

氟苯尼考属于抑菌剂，对多种革兰氏阳性菌、革兰氏阴性菌有较强的抗菌活性。溶血性巴氏杆菌、多杀性巴氏杆菌和猪胸膜肺炎放线杆菌对氟苯尼考高度敏感。体外氟苯尼考对许多微生物的抗菌活性与甲砜霉素相似或更强，一些因乙酰化作用对酰胺醇类耐药的细菌如大肠杆菌、克雷伯氏肺炎杆菌等仍可能对氟苯尼考敏感。主要用于敏感菌所致的猪的细菌性疾病，如溶血性巴氏杆菌、多杀性巴氏杆菌和猪胸膜肺炎放线杆菌引起的猪呼吸系统疾病。

大环内酯类和林可胺类与本品的作用靶点相同，均是与细菌核糖体50S亚基结合，合用时可产生相互拮抗作用。可能会拮抗青霉素类或氨基糖苷类药物的杀菌活性，但尚未在动物体内得到证明。

1. 氟苯尼考注射液

【作用与用途】酰胺醇类抗生素。用于巴氏杆菌和大肠杆菌所致的细菌性疾病。

【用法与用量】以氟苯尼考计。肌内注射或静脉滴注，一次量，牛、马15~30毫克/千克体重，猪、羊、兔30毫克/千克体重。1次/天，连用3次。

【不良反应】① 本品高于推荐剂量使用时有一定的免疫抑制作用。

② 有胚胎毒性，妊娠期及哺乳期家畜慎用。

【注意事项】① 疫苗接种期或免疫功能严重缺损的猪禁用。

② 肾功能不全者需适当减量或延长给药间隔时间。

2. 氟苯尼考粉

【作用与用途】【不良反应】【注意事项】同氟苯尼考注射液。

【用法与用量】以氟苯尼考计。内服：一次量，猪、鸡20~30毫克/千克体重。2次/天，连用3~5天。

3. 氟苯尼考预混剂

【作用与用途】【不良反应】【注意事项】同氟苯尼考注射液。

【用法与用量】以氟苯尼考计。混饲：20~40克/吨饲料。连用7天。

甲砜霉素

甲砜霉素具有广谱抗菌作用，对革兰氏阴性菌的作用较革兰氏阳性菌强，对多数肠杆菌科细菌，包括伤寒杆菌、副伤寒杆菌、大肠埃希菌、沙门氏菌高度敏感，对其敏感的革兰氏阴性菌还有巴氏杆菌、布鲁氏菌等。敏感的革兰氏阳性菌有炭疽杆菌、链球菌、棒状杆菌、肺炎球菌、葡萄球菌等。衣原体、钩端螺旋体、立克次体也对本品敏感。对厌氧菌如破伤风梭菌、放线菌等也有相当作用。但结核杆菌、铜绿假单胞菌、真菌对其不敏感。

大环内酯类和林可胺类与本品的作用靶点相同，均是与细菌核糖体50S亚基结合，合用时可产生拮抗作用。与β-内酰胺类合用时，由于本品的快速抑菌作用，可产生拮抗作用。对肝微粒体药物代谢酶有抑制作用，可影响其他药物的代谢，提高血药浓度，增强药效或毒性，例如可显著延长戊巴比妥钠的麻醉时间。

1. 甲砜霉素片

【作用与用途】酰胺醇类抗生素。主要用于治疗猪肠道、呼吸道等细菌性感染。

【用法与用量】以甲砜霉素计。内服：一次量，畜、禽5~10毫克/千克体重。2次/天，连用2~3天。

【不良反应】① 本品有血液系统毒性，虽然不会引起再生障碍性贫血，但其引起的可逆性红细胞生成抑制却比氯霉素更常见。

② 本品有较强的免疫抑制作用。

③ 长期内服可引起消化机能紊乱，出现维生素缺乏或二重感染症状。

④ 有胚胎毒性。

⑤ 对肝微粒体药物代谢酶有抑制作用，可影响其他药物的代谢，提高血药浓度，增强药效或毒性，如可显著延长戊巴比妥钠的麻醉时间。

【注意事项】① 疫苗接种期或免疫功能严重缺损的猪禁用。

② 妊娠期及哺乳期母猪慎用。

③ 肾功能不全者要减量或延长给药间隔时间。

2. 甲砜霉素粉

【作用与用途】【不良反应】【注意事项】同甲砜霉素片。

【用法与用量】以甲砜霉素计。混饮100克兑水200千克，连用3~5天。预防量减半。

3. 甲砜霉素注射液

【作用与用途】【不良反应】【注意事项】同甲砜霉素片。

【用法与用量】以甲砜霉素计。肌内注射：0.1毫升/千克体重。1~2次/天，连用2~3天。

林可霉素

林可霉素属林可胺类抗生素，属抑菌剂，敏感菌包括金黄色葡萄球菌（包括耐青霉素菌株）、链球菌、肺炎球菌、炭疽杆菌、猪丹毒丝菌、某些支原体（猪肺炎支原体、猪鼻支原体、猪滑液囊支原体）、钩端螺旋体和厌氧菌（如梭杆菌、破伤风梭菌、产气荚膜梭菌及大多数放线菌等）。

与庆大霉素等合用时对葡萄球菌、链球菌等革兰氏阳性菌有协同作用。与氨基糖苷类和多肽类抗生素合用，可能增强对神经肌肉接头的阻滞作用。因作用部位相同，与红霉素合用，有拮抗作用。不宜与抑制肠道蠕动和含白陶土的止泻药合用。与卡那霉素、新生霉素等存在配伍禁忌。

1. 盐酸林可霉素片

【作用与用途】用于革兰氏阳性菌感染，亦可用于猪密螺旋体病和支原体等感染。

【用法与用量】以林可霉素计。内服：一次量，猪 10~15 毫克/千克体重，犬、猫 15~20 毫克/千克体重。1~2 次/天，连用 3~5 天。

【不良反应】具有神经肌肉阻滞作用。

【注意事项】猪用药后可能会出现胃肠道功能紊乱。

2. 盐酸林可霉素可溶性粉

【作用与用途】【不良反应】【注意事项】同盐酸林可霉素片。

【用法与用量】以林可霉素计。混饮：一次量，40~70 毫克/升水，鸡 150 毫克/升水。连用 7 天。

3. 盐酸林可霉素注射液

【作用与用途】【不良反应】同盐酸林可霉素片。

【用法与用量】以林可霉素计。肌内注射：一次量，猪、犬、猫 10 毫克/千克体重。2 次/天，连用 3~5 天。

【注意事项】肌内注射给药可能会引起一过性腹泻或排软便。虽然极少见，如出现应采取必要的措施以防脱水。

泰妙菌素

泰妙菌素高浓度下对敏感菌具有杀菌作用。泰妙菌素对支原体和猪痢疾密螺旋体具有良好的抗菌活性，对葡萄球菌、链球菌（D 群链球菌除外）在内的大多数革兰氏阳性菌也有较好的抗菌活性。对胸膜肺炎放线杆菌有一定作用，对多数革兰氏阴性菌的抗菌活性较弱。

本品与金霉素以 1：4 配伍，可治疗猪细菌性肠炎、细菌性肺炎、密螺旋体性猪痢疾，对支原体性肺炎、支气管败血波氏杆菌和多杀性巴氏杆菌混合感染所引起的肺炎疗效显著。

与莫能菌素、盐霉素、甲基盐霉素等聚醚类抗生素同用，可影响上述聚醚类抗生素的代谢，导致生长缓慢、运动失调、麻痹瘫痪，甚至死亡。与能结合细菌核糖体 50S 亚基的其他抗生素（如大环内酯类抗生素、林可霉素）合用，由于竞争相同作用位点，有可能导致药效降低。

1. 延胡索酸泰妙菌素可溶性粉

【作用与用途】截短侧耳素类抗生素。主要用于防治猪支原体肺炎、猪放线杆菌胸膜肺炎，也用于密螺旋体引起的猪痢疾（赤痢）和猪增生性肠炎

（回肠炎）。

【用法与用量】以延胡索酸泰妙菌素计。混饮：猪 45~60 毫克/升水，连用 5 天。鸡 125~250 毫克/升水，连用 3 天。

【不良反应】猪使用正常剂量，有时会出现皮肤红斑。应用过量，可引起猪短暂流涎、呕吐和中枢神经抑制。马禁用。

【注意事项】① 禁止与莫能菌素、盐霉素、甲基盐霉素等聚醚类抗生素合用。

② 使用者避免药物与眼及皮肤接触。

③ 环境温度高于 40℃，含药饲料贮存期不得超过 7 天。

2. 延胡索酸泰妙菌素预混剂

【作用与用途】【不良反应】【注意事项】同延胡索酸泰妙菌素可溶性粉。

【用法与用量】以延胡索酸泰妙菌素计。混饲：猪 400~1 000 克/ 1 000 千克饲料。连用 5~10 天。

硫酸黏菌素

黏菌素属多肽类抗菌药，对需氧菌及大肠杆菌、嗜血杆菌、克雷伯氏菌、巴氏杆菌、铜绿假单胞菌、沙门氏菌、志贺氏菌等革兰氏阴性菌有较强的抗菌作用。革兰氏阳性菌通常不敏感。与多黏菌素 B 之间有完全交叉耐药，但与其他抗菌药物之间无交叉耐药性。

与肌松药和氨基糖苷类等神经肌肉阻滞剂合用可能引起肌无力和呼吸暂停。与螯合剂（EDTA）和阳离子清洁剂合用对铜绿假单胞菌有协同作用，常联合用于局部感染的治疗。

1. 硫酸黏菌素可溶性粉

【作用与用途】多肽类抗生素。主要用于治疗猪革兰氏阴性菌所致的肠道感染。

【用法与用量】以硫酸黏菌素计。混饮：猪 0.4~2 克/升水，鸡 0.2~0.6 克/升水。混饲：猪 0.4~0.8 克/千克饲料。

【不良反应】按规定的用法用量使用尚未见不良反应。

【注意事项】连续使用不宜超过 1 周。

2. 硫酸黏菌素预混剂

【作用与用途】【休药期】同硫酸黏菌素可溶性粉。

【用法与用量】以硫酸黏菌素计。混饮：猪 0.4~2 克/升水，鸡 0.2~0.6 克/升水；混饲：猪 0.4~0.8 克/千克饲料。

【不良反应】内服或局部给药时猪对黏菌素的耐受性很好，但全身应用可引起肾毒性、神经毒性和神经肌肉阻滞效应，黏菌素的毒性比多黏菌素 B 小。

【注意事项】① 超剂量使用可能引起肾功能损伤。

② 经口给药吸收极少，不宜用于全身感染性疾病的治疗。

3. 硫酸黏菌素注射液

【作用与用途】多肽类抗生素。用于治疗哺乳期仔猪大肠埃希菌病。

【用法与用量】以硫酸黏菌素计。肌内注射：一次量，哺乳期仔猪 2~4 毫克/千克体重。2 次/天，连用 3~5 天。

【不良反应】① 多黏菌素全身应用可引起肾毒性、神经毒性和神经肌肉阻滞效应。

② 与能引起肾功能损伤的药物合用，可增强其毒性。

【注意事项】① 不能与碱性物质一起使用。

② 本品毒性大，安全范围窄，应严格按照推荐剂量使用。

三、化学合成抗菌药

磺胺嘧啶

磺胺嘧啶属广谱抗菌药，通过与对氨基苯甲酸竞争二氢叶酸合成酶，从而阻碍敏感菌叶酸的合成而发挥抑菌作用。对大多数革兰氏阳性菌和部分革兰氏阴性菌有效，对球虫、弓形虫等也有效，但对螺旋体、立克次体、结核杆菌等无作用。对磺胺嘧啶较敏感的病原菌有：链球菌、肺炎球菌、沙门氏菌、化脓棒状杆菌、大肠杆菌等；一般敏感的有：葡萄球菌、变形杆菌、巴氏杆菌、产气荚膜杆菌、肺炎杆菌、炭疽杆菌、铜绿假单胞菌等。

磺胺嘧啶在使用过程中，因剂量和疗程不足等原因，使细菌易产生耐药性，尤以葡萄球菌最易产生，大肠杆菌、链球菌等次之。细菌对磺胺嘧啶产生耐药性后，对其他的磺胺类药也可产生不同程度的交叉耐药性，但与其他抗菌药之间无交叉耐药现象。

磺胺嘧啶与苄胺嘧啶类（如 TMP）合用，可产生协同作用。某些含对氨基苯甲酰基的药物如普鲁卡因、丁卡因等在体内可生成对氨基苯甲酸（PABA），酵母片中含有细菌代谢所需要的 PABA，可降低本药作用，因此不宜合用。与噻嗪类或速尿等利尿剂同用，可加重肾毒性。

1. 磺胺嘧啶片

【作用与用途】主要用于治疗敏感菌引起的消化道、呼吸道感染及乳腺炎、子宫内膜炎等疾病，如大肠杆菌、沙门氏菌引起的腹泻，多杀性巴氏杆菌引起的猪肺疫、猪链球菌病等，也可用于弓形虫感染。

【用法与用量】以磺胺嘧啶计。内服：一次量，家畜首次 140~200 毫克/千克体重，维持量减半。2 次/天，连用 3~5 天。

【不良反应】磺胺嘧啶或其代谢物可在尿液中产生沉淀，在高剂量和长期给药时更易产生结晶，引起结晶尿、血尿或肾小管堵塞。

【注意事项】① 本品遇酸类可析出结晶，故不宜用5%葡萄糖液稀释。

② 长期或大剂量应用易引起结晶尿，应同时给予等量的碳酸氢钠，并给猪大量饮水。

③ 若出现过敏反应或其他严重不良反应时，立即停药，并给予对症治疗。

④ 可引起肠道菌群失调，长期用药可引起 B 族维生素和维生素 K 的合成和吸收减少，宜补充相应的维生素。

2. 磺胺嘧啶钠注射液

【作用与用途】同磺胺嘧啶片。

【用法与用量】以磺胺嘧啶计。静脉注射：一次量，家畜 0.05~0.1 克/千克体重，1~2 次/天，连用 2~3 天。

【不良反应】① 磺胺嘧啶或其代谢物可在尿液中产生沉淀，在高剂量和长期给药时更易产生结晶，引起结晶尿、血尿或肾小管堵塞。

② 急性中毒多发生于静脉注射时，速度过快或剂量过大。主要表现为神经兴奋、共济失调、肌无力、呕吐、昏迷、厌食和腹泻等。

【注意事项】① 本品遇酸类可析出结晶，故不宜用5%葡萄糖液稀释。

② 长期或大剂量应用易引起结晶尿，应同时给予等量的碳酸氢钠，并给猪大量饮水。

③ 若出现过敏反应或其他严重不良反应时，立即停药，并给予对症治疗。

④ 不可与四环素、卡那霉素、林可霉素等配伍应用。

复方磺胺嘧啶钠

复方磺胺嘧啶钠属广谱抑菌剂，对大多数革兰氏阳性菌和部分革兰氏阴性菌有效，对球虫、弓形体等也有效。磺胺嘧啶与甲氧苄啶二者合用可产生协同作用，可使细菌叶酸的代谢受到双重阻断，增强抗菌效果。磺胺药的作用可被能代谢成对氨基苯甲酸的药物如普鲁卡因、丁卡因所拮抗。此外，脓液以及组织分解产物也可提供细菌生长的必需物质，与磺胺药产生拮抗作用。

某些含对氨基苯甲酰基的药物如普鲁卡因、丁卡因等在体内可生成对氨基苯甲酸，酵母片中含有细菌代谢所需要的对氨基苯甲酸，可降低本药作用，因此不宜合用。与噻嗪类或速尿等利尿剂同用，可加重肾毒性。磺胺类药物通常可以置换以下高蛋白结合率的药物，如甲氨蝶呤、保泰松、噻嗪类利尿药、水杨酸盐、丙磺舒、苯妥因，虽然这些相互作用临床意义还不完全清楚，但必须对被置换药物的增强作用进行监测。抗酸药与磺胺类药物合用，可降低其生物利用度。

复方磺胺嘧啶钠注射液

【作用与用途】磺胺类抗菌药。用于敏感菌及弓形虫感染。

【用法与用量】以磺胺嘧啶计。肌内注射：一次量，家畜 20~30 毫克/千克体重，1~2 次/天，连用 2~3 天。

【不良反应】急性反应如过敏反应，慢性反应表现为粒细胞减少、血小板减少、肝脏损害、肾脏损害及中枢神经毒性反应。易在尿中沉积，长期或大剂量应用易引起结晶尿。

【注意事项】① 本品遇酸类可析出结晶，故不宜用 5%葡萄糖液稀释。

② 长期或大剂量应用，应同时应用碳酸氢钠，并给患畜大量饮水。

③ 若出现过敏反应或其他严重不良反应时，立即停药，并给予对症治疗。

磺胺对甲氧嘧啶

磺胺对甲氧嘧啶对革兰氏阳性菌如化脓性链球菌、沙门氏菌和肺炎杆菌等均有良好的抗菌作用。磺胺药的作用可被对氨基苯甲酸及其衍生物（普鲁卡因、丁卡因）所拮抗。此外，脓液以及组织分解产物也可提供细菌生长的必需物质，与磺胺药产生拮抗作用。本品抗菌作用较磺胺嘧啶稍弱，但对球虫和弓形虫有良好的抑制作用。

磺胺嘧啶与二氨基嘧啶类（抗菌增效剂）合用，可产生协同作用。某些含对氨基苯甲酰基的药物如普鲁卡因、丁卡因等在体内可生成 PABA，酵母片中含有细菌代谢所需要的 PABA，可降低本药作用，因此不宜合用。与噻嗪类或速尿等利尿剂同用，可加重肾毒性。

磺胺对甲氧嘧啶片

【作用与用途】磺胺类抗菌药。主要用于敏感菌感染引起的尿道感染，生殖、呼吸系统及皮肤感染等，也可用于球虫病。

【用法与用量】以磺胺对甲氧嘧啶计。内服：一次量，首次量家畜 50~100 毫克/千克体重，维持量减半。1~2 次/天，连用 3~5 天。

【不良反应】磺胺对甲氧嘧啶或其代谢物可在尿液中产生沉淀，在高剂量和长期给药时更易产生结晶，引起结晶尿、血尿或肾小管堵塞。

【注意事项】① 易在泌尿道中析出结晶，应给猪大量饮水。大剂量、长期应用时宜同时给予等量的碳酸氢钠。

② 肾功能受损时，排泄缓慢，应慎用。

③ 可引起肠道菌群失调，长期用药可引起 B 族维生素和维生素 K 的合成和吸收减少，宜补充相应的维生素。

④ 注意交叉过敏反应。在猪出现过敏反应时，立即停药并给予对症治疗。

复方磺胺对甲氧嘧啶（钠）

复方磺胺对甲氧嘧啶（钠）对革兰氏阳性菌均有良好的抗菌作用。磺胺药在结构上类似对氨基苯甲酸，可与对氨基苯甲酸竞争细菌体内的二氢叶酸合成酶，阻碍二氢叶酸的合成，最终影响核酸的合成，抑制细菌的生长繁殖。磺胺药的作用可被对氨基苯甲酸及其衍生物（普鲁卡因、丁卡因）所拮抗。此外，脓液以及组织分解产物也可提供细菌生长的必需物质，与磺胺药产生拮抗作用。甲氧苄啶属于抗菌增效剂，可以抑制二氢叶酸还原酶的活性。二者合用可产生协同作用，增强抗菌效果。

某些含对氨基苯甲酰基的药物，如普鲁卡因、丁卡因等在体内可生成对氨基苯甲酸，酵母片中含有细菌代谢所需要的对氨基苯甲酸，可降低本药作用，因此不宜合用。与噻嗪类或速尿剂等同用，可加重肾毒性。与抗凝血剂合用时，甲氧苄啶和磺胺类药物可延长其凝血时间。抗酸药与磺胺类药物合用，可降低其生物利用度。

1. 复方磺胺对甲氧嘧啶片

【作用与用途】磺胺类抗菌药。能双重阻断细菌叶酸代谢，增强抗菌效力。主要用于敏感菌引起的泌尿道、呼吸道及皮肤软组织等感染。

【用法与用量】以磺胺对甲氧嘧啶计。内服：一次量，家畜 20~25 毫克/千克体重。2~3 次/天，连用 3~5 天。

【不良反应】急性反应如过敏反应，慢性反应表现为粒细胞减少、血小板减少、肝脏损害、肾脏损害及毒性反应。

【注意事项】① 本品遇酸类可析出结晶，故不宜用 5%葡萄糖液稀释。

② 长期或大剂量应用易引起结晶尿，应同时应用碳酸氢钠，并给猪大量饮水。

③ 若出现过敏反应或其他严重不良反应时，立即停药，并给予对症治疗。

④ 肾功能受损失，排泄缓慢，应慎用。

⑤ 可引起肠道菌群失调，长期用药可引起 B 族维生素和维生素 K 的合成和吸收减少，宜补充相应的维生素。

2. 复方磺胺对甲氧嘧啶钠注射液

【作用与用途】【不良反应】【注意事项】同复方磺胺对甲氧嘧啶片。

【用法与用量】以磺胺对甲氧嘧啶钠计。肌内注射：一次量，家畜 15~20 毫克/千克体重。1~2 次/天，连用 2~3 天。

磺胺间甲氧嘧啶

磺胺间甲氧嘧啶属于广谱抗菌药物，是体内外抗菌活性最强的磺胺药，对大多数革兰氏阳性菌和阴性菌都有较强抑制作用，细菌对此药产生耐药性较慢。对革兰氏阳性菌和阴性菌如化脓性链球菌、沙门氏菌和肺炎杆菌等均有良好的抗菌作用。磺胺药的作用可被 PABA 及其衍生物（普鲁卡因、丁卡因）所拮抗，此外脓液以及组织分解产物也可提供细菌生长的必需物质，与磺胺药产生拮抗作用。

磺胺间甲氧嘧啶与二氨基嘧啶类（抗菌增效剂）合用，可产生协同作用。某些含对氨基苯甲酰基的药物如普鲁卡因、丁卡因等在体内可生成 PABA，酵母片中含有细菌代谢所需要的 PABA，可降低本药作用，因此不宜合用。与噻嗪类或速尿等利尿剂同用，可加重肾毒性。

1. 磺胺间甲氧嘧啶片

【作用与用途】磺胺类抗菌药。主要用于敏感菌所引起的呼吸道、消化道、泌尿道感染及球虫病、猪弓形虫病等。

【用法与用量】以磺胺间甲氧嘧啶计。内服：一次量，家畜首次量 50~100 毫克/千克体重，维持量减半。2 次/天，连用 3~5 天。

【不良反应】磺胺或其代谢物可在尿液中产生沉淀，在高剂量和长期给药时更易产生结晶，引起结晶尿、血尿或肾小管堵塞。

【注意事项】① 肾功能受损，排泄缓慢，应慎用。

② 长期或大剂量应用易引起结晶尿，应同时应用等量的碳酸氢钠，并给猪大量饮水。

③ 可引起肠道菌群失调，长期用药可引起 B 族维生素和维生素 K 的合成和吸收减少，宜补充相应的维生素。

④ 若出现过敏反应或其他严重不良反应时，立即停药，并给予对症治疗。

2. 磺胺间甲氧嘧啶粉

【作用与用途】同磺胺间甲氧嘧啶片。

【用法与用量】以磺胺间甲氧嘧啶计。内服：一次量，家畜首次量 50~100 毫克/千克体重，维持量减半。2 次/天，连用 3~5 天。

【不良反应】长期使用可损害肾脏和神经系统，影响增重，并可能发生磺胺药中毒。

【注意事项】① 连续用药不宜超过 1 周。

② 长期使用应同时服用碳酸氢钠，以碱化尿液。

③ 本品忌与酸性药物如维生素 C、氯化钙、青霉素等配伍。

④ 磺胺药可引起肠道菌群失调，B 族维生素和维生素 K 的合成和吸收减少，此时宜补充相应的维生素。

⑤ 长期使用可影响叶酸的代谢和利用，应注意添加叶酸制剂。

3. 磺胺间甲氧嘧啶钠注射液

【作用与用途】【休药期】同磺胺间甲氧嘧啶片。

【用法与用量】以磺胺间甲氧嘧啶钠计。静脉注射：一次量，家畜 50 毫克/千克体重。1~2 次/天，连用 2~3 天。

【不良反应】① 磺胺或其代谢物可在尿液中产生沉淀，在高剂量和长期给药时更易产生结晶，引起结晶尿、血尿或肾小管堵塞。

② 磺胺注射液为强碱性溶液，对组织有强刺激性。

【注意事项】① 本品遇酸类可析出结晶，故不宜用 5%葡萄糖液稀释。

② 长期或大剂量应用易引起结晶尿，应同时应用碳酸氢钠，并给猪大量饮水。

③ 若出现过敏反应或其他严重不良反应时，立即停药，并给予对症治疗。

4. 复方磺胺间甲氧嘧啶注射液

【作用与用途】【不良反应】【注意事项】同磺胺间甲氧嘧啶注射液。

【用法与用量】以磺胺间甲氧嘧啶计。肌内注射：家畜 20 毫克/千克体重。1 次/天，连用 3 天。

5. 复方磺胺间甲氧嘧啶预混剂

【作用与用途】同磺胺间甲氧嘧啶注射液。

【用法与用量】以磺胺间甲氧嘧啶计。混饲：家畜 2~2.5 千克/吨饲料。

【不良反应】长期或大量使用可损害肾脏和神经系统，影响增重，并可能发生磺胺类药物中毒。

【注意事项】① 连续用药不应超过 1 周。

② 长期使用应同时服用碳酸氢钠，以碱化尿液。

6. 复方磺胺间甲氧嘧啶钠注射液

【作用与用途】【不良反应】同磺胺间甲氧嘧啶钠注射液。

【用法与用量】以磺胺间甲氧嘧啶钠计。肌内注射：一次量，家畜 20~30 毫克/千克体重。1~2 次/天，连用 2~3 天。

【注意事项】① 本品不宜与乌洛托品合用。

② 肝肾功能障碍猪慎用。

③ 肌内注射有局部刺激性。

④ 妊娠及哺乳的猪慎用。

7. 复方磺胺间甲氧嘧啶钠粉

【作用与用途】【不良反应】【注意事项】同复方磺胺间甲氧嘧啶预混剂。

【用法与用量】以磺胺间甲氧嘧啶钠计。内服：一次量，家畜 20~25 毫克/千克体重。2 次/天，连用 3~5 天。

磺胺二甲嘧啶

磺胺二甲嘧啶对革兰氏阳性菌和阴性菌如化脓性链球菌、沙门氏菌和肺炎杆菌等均有良好的抗菌作用。磺胺药的作用可被 PABA 及其衍生物（普鲁卡因、丁卡因）所拮抗。此外脓液以及组织分解产物也可提供细菌生长的必需物质，与磺胺药产生拮抗作用。本品抗菌作用较磺胺嘧啶稍弱，但对球虫和弓形虫有良好的抑制作用。

磺胺二甲嘧啶与苄胺嘧啶类（抗菌增效剂）合用，可产生协同作用。某些含对氨基苯甲酰基的药物如普鲁卡因、丁卡因等在体内可生成 PABA，酵母片中含有细菌代谢所需要的 PABA，可降低本药作用，因此不宜合用。与噻嗪类或速尿等利尿剂同用，可加重肾毒性。

1. 磺胺二甲嘧啶片

【作用与用途】磺胺类抗菌药。用于敏感菌感染，也可用于球虫和弓形虫感染。

【用法与用量】以磺胺二甲嘧啶计。内服：一次量，家畜首次量 140~200 毫克/千克体重，维持量减半。1~2 次/天，连用 3~5 天。

【不良反应】① 磺胺或其代谢物可在尿液中产生沉淀，在高剂量和长期给药时更易产生结晶，引起结晶尿、血尿或肾小管堵塞。

② 犬的主要不良反应包括：干性角膜结膜炎、呕吐、食欲不振、腹泻、发热、荨麻疹、多发性关节炎等。长期治疗还可能引起甲状腺机能减退。猫多表现为食欲不振、白细胞减少和贫血。马静脉注射可引起暂时性麻痹，内服可能产生腹泻。

③ 磺胺注射液为强碱性溶液，肌内注射对组织有强刺激性。

【注意事项】① 易在尿道中析出结晶，应给予猪大量饮水。大剂量、长期应用时宜同时给予等量的碳酸氢钠。

② 肾功能受损时，排泄缓慢，应慎用。

③ 可引起肠道菌群失调，长期用药可引起 B 族维生素和维生素 K 的合成和吸收减少，宜补充相应的维生素。

④ 出现过敏反应或其他严重不良反应时，立即停药，并给予对症治疗。

2. 磺胺二甲嘧啶钠注射液

【作用与用途】同磺胺二甲嘧啶片。

【用法与用量】以磺胺二甲嘧啶钠计。静脉注射：一次量，家畜 50~100 毫克/千克体重。1~2 次/天，连用 3~5 天。

【不良反应】① 磺胺或其代谢物可在尿液中产生沉淀，在高剂量和长期给药时更易产生结晶，引起结晶尿、血尿或肾小管堵塞。

② 磺胺注射液为强碱性溶液，对组织有强刺激性。

【注意事项】① 易在尿道中析出结晶，应给予猪大量饮水。大剂量、长期应用时宜同时给予等量的碳酸氢钠。

② 肾功能受损时，排泄缓慢，应慎用。

③ 本品遇酸类可析出结晶，故不宜用5%葡萄糖液稀释。

④ 出现过敏反应或其他严重不良反应时，立即停药，并给予对症治疗。

3. 复方磺胺二甲嘧啶片

【作用与用途】磺胺类抗菌药。用于治疗仔猪黄痢、白痢。

【用法与用量】以磺胺二甲嘧啶计。内服：仔猪25~50毫克/千克体重。2次/天，连用3天。

【不良反应】长期或大量使用可损害肾脏和神经系统，影响增重，并可能发生磺胺药中毒。

【注意事项】连续用药不宜超过1周。

4. 复方磺胺二甲嘧啶钠注射液

【作用与用途】磺胺类抗菌药。主要用于治疗猪敏感菌感染，如巴氏杆菌病、乳腺炎、子宫内膜炎、呼吸道及消化道感染。

【用法与用量】以磺胺二甲嘧啶钠计。肌内注射：家畜30毫克/千克体重。1次/2天。

【不良反应】长期或大量使用可损害肾脏和神经系统，影响增重，并可能发生磺胺药中毒。

【注意事项】连续用药不宜超过1周。

磺胺甲噁唑

磺胺甲噁唑对革兰氏阳性菌和阴性菌如化脓性链球菌、沙门氏菌和肺炎杆菌等均有良好的抗菌作用。磺胺药的作用可被PABA及其衍生物（普鲁卡因、丁卡因）所拮抗，此外脓液以及组织分解产物也可提供细菌生长的必需物质，与磺胺药产生拮抗作用。本品抗菌作用较磺胺嘧啶稍弱，但对球虫和弓形虫有良好的抑制作用。

磺胺甲噁唑与二氨基嘧啶类（抗菌增效剂）合用，可产生协同作用。对氨基苯甲酸及其衍生物如普鲁卡因、丁卡因等在体内可生成PABA，酵母片中含有细菌代谢所需要的PABA，可降低本药作用，因此不宜合用。与噻嗪类或速尿等利尿剂同用，可加重肾毒性。与口服抗凝药、苯妥英钠、硫喷妥钠等药物合用时，磺胺药物可置换这些药物与血浆蛋白结合，或抑制其代谢，使上述药物的作用增强甚至产生毒性反应，因此需调整其剂量。具有肝毒性药物与磺胺药物合用时，可能引起肝毒性发生率增高，故应监测肝功能。

1. 磺胺甲噁唑片

【作用与用途】磺胺类抗菌药。用于治疗敏感细菌引起的猪呼吸道、消化道、泌尿道等感染。

【用法与用量】以磺胺甲噁唑计。内服：一次量，家畜首次量 50~100 毫克/千克体重，维持量减半。2 次/天，连用 3~5 天。

【不良反应】磺胺或其代谢物可在尿液中产生沉淀，在高剂量和长期给药时更易产生结晶，引起结晶尿、血尿或肾小管堵塞。

【注意事项】① 易在泌尿道中析出结晶，应给猪大量饮水。大剂量、长期应用时宜同时给予等量的碳酸氢钠。

② 肾功能受损时，排泄缓慢，应慎用。

③ 可引起肠道菌群失调，长期用药可引起 B 族维生素和维生素 K 的合成和吸收减少，宜补充相应的维生素。

④ 注意交叉过敏反应。在猪出现过敏反应时，立即停药并给予对症治疗。

2. 复方磺胺甲噁唑片

【作用与用途】磺胺类抗菌药。能双重阻断细菌叶酸代谢，增强抗菌效力。用于敏感菌引起猪的呼吸道、泌尿道等感染。

【用法与用量】以磺胺甲噁唑计。内服：一次量，家畜 25~50 毫克/千克体重。2 次/天，连用 3~5 天。

【不良反应】主要表现为急性反应如过敏反应，慢性反应表现为粒细胞减少、血小板减少、肝脏损害、肾脏损害及中枢神经毒性反应。

【注意事项】① 对磺胺类药物有过敏史的猪禁用。

② 易在泌尿道中析出结晶，应给猪大量饮水。大剂量、长期应用时宜同时给予等量的碳酸氢钠。

③ 肾功能受损时，排泄缓慢，应慎用。

④ 可引起肠道菌群失调，长期用药可引起 B 族维生素和维生素 K 的合成和吸收减少，宜补充相应的维生素。

⑤ 在猪出现过敏反应时，立即停药并给予对症治疗。

磺胺脒

磺胺脒属于磺胺类抗菌药物，对大多数革兰氏阳性菌和阴性菌都有较强抑制作用。本品内服吸收很少。对革兰氏阳性菌和阴性菌如化脓性链球菌、沙门氏菌和肺炎球菌等均有良好的抗菌作用。磺胺药在结构上类似对氨基苯甲酸，可与对氨基苯甲酸竞争细菌体内的二氢叶酸合成酶，阻碍二氢叶酸的合成，最终影响核酸的合成，抑制细菌的生长繁殖。

与苄氨嘧啶类（抗菌增效剂）合用，可产生协同作用。某些含对氨基苯甲酰基的药物如普鲁卡因、丁卡因等在体内可生成对氨基苯甲酸，酵母片中也含有细菌代谢所需要的对氨基苯甲酸，合用可降低本品作用。

磺胺脒片

【作用与用途】磺胺类抗菌药。用于肠道细菌性感染。

【用法与用量】以磺胺脒计。内服：一次量，家畜 100~200 毫克/千克体重。2 次/天，连用 3~5 天。

【不良反应】长期服用可能影响胃肠道菌群，引起消化道功能紊乱。

【注意事项】① 新生 1~2 日龄仔猪的肠内吸收率高于幼龄猪。

② 不宜长期服用，注意观察胃肠道功能。

磺胺噻唑

磺胺噻唑属广谱抑菌剂，通过与对氨基苯甲酸竞争二氢叶酸合成酶，从而阻碍敏感菌叶酸的合成而发挥抑菌作用。对大多数革兰氏阳性菌和部分革兰氏阴性菌有效。对磺胺噻唑较敏感的病原菌有：链球菌、肺炎球菌、沙门氏菌、化脓棒状杆菌、大肠杆菌等；一般敏感的有：葡萄球菌、变形杆菌、巴氏杆菌、产气荚膜梭菌、肺炎杆菌、炭疽杆菌、铜绿假单胞菌等。

磺胺噻唑与苄氨嘧啶类（如 TMP）合用，可产生协同作用。对氨基苯甲酸及其衍生物如普鲁卡因、丁卡因等在体内可生成 PABA，酵母片中含有细菌代谢所需要的 PABA，可降低本药作用，因此不宜合用。与噻嗪类或速尿等利尿剂同用，可加重肾毒性。

1. 磺胺噻唑片

【作用与用途】磺胺类抗菌药。用于敏感菌感染。

【用法与用量】以磺胺噻唑计。内服：一次量，家畜首次量 140~200 毫克/千克体重，维持量减半。2~3 次/天，连用 3~5 天。

【不良反应】① 泌尿系统损伤，出现结晶尿、血尿和蛋白尿等。

② 抑制胃肠道菌群，导致消化系统障碍等。

③ 破坏造血机能，出现溶血性贫血、凝血时间延长和毛细血管渗血。

④ 幼龄猪免疫系统抑制、免疫器官出血及萎缩。

【注意事项】磺胺噻唑及其代谢产物乙酰磺胺噻唑的水溶性比原药低，排泄时容易在肾小管析出结晶，尤其是在酸性尿中。因此，应与适量碳酸氢钠同服。

2. 磺胺噻唑钠注射液

【作用与用途】同磺胺噻唑片。

【用法与用量】以磺胺噻唑钠计。静脉注射：一次量，家畜 50~100 毫克/千克体重。2 次/天，连用 2~3 天。

【不良反应】表现为急性和慢性中毒两类。

① 急性中毒：多发生于静脉注射其钠盐时，速度过快或剂量过大。主要表现为神经兴奋、共济失调、肌无力、呕吐、昏迷、厌食和腹泻等。牛、山羊还可见到视觉障碍、散瞳。

② 慢性中毒：主要由于剂量偏大、用药时间过长而引起。主要症状为：泌尿系统损伤，出现结晶尿、血尿和蛋白尿等；抑制胃肠道菌群，导致消化系统障碍等；造血机能破坏，出现溶血性贫血、凝血时间延长和毛细血管渗血；幼龄猪免疫系统抑制，免疫器官出血及萎缩。

【注意事项】① 本品遇酸类可析出结晶，故不宜用5%葡萄糖液稀释。

② 长期或大剂量应用易引起结晶尿，应同时应用碳酸氢钠，并给猪大量饮水。

③ 若出现过敏反应或其他严重不良反应时，立即停药，并给予对症治疗。

酞磺胺噻唑

酞磺胺噻唑内服后不易吸收，并在肠内逐渐释放出磺胺噻唑，通过抑制敏感菌的二氢叶酸合成酶，使二氢叶酸合成受阻进而呈现抑菌作用。

与二氨基嘧啶类（抗菌增效剂）合用，可产生协同作用。某些含对氨基苯甲酰基的药物如普鲁卡因、丁卡因等在体内可生成对氨基苯甲酸，酵母片中含有细菌代谢所需要的对氨基苯甲酸，可降低本药作用，因此不宜合用。与噻嗪类或呋塞咪等利尿剂同用，可加重肾毒性。

酞磺胺噻唑片

【作用与用途】磺胺类抗菌药。主要用于肠道细菌感染。

【用法与用量】以酞磺胺噻唑计。内服：一次量，家畜100~150毫克/千克体重。2次/天，连用3~5天。

【不良反应】长期服用可能影响胃肠道菌群，引起消化道功能紊乱。

【注意事项】① 新生仔猪（1~2日龄仔猪等）的肠内吸收率高于幼龄猪。

② 不宜长期服用，注意观察胃肠道功能。

恩诺沙星

恩诺沙星属氟喹诺酮类动物专用的广谱杀菌药。对大肠杆菌、沙门氏菌、克雷伯氏菌、布鲁氏菌、巴氏杆菌、胸膜肺炎放线杆菌、丹毒杆菌、变形杆菌、黏质沙雷氏菌、化脓性棒状杆菌、败血波特氏菌、金黄色葡萄球菌、支原体、衣原体等均有良好作用，对铜绿假单胞菌和链球菌的作用较弱，对厌氧菌作用微弱。对敏感菌有明显的抗菌后效应。

本品与氨基糖苷类或广谱青霉素合用，有协同作用。Ca^{2+}、Mg^{2+}、Fe^{3+}和Al^{3+}等重金属离子可与本品发生螯合，影响吸收。与茶碱、咖啡因合用时，可使血浆蛋白结合率降低，血中茶碱、咖啡因的浓度异常升高，甚至出现茶碱中毒症状。本品有抑制肝药酶作用，可使主要在肝脏中代谢的药物清除率降低，血药浓度升高。

恩诺沙星注射液

【作用与用途】氟喹诺酮类抗菌药。用于猪细菌性疾病和支原体感染。

【用法与用量】以恩诺沙星计。肌内注射：一次量，牛、羊、猪 2.5 毫克/千克体重，犬、猫、兔 2.5~5 毫克/千克体重。1~2 次/天，连用 2~3 天。

【不良反应】① 使幼龄猪软骨发生变性，影响骨骼发育并引起跛行及疼痛。

② 消化系统的反应有食欲不振、腹泻等。

③ 皮肤反应有红斑、瘙痒、荨麻疹及光敏反应等。

【注意事项】① 对中枢系统有潜在的兴奋作用，诱导癫痫发作。

② 肾功能不良家畜慎用，可偶发结晶尿。

③ 本品耐药菌株呈增多趋势，不应在亚治疗剂量下长期使用。

甲磺酸达氟沙星

甲磺酸达氟沙星属于动物专用氟喹诺酮类药物，通过作用于细菌的 DNA 旋转酶亚单位，抑制细菌 DNA 复制和转录而产生杀菌作用。对大肠埃希菌、沙门氏菌、志贺氏菌等肠杆菌科的革兰氏阴性菌具有极好的抗菌活性；对葡萄球菌、支原体等具有良好至中等程度的抗菌活性；对链球菌（尤其是 D 群）、肠球菌、厌氧菌几乎无或没有抗菌活性。

与氨基糖苷类、广谱青霉素合用有协同抗菌作用。Ca^{2+}、Mg^{2+}、Fe^{3+} 和 Al^{3+} 等金属离子与本品可发生螯合作用，影响其吸收。对肝药酶有抑制作用，使其他药物（如茶碱、咖啡因）的代谢下降，清除率降低，血药浓度升高，甚至出现中毒症状。与丙磺舒合用可因竞争同一转运载体而抑制了其在肾小管的排泄，半衰期延长。

甲磺酸达氟沙星注射液

【作用与用途】氟喹诺酮类抗菌药。主用于猪细菌及支原体感染。

【用法与用量】以达氟沙星计。肌内注射：一次量，猪、羊、犊牛 1.2~2.5 毫克/千克体重，仔猪、犬、狐、貂、猫 0.6~1.2 毫克/千克体重。1 次/天，连用 3 天。

【不良反应】① 使幼龄猪软骨发生变性，影响骨骼发育并引起跛行及疼痛。

② 消化系统的反应有呕吐、食欲不振、腹泻等。

③ 皮肤反应有红斑、瘙痒、荨麻疹及光敏反应等。

【注意事项】① 勿与含铁制剂在同一日内使用。

② 孕畜及哺乳母畜禁用。

乙酰甲喹

乙酰甲喹属于喹噁啉类抗菌药物，通过抑制菌体的脱氧核糖核酸（DNA）合成，对多数细菌具有较强的广谱抗菌作用，对革兰氏阴性菌作用更强，对猪痢疾密螺旋体有独特疗效。

1. 乙酰甲喹片

【作用与用途】抗菌药。主要用于密螺旋体所致的猪痢疾，也用于猪肠道细菌性感染等。

【用法与用量】以乙酰甲喹计。内服：一次量，牛、猪 5~10 毫克/千克体重，禽 10~15 毫克/千克体重。

【不良反应】按规定的用法与用量使用尚未见不良反应。

【注意事项】剂量高于临床治疗量 3~5 倍时，或长时间应用会引起毒性反应，甚至死亡。

2. 乙酰甲喹注射液

【作用与用途】【不良反应】【注意事项】同乙酰甲喹片。

【用法与用量】以乙酰甲喹计。肌内注射：一次量，2~5 毫克/千克体重。

四、抗寄生虫药

（一）驱线虫药

阿苯达唑

阿苯达唑具有广谱驱虫作用。线虫对其敏感，对绦虫、吸虫也有较强作用（但需较大剂量），对血吸虫无效。作用机理主要是与线虫的微管蛋白结合发挥作用。阿苯达唑对线虫微管蛋白的亲和力显著高于哺乳动物的微管蛋白，因此对哺乳动物的毒性很小。本品不但对成虫作用强，对未成熟虫体和幼虫也有较强作用，还有杀虫卵作用。

阿苯达唑与吡喹酮合用可提高前者的血药浓度。

1. 阿苯达唑片

【作用与用途】抗蠕虫药。用于猪线虫病、绦虫病和吸虫病。

【用法与用量】以阿苯达唑计。内服：一次量，马 5~10 毫克/千克体重，牛、羊 10~15 毫克/千克体重，猪 5~10 毫克/千克体重，犬 25~50 毫克/千克体重，禽 10~20 毫克/千克体重。

【不良反应】对妊娠早期母猪有致畸和胚胎毒性作用。

【注意事项】本品不用于产奶牛，也不用于妊娠前期 45 天。

2. 阿苯达唑粉

【作用与用途】【用法与用量】【不良反应】【注意事项】同阿苯达唑片。

3. 阿苯达唑混悬液

【作用与用途】【用法与用量】【不良反应】【注意事项】同阿苯达唑片。

4. 阿苯达唑颗粒

【作用与用途】【用法与用量】【不良反应】【注意事项】同阿苯达唑片。

芬苯达唑

芬苯达唑为苯并咪唑类抗蠕虫药，抗虫谱不如阿苯达唑广，作用略强。对马的副蛔虫、马尖尾线虫成虫及幼虫、胎生普氏线虫、普通圆形线虫、无齿圆形线虫、马圆形线虫、小型圆形线虫均有高效。对牛的血矛线虫、奥斯特线虫，毛圆线虫、仰口线虫、细颈线虫、古柏线虫、食道口线虫、胎生网尾线虫成虫及幼虫均有高效。对羊的血矛线虫、奥斯特线虫、毛圆线虫、古柏线虫、细颈线虫、仰口线虫、夏伯特线虫、食道口线虫、毛首线虫及网尾线虫成虫及幼虫均有极佳驱虫效果。此外还能抑制多数胃肠线虫的产卵。对猪的红色猪圆线虫、蛔虫、食道口线虫成虫及幼虫有效。对犬、猫的钩虫、蛔虫、毛首线虫有高效。对家禽胃肠道和呼吸道线虫有良效。

1. 芬苯达唑片

【作用与用途】抗蠕虫药。用于猪线虫病和绦虫病。

【用法用量】以芬苯达唑计。内服：一次量，马、牛、羊、猪 5~7.5 毫克/千克体重，犬、猫 25~50 毫克/千克体重，禽 10~50 毫克/千克体重。

【不良反应】在推荐剂量下使用，一般不会产生不良反应。用于怀孕动物认为是安全的。由于死亡的寄生虫释放抗原，可继发产生过敏性反应，特别是在高剂量时。犬或猫内服时偶见呕吐，曾有一例报道，犬服药后出现各类白细胞减少。

【注意事项】① 单剂量对于犬、猫一般无效，必须连用 3 天。

② 禁用于供食用的马。

③ 本品不应用于产奶牛，也不用于妊娠前期 45 天。

④ 绵羊妊娠早期使用芬苯达唑，可能伴有致畸胎和胚胎毒性的作用。

2. 芬苯达唑粉

【作用与用途】【用法与用量】【不良反应】【注意事项】同芬苯达唑片。

3. 芬苯达唑颗粒

【作用与用途】【用法与用量】【不良反应】【注意事项】同芬苯达唑片。

阿维菌素

阿维菌素属于抗线虫药，对猪的蛔虫、红色猪圆线虫、兰氏类圆线虫、毛首线虫、食道口线虫、后圆线虫、有齿冠尾线虫成虫及未成熟虫体驱除率达94%~100%，对肠道内旋毛虫（肌肉内旋毛虫无效）也极有效，对猪血虱和猪疥螨也有良好控制作用。对吸虫和绦虫无效。此外，阿维菌素作为杀虫剂，对水产和农业昆虫、螨虫以及火蚁等具有广谱活性。

药物相互作用：与乙胺嗪同时使用，可能产生严重的或致死性脑病。

1. 阿维菌素片

【作用与用途】大环内酯类抗寄生虫药。用于治疗猪的线虫病、螨病和寄生性昆虫病。

【用法与用量】以阿维菌素计。内服：一次量，牛、马 0.2 毫克/千克体重（即本品 1 片可用于 25 千克体重）；羊、猪 0.3 毫克/千克体重（即本品 1 片可用于 17 千克体重）。

【不良反应】按规定的用法与用量使用尚未见不良反应。

【注意事项】① 泌乳期禁用。

② 阿维菌素的毒性较强，慎用。对虾、鱼及水生生物有剧毒，残存药物的包装品切勿污染水源。

③ 本品性质不太稳定，特别对光线敏感，可迅速氧化灭活，应注意贮存和使用条件。

2. 阿维菌素胶囊

【作用与用途】【用法与用量】【不良反应】【注意事项】同阿维菌素片。

3. 阿维菌素粉

【作用与用途】【用法与用量】【不良反应】【注意事项】同阿维菌素片。

4. 阿维菌素透皮溶液

【作用与用途】【不良反应】【注意事项】同阿维菌素片。

【用法与用量】以阿维菌素计。浇注或涂擦：一次量，牛、猪 0.5 毫克/千克体重，由肩部向后沿背中线浇注。犬、兔两耳背部内侧涂擦。

【注意事项】① 给马用药后 24 小时，由于死亡的盘尾丝虫引起过敏反应，腹中线邻近常见水肿和瘙痒。

② 用于治疗牛皮蝇蛐病时，如杀死的幼虫在头部，将会引起严重的不良反应。

③ 杀微丝蚴虫时，犬可产生休克样反应，可能与死亡的微丝蚴有关。

④ 禽可见死亡、昏睡或食欲减退。

5. 阿维菌素注射液

【作用与用途】同阿维菌素片。

【用法与用量】以阿维菌素 B_1 计。皮下注射：0.3 毫克/千克体重。

【不良反应】注射部位有不适或暂时性水肿。

【注意事项】① 泌乳期禁用。

② 仅限于皮下注射，因为肌内、静脉注射易引起中毒反应。每个皮下注射点，不宜超过 10 毫升。

③ 含甘油缩甲醛和丙二醇的阿维菌素注射剂，仅适用于猪。

④ 阿维菌素对虾、鱼及水生生物有剧毒，残存药物的包装切勿污染水源。

多拉菌素

多拉菌素是广谱抗寄生虫药。对体内外寄生虫特别是某些线虫（圆虫）和节肢动物具有良好的驱杀作用，但对绦虫、吸虫及原生动物无效。其作用机制主要是增加虫体的抑制性递质 γ-氨基丁酸的释放，从而阻断神经信号的传递，使肌肉细胞失去收缩能力，而导致虫体死亡。哺乳动物的外周神经递质为乙酰胆碱，不会受到多拉菌素的影响。多拉菌素不易透过血脑屏障，对中枢神经系统损害极小，对猪比较安全。

多拉菌素注射液

【作用与用途】抗寄生虫类药。用于治疗猪的线虫病、血虱、螨病等外寄生虫病。

【用法与用量】以多拉菌素计。肌内注射：一次量，牛、羊 0.02 毫克/千克体重，即每 1 毫升本品注射用于 50 千克体重，猪 0.033 毫克/千克体重，即每 1 毫升本品注射用于 33 千克体重。

【不良反应】按规定的用法和用量使用尚未见不良反应。

【注意事项】① 将本品置于儿童接触不到的地方。

② 使用本品时操作人员不应进食或吸烟，操作后要洗手。

③ 在阳光照射下本品迅速分解灭活，应避光保存。

④ 其残存药物对鱼类及水生生物有毒，应注意保护水资源。

哌嗪

哌嗪对敏感线虫产生箭毒样作用。哌嗪对寄生于猪体内的某些特定线虫有效，如对蛔虫具有优良的驱虫效果。

与噻嘧啶或甲噻嘧啶产生拮抗作用，不应同时使用。泻药不宜与哌嗪同用，因为哌嗪在发挥作用前就会被排出。与氯丙嗪合用有可能会诱发癫痫发作。

1. 枸橼酸哌嗪片

【作用与用途】抗蠕虫药。主要用于畜禽蛔虫病，亦用于马蛲虫病、毛线虫病，牛、羊、猪食道口线虫病。

【用法与用量】以枸橼酸哌嗪计。内服：一次量，羊、猪 0.25~0.3 克/千克体重，马、牛 0.25 克/千克体重，犬 0.1 克/千克体重，禽 0.25 克/千克体重。

【不良反应】① 在推荐剂量时，罕见不良反应，但在犬或猫，可见腹泻、呕吐和共济失调。

② 应用高剂量，马和驹通常能耐受，但可见暂时性的软粪现象。

【注意事项】① 慢性肝、肾疾病以及胃肠蠕动减弱的患畜慎用。

② 因为哌嗪对幼虫驱除效果差，因此为达到彻底驱虫效果，肉食动物在 2 周内，猪和马在 4 周内，青年马在 8 周后，应重复进行治疗。

③ 一般情况下，哌嗪几乎无毒性，安全范围较大。但是哌嗪大剂量内服可引起呕吐、腹泻、共济失调。

2. 磷酸哌嗪片

【作用与用途】抗寄生虫药。主要用于治疗畜禽蛔虫病，也用于马蛲虫病及毛首线虫病。

【用法与用量】以磷酸哌嗪计。内服：一次量，马、猪 0.2~0.25 克/千克体重，犬、猫 0.07~0.1 克/千克体重，禽 0.2~0.5 克/千克体重。

【不良反应】在犬或猫，可见腹泻、呕吐和共济失调。应用高剂量，马和驹可见暂时性的软粪现象。

【注意事项】慢性肝、肾疾病以及胃肠蠕动减弱的患畜慎用。

左旋咪唑

本品属咪唑并噻唑类抗线虫药，对猪的大多数线虫具有活性。其驱虫作用机理是兴奋敏感蠕虫的副交感和交感神经节，总体表现为烟碱样作用；高浓度时，左旋咪唑通过阻断延胡索酸还原和琥珀酸氧化作用，干扰线虫糖代谢，最终对蠕虫起麻痹作用，排出活虫体。

除具有驱虫活性外，还能明显提高免疫反应。目前尚不明确其免疫促进作用机理，可恢复外周 T 淋巴细胞的细胞介导免疫功能，兴奋单核细胞的吞噬作用，对免疫功能受损动物作用更明显。

具有烟碱作用的药物如噻嘧啶、甲噻嘧啶、乙胺嗪，胆碱酯酶抑制药如有机磷、新斯的明可增加左旋咪唑的毒性，不宜联用。左旋咪唑可增强布鲁氏菌疫苗等的免疫反应和效果。

1. 盐酸左旋咪唑片

【作用与用途】抗蠕虫药。用于牛、羊、猪、犬、猫和禽的胃肠道线虫、肺线虫以及犬心丝虫和猪肾虫感染的治疗。也可用于免疫功能低下动物的辅助治疗和提高疫苗的免疫效果。

【用法与用量】以左旋咪唑计。内服：一次量，牛、羊、猪 7.5 毫克/千克体重，犬、猫 10 毫克/千克体重，禽 25 毫克/千克体重。

【不良反应】① 牛用本品可出现副交感神经兴奋症状，口鼻出现泡沫或流涎，兴奋或颤抖，舔唇和摇头等不良反应。症状一般在 2 小时内减退。注射部位发生肿胀，通常在 7~14 天内减轻。

② 绵羊给药后可引起某些动物暂时性兴奋，山羊可产生抑郁、感觉过敏和流涎。

③ 猪可引起流涎或口鼻冒出泡沫。

④ 犬可见胃肠功能紊乱如呕吐、腹泻，神经毒性反应如喘气、摇头、焦虑或其他行为变化，粒细胞缺乏症，肺水肿，免疫介导性皮疹如水肿、多形红斑、表皮坏死脱落等。

⑤ 猫可见流涎、兴奋、瞳孔散大和呕吐等。

【注意事项】① 泌乳期动物禁用。

② 在动物极度衰弱或有明显的肝肾损伤时，牛因免疫、去角、阉割等发生应激时，应慎用或推迟使用。

③ 马和骆驼较敏感，马应慎用，骆驼禁用。

④ 本品中毒时可用阿托品解毒和其他对症治疗。

2. 盐酸左旋咪唑粉

【作用与用途】【用法与用量】【不良反应】【注意事项】同盐酸左旋咪唑片。

3. 盐酸左旋咪唑注射液

【作用与用途】【不良反应】同盐酸左旋咪唑片。

【用法与用量】以左旋咪唑计。皮下、肌内注射：一次量，牛、羊、猪 7.5 毫克/千克体重，犬、猫 10 毫克/千克体重，禽 25 毫克/千克体重。

【注意】① 禁用于静脉注射。

② 马慎用，骆驼禁用；泌乳期禁用。

（二）抗绦虫药

吡喹酮

吡喹酮具有广谱抗血吸虫和抗绦虫作用。对各种绦虫的成虫具有极高的活性，对幼虫也具有良好的活性；对血吸虫有很好的驱杀作用。吡喹酮对绦虫的准确作用机理尚未确定，可能是其与虫体包膜的磷脂相互作用，结果导致钠、钾与钙离子流出。在体外低浓度的吡喹酮似可损伤绦虫的吸盘功能并兴奋虫体的蠕动，较高浓度药物则可增强绦虫链体（节片链）的收缩（在极高浓度时为不可逆收缩）。此外，吡喹酮可引起绦虫包膜特殊部位形成灶性空泡，继而使虫体裂解。

与阿苯达唑、地塞米松合用时，可降低吡喹酮的血药浓度。

1. 吡喹酮片

【作用与用途】主要用于治疗动物血吸虫病，也用于绦虫病和囊尾蚴病。如羊的莫尼茨绦虫、球点斯泰绦虫、无卵黄腺绦虫、胰阔盘吸虫和矛形歧腔吸虫；牛的细颈囊尾蚴和日本分体吸虫；猪的细颈囊尾蚴；犬的复孔绦虫、豆状带绦虫，猫的复孔绦虫、巨颈绦虫；禽的各种绦虫。

【用法与用量】以吡喹酮计。内服：一次量，牛、羊、猪 10~35 毫克/千克体重。犬、猫 2.5~5 毫克/千克体重，禽 10~20 毫克/千克体重。

2. 吡喹酮粉

【作用与用途】【用法与用量】【不良反应】【注意事项】同吡喹酮片。

（三）抗原虫药

地美硝唑

地美硝唑属于抗原虫药，具有广谱抗菌和抗原虫作用。不仅能抗厌氧菌、大肠弧菌、链球菌、葡萄球菌和密螺旋体，且能抗组织滴虫、纤毛虫、阿米巴原虫等。

不能与其他抗组织滴虫药联合应用。

地美硝唑预混剂

【作用与用途】抗原虫药。用于防治密螺旋体引起的猪痢疾。

【用法与用量】以地美硝唑计。混饲：200~500 克/吨饲料。

【注意事项】① 不能与其他抗组织滴虫药联合使用。

② 禁用于促生长。

盐酸吖啶黄

盐酸吖啶黄属于抗原虫药，静脉注射给药 12~24 小时后，猪体温下降，外周血循环中虫体消失。必要时，可间隔 1~2 天重复用药 1 次。在梨形虫发病季节，可每月注射 1 次，有良好预防效果。

盐酸吖啶黄注射液

【作用与用途】抗原虫药。用于梨形虫病。也可用于牛、羊、猪的血液原虫病、牛羊焦虫病。

【用法与用量】以盐酸吖啶黄计。静脉或深部肌内注射，一次量，羊、猪 0.5~1 毫克/千克体重，马、牛 0.25~0.5 毫克/千克体重。

【不良反应】① 毒性较强，注射后常出现心跳加快、不安、呼吸迫促、肠蠕动增强等不良反应，不可超量使用。

② 组织有强烈刺激性。

③ 如遇结晶，可加热溶解放置室温后使用，不影响疗效。

【注意事项】缓慢注射，勿漏出血管；重复使用，应间隔 24~48 小时。

（四）杀虫药

双甲脒

双甲脒为广谱杀虫药，对各种螨、蜱、蝇、虱等均有效，主要为接触毒，兼有胃毒和内吸毒作用。双甲脒的杀虫作用在某种程度上与其抑制单氨氧化酶有关，而后者是参与蜱、螨等虫体神经系统胺类神经递质的代谢酶。因双甲脒的作用，吸血节肢昆虫过度兴奋，以致不能吸附动物体表而掉落。本品产生杀虫作用较慢，一般在用药后 24 小时才能使虱、蜱等解体，48 小时可使螨从患部皮肤自行脱落。一次用药可维持药效 6~8 周，保护猪不再受外寄生虫的侵袭。此外，对大蜂螨和小蜂螨也有较强的杀虫作用。

双甲脒溶液

【作用与用途】杀虫药。主要用于杀螨；亦可用于杀灭蜱、虱等体外寄生虫。

【用法与用量】药浴、喷洒或涂擦。配成 0.025%~0.05%的溶液。

【不良反应】① 本品毒性较低。

② 对皮肤和黏膜有一定刺激性。

【注意事项】① 对鱼有剧毒，禁用。勿将药液污染鱼塘、河流。

② 本品对皮肤有刺激性，使用时防止药液沾污皮肤和眼睛。

辛硫磷

有机磷类杀虫药。辛硫磷通过抑制虫体内胆碱酯酶的活性而破坏正常的神经传导，引起虫体麻痹，直至死亡；辛硫磷对宿主胆碱酯酶活性也有抑制作用，使宿主肠胃蠕动增强，加速虫体排出体外。

辛硫磷浇泼溶液

【作用与用途】有机磷酸酯类杀虫药。用于驱杀螨、虱、蜱等体外寄生虫。

【用法与用量】以辛硫磷计。外用：30 毫克/千克体重。沿猪脊背从两耳根浇洒到尾根（耳部感染严重者，可在每侧耳内另外浇洒 0.076 克）。

【不良反应】过量使用，猪可产生胆碱能神经兴奋症状。

【注意事项】① 禁与强氧化剂、碱性药物合用。

② 禁止与其他有机磷化合物和胆碱酯酶抑制剂合用。

③ 避免与操作人员的皮肤和黏膜接触。

④ 妥善存放保管，避免儿童和动物接触。使用后的废弃物应妥善处理，避免污染河流、池塘及下水道。

氰戊菊酯

氰戊菊酯属于拟除虫菊酯类杀虫药。对昆虫以触杀为主，兼有胃毒和驱避作用。氰戊菊酯对猪的多种体外寄生虫和吸血昆虫如螨、虱、蚤、蜱、蚊、蝇和虻等均有良好的杀灭效果。有害昆虫接触后，药物迅速进入虫体的神经系统，表现为强烈兴奋、抖动，很快转为全身麻痹、瘫痪，最后击倒而死亡。应用氰戊菊酯喷洒猪的体表，螨、虱、蚤等于用药后 10 分钟出现中毒，4~12 小时后全部死亡。

氰戊菊酯溶液

【作用与用途】杀虫药。用于驱杀体外寄生虫，如蜱、虱、蚤等。

【用法与用量】喷雾。5%氰戊菊酯加水以 1：（250~500）倍稀释。

【不良反应】按规定的用法与用量使用尚未见不良反应。

【注意事项】① 配制溶液时，水温以 12℃为宜，如水温超过 25℃会降低药效，水温超过 50℃时则失效。

② 避免使用碱性水，并忌与碱性药物合用，以防药液分解失效。

③ 本品对蜜蜂、鱼虾、家蚕毒性较强，使用时不要污染河流、池塘、桑园、养蜂场所。

马拉硫磷

马拉硫磷属于有机磷杀虫药，主要以触杀、胃毒和熏蒸杀灭虫害，无内吸杀虫作用。具有广谱、低毒、使用安全等特点。对蚊、蝇、虱、蜱、螨和臭虫等都有杀灭作用。

与其他有机磷化合物以及胆碱酯酶抑制剂有协同作用，同时应用毒性增强。

精制马拉硫磷溶液

【作用与用途】杀虫药。用于杀灭体外寄生虫。

【用法与用量】药浴或喷雾。1：（233~350）倍稀释（以马拉硫磷计算 0.2%~0.3%）的水溶液。

【不良反应】过量使用，猪可产生胆碱能神经兴奋症状。

【注意事项】① 本品不能与碱性物质或氧化物接触。

② 本品对眼睛、皮肤有刺激性；猪中毒时可用阿托品解毒。

③ 猪体表用马拉硫磷后数小时内应避免日光照射和风吹；必要时隔 2~3 周再药浴或喷雾 1 次。

④ 1 月龄内猪禁用。

敌百虫

敌百虫属于广谱杀虫药，不仅对消化道线虫有效，而且对某些吸虫如姜片吸虫、血吸虫等有一定的疗效。

与其他有机磷杀虫剂、胆碱酯酶抑制剂和肌松药合用时，可增强对宿主的毒性。碱性物质能使敌百虫迅速分解成毒性更大的敌敌畏，因此忌用碱性水质配制药液，并禁与碱性药物合用。

精制敌百虫片

【作用与用途】驱杀和杀虫药，驱杀家畜胃肠道线虫、猪姜片虫、马胃蝇蛆、牛皮蝇蛆、羊鼻蝇蛆和蜱、螨、蚤、虱等。

【用法与用量】以敌百虫计。内服：一次量，80~100 毫克/千克体重，马 30~50 毫克/千克体重，牛 20~40 毫克/千克体重，绵羊 80~100 毫克/千克体重，山羊 50~70 毫克/千克体重。外用：每 1 片兑水 30 毫升配成 1%溶液。

【不良反应】敌百虫安全范围窄，治疗剂量可使猪出现轻度副交感神经兴奋反应，过量使用可出现中毒症状，主要表现为流涎、腹痛、缩瞳、呼吸困难、骨骼肌痉挛、昏迷甚至死亡。其毒性有明显的种属差异，对猪较安全。

【注意事项】① 禁与碱性药物合用。

② 妊娠猪及心脏病、胃肠炎的猪禁用。

③ 中毒时用阿托品与解磷定等解救。

五、解热镇痛抗炎药

对乙酰氨基酚

对乙酰氨基酚具有解热、镇痛与抗炎作用。解热作用类似阿司匹林，但镇痛和抗炎作用较弱。其抑制丘脑前列腺素合成与释放的作用较强，抑制外周前列腺素合成与释放的作用较弱。对血小板及凝血机制无影响。主要作为中小动物的解热镇痛药。

对乙酰氨基酚片

【作用与用途】解热镇痛药。用于发热、肌肉痛、关节痛和风湿症等。

【用法与用量】以对乙酰氨基酚计。内服：一次量，马、牛 10~20 克，羊 1~4 克，猪 1~2 克，犬 0.1~1 克。

【不良反应】偶见厌食、呕吐、缺氧、发绀、红细胞溶解、黄疸和肝脏损害等症。

【注意事项】① 猫禁用，因给药后可引起严重的毒性反应。

② 大剂量可引起肝、肾损害，在给药后 12 小时内使用乙酰半胱氨酸或蛋氨酸可以预防肝损害。肝、肾功能不全的患畜及幼畜慎用。

安乃近

安乃近内服吸收迅速，作用较快，药效维持 3~4 小时。解热作用较快，药效维持 3~4 小时。解热作用较显著，镇痛作用亦较强，并有一定的消炎和抗风湿作用。对胃肠蠕动无明显影响。

不能与氯丙嗪合用，以免体温剧降。不能与巴比妥类及保泰松合用，因相互作用会影响肝微粒体酶活性。

1. 安乃近片

【作用与用途】用于动物肌肉痛、疝痛、风湿症及发热性疾病等。

【用法用量】以安乃近计。内服：一次量，马、牛 4~12 克，羊、猪 2~5 克，犬 0.5~1 克。

【不良反应】长期使用可引起粒细胞减少。

【注意事项】可抑制凝血酶原的合成，加重出血倾向。

2. 安乃近注射液

【作用与用途】【不良反应】【注意事项】同安乃近片。

【用法与用量】以安乃近计。肌内注射：一次量，马、牛 3~10 克，羊 1~2 克，猪 1~3 克，犬 0.3~0.6 克。

【注意事项】不宜穴位注射，尤其不宜关节部位注射。有可能引起肌肉萎缩和关节机能障碍。

阿司匹林

阿司匹林解热、镇痛效果较好，抗炎、抗风湿作用强。可抑制抗体产生及抗原抗体结合反应，阻止炎性渗出，抗风湿的疗效确实。较大剂量时还可抑制肾小管对尿酸的重吸收，增加尿酸排泄。

其他水杨酸类解热镇痛药、双香豆素类抗凝血药、巴比妥类等与阿司匹林合用时，作用增强，甚至毒性增加。糖皮质激素能刺激胃酸分泌、降低胃及十二指肠黏膜对胃酸的抵抗力，与阿司匹林合用可使胃肠出血加剧。与碱性药物（如碳酸氢钠）合用，将加速阿司匹林的排泄，使疗效降低。但在治疗痛风时，同服等量的碳酸氢钠，可以防止尿酸在肾小管内沉积。

阿司匹林片

【作用与用途】解热镇痛药。用于发热性疾患、肌肉痛、关节痛。

【用法与用量】以阿司匹林计。内服：一次量，马、牛 15~30 克，羊、猪 0.3~1 克，犬 0.2~1 克。

【不良反应】① 本品能抑制凝血酶原合成，连续长期应用可引发出血倾向。

② 对胃肠道有刺激作用，剂量大时易导致食欲不振、恶心、呕吐乃至消化道出血，长期使用可引发胃肠溃疡。

【注意事项】① 奶牛泌乳期禁用。

② 猫因缺乏葡萄糖苷酸转移酶，对本品代谢很慢，容易造成药物蓄积，故对猫的毒性很大。

③ 胃炎、胃溃疡患畜慎用，与碳酸钙同服，可减少对胃的刺激。不宜空腹投药。发生出血倾向时，可用维生素 K 治疗。

④ 解热时，动物应多饮水，以利于排汗和降温，否则会因出汗过多而造成水和电解质平衡失调或虚脱。

⑤ 老龄动物、体弱或体温过高患畜，解热时宜用小剂量，以免大量出汗而引起虚脱。

⑥ 动物发生中毒时，可采取洗胃、导泻、内服碳酸氢钠及静脉注射 5%葡萄糖和 0.9%氯化钠等解救。

氟尼辛葡甲胺

氟尼辛葡甲胺是一种强效环氧化酶抑制剂，具有镇痛、解热、抗炎和抗风湿作用。镇痛作用是通过抑制外周的前列腺素或其痛觉增敏物质的合成或它们的共同作用，从而阻断痛觉冲动传导所致。外周组织的抗炎作用可能是通过抑制环氧化酶、减少前列腺素前体物质形成，以及抑制其他介质引起局部炎症反应的结果。

氟尼辛葡甲胺勿与其他非甾体类消炎药同时使用，因为会加重对胃肠道的毒副作用，如溃疡、出血等。因血浆蛋白结合率高，与其他药物联合应用时，氟尼辛葡甲胺可能置换与血浆蛋白结合的其他药物或者自身被其他药物所置换，导致被置换的药物作用增强，甚至产生毒性。配合抗生素，用于母猪无乳综合征的辅助治疗。

氟尼辛葡甲胺注射液

【作用与用途】用于家畜及小动物发热性、炎症性疾患、肌肉痛和软组织痛等，如母猪的无乳综合征、产后低烧、产后不食以及产后生殖系统炎症。

【用法与用量】肌内、静脉注射，一次量每千克体重：猪 0.04 毫升，犬、猫 0.02~0.04 毫升（按 10 毫升内含氟尼辛葡甲胺 0.5 克），每日 1~2 次，连用不超过 5 日。

【注意事项】① 不得用于胃肠溃疡、胃肠道及其他组织出血、对氟尼辛葡甲胺过敏、心血管疾病、肝肾功能紊乱及脱水的动物。

② 用于治疗急腹症时，氟尼辛葡甲胺可掩盖由内毒素血症和肠道失去活力所引起的行为和心肺体征，因此应慎用。

氨基比林

氨基比林是一种环氧化酶抑制剂，通过抑制环氧化酶的活性，从而抑制前列腺素前体物——花生四烯酸转变为前列腺素这一过程，使前列腺素合成减少，进而产生解热、镇痛、消炎和抗风湿作用。

复方氨基比林注射液

【作用与用途】解热镇痛药，主要用于马、牛、犬等动物的解热和抗风湿，也可用于马和骡的疝痛，但镇痛效果较差。用于发热性疾病、关节炎、肌肉痛和风湿症等。

【用法与用量】以氨基比林计。肌内、皮下注射：一次量，马、牛 20~50 毫升，羊、猪 5~10 毫升。

【不良反应】剂量过大或长期应用，可引起高铁血红蛋白血症、缺氧、发绀、粒细胞减少症等。

【注意事项】连续长期使用可引起粒性白细胞减少症，应定期检查血象。

水杨酸钠

水杨酸钠为解热镇痛抗炎药。其镇痛作用较阿司匹林、非那西汀、氨基比林弱。临床上主要用作抗风湿药。对于风湿性关节炎，用药数小时后关节疼痛显著减轻，肿胀消退，风湿热消退。另外，本品还有促进尿酸排泄的作用，可用于痛风。

水杨酸钠可使血液中凝血酶原的活性降低，故不可与抗凝血药合用。与碳酸氢钠同时内服可减少本品吸收，加速本品排泄。

水杨酸钠注射液

【作用与用途】解热镇痛药。用于风湿症等。

【用法与用量】以水杨酸钠计。静脉注射：一次量，马、牛 100~200 毫升，羊、猪 20~50 毫升。

【不良反应】① 长期大剂量应用，可引起耳聋、肾炎等。

② 因抑制凝血酶原合成而产生出血倾向。

【注意事项】① 注射液仅供静脉注射，不能漏出血管外。

② 猪中毒时出现呕吐等症，可用碳酸氢钠解救。

③ 有出血倾向、肾炎及酸中毒的患畜忌用。

六、促进组织代谢药

（一）维生素类

维生素 A

维生素 A 具有促进生长、维持上皮组织如皮肤、结膜、角膜等正常机能的作用，并参与视紫红质的合成，增强视网膜感光力。另外，还参与体内许多氧化过程，尤其是不饱和脂肪酸的氧化。

氢氧化铝可使小肠上段胆酸减少，影响维生素 A 的吸收。矿物油、新霉素能干扰维生素 A 和维生素 D 的吸收。维生素 E 可促进维生素 A 吸收，但服用大量维生素 E 时可耗尽体内贮存的维生素 A。大剂量的维生素 A 可以对抗糖皮质激素的抗炎作用。与噻嗪类利尿剂同时使用，可致高钙血症。

维生素 AD 油

【作用与用途】维生素类药。用于维生素 A、维生素 D 缺乏症；局部应用能促进创伤、溃疡愈合。

【用法与用量】以维生素 A 计。内服：一次量，马、牛 20~60 毫升，羊、猪 10~15 毫升，犬 5~10 毫升，禽 1~2 毫升。

【不良反应】按规定的用法与用量使用尚未见不良反应。

【注意事项】① 用时应注意补充钙剂。

② 维生素 A 易因补充过量而中毒，中毒时应立即停用本品和钙剂。

维生素 B_1

本品在体内与焦磷酸结合成二磷酸硫胺（辅羧酶），参与体内糖代谢中丙酮酸、α-酮戊二酸的氧化脱羧反应，为糖类代谢所必需。维生素 B_1 对维持神经组织、心脏及消化系统的正常机能起着重要作用。缺乏时，血中丙酮酸、乳酸增高，并影响机体能量供应；禽及幼年家畜则出现多发性神经炎、心肌功能障碍、消化不良、生长受阻等。

维生素 B_1 在碱性溶液中易分解，与碱性药物如碳酸氢钠、枸橼酸钠等配伍时，易变质。吡啶硫胺素、氨丙啉可拮抗维生素 B_1 的作用。本品可增强神经肌肉阻断剂的作用。

维生素 B_1 片

【作用与用途】维生素类药。主要用于维生素 B_1 缺乏症，如多发性神经炎；也用于胃肠弛缓等。

【用法与用量】以维生素 B_1 计。内服：一次量，马、牛 100~500 毫克，羊、猪 25~50 毫克，犬 10~50 毫克，猫 5~30 毫克。

【不良反应】按规定剂量使用，暂未见不良反应。

【注意事项】① 吡啶硫胺素、氨丙啉与维生素 B_1 有拮抗作用，饲料中此类物质添加过多会引起维生素 B_1 缺乏。

② 与其他 B 族维生素或维生素 C 合用，可对代谢发挥综合疗效。

维生素 B_2

维生素 B_2 是体内黄素酶类辅基的组成部分。黄素酶在生物氧化还原中发挥递氢作用，参与体内碳水化合物、氨基酸和脂肪的代谢，并对中枢神经系统的营养、毛细血管功能具有重要影响。

本品能使氨苄西林、黏菌素、链霉素、红霉素和四环素等的抗菌活性下降。

1. 维生素 B_2 片

【作用与用途】维生素类药。用于维生素 B_2 缺乏症，如口炎、皮炎、结膜炎等。

【用法与用量】以维生素 B_2 计。内服：一次量，马、牛 100~150 毫克，羊、猪 20~30 毫克，犬 10~20 毫克，猫 5~10 毫克。

【不良反应】按规定剂量使用，暂未见不良反应。

【注意事项】动物使用本品后，尿液呈黄色。

2. 维生素 B_2 注射液

【作用与用途】【不良反应】【注意事项】同维生素 B_2 片。

【用法与用量】以维生素 B_2 计。皮下、肌内注射：一次量，马、牛 100~150 毫克，羊、猪 20~30 毫克，犬 10~20 毫克，猫 5~10 毫克。

维生素 B_6

维生素 B_6 是吡哆醇、吡哆醛、吡哆胺的总称，它们在动物体内有着相似的生物学作用。维生素 B_6 在体内经酶作用生成具有生理活性的磷酸吡哆醛和磷酸吡哆醇，是氨基转移酶、脱羧酶及消旋酶的辅酶，参与体内氨基酸、蛋白质、脂肪和糖的代谢。此外，维生素 B_6 还在亚油酸转变为花生四烯酸等过程中发挥重要作用。

与维生素 B_{12}合用，可促进维生素 B_{12}的吸收。

维生素 B_6 注射液

【作用与用途】水溶性维生素。用于皮炎和周围神经炎等。

【不良反应】按规定剂量使用，暂未见不良反应。

【用法与用量】以维生素 B_6 计。皮下、肌内或静脉注射：一次量，牛、马 3~10 克，猪 0.5~1 克，犬 0.02~0.8 克。

维生素 B_{12}

维生素 B_{12}为合成核苷酸的重要辅酶成分，它参与体内甲基转移及叶酸代谢，促进 5-甲基四氢叶酸转变为四氢叶酸。缺乏时，可致叶酸缺乏，并由此导致 DNA 合成障碍，影响红细胞的发育与成熟。本品还促使甲基丙二酸转变为琥珀酸，参与三羧酸循环。此作用关系到神经髓鞘脂类的合成及维持有鞘神经纤维功能的完整。维生素 B_{12}缺乏症的神经损害可能与此有关。

维生素 B_{12}注射液

【作用与用途】维生素类药。主要用于以下情况。

① 急性代谢失调：产后瘫痪，又称乳热，是母畜在分娩期突然发生以肌肉松弛、昏迷和低血钙为主要特征的代谢病。

② 分娩应激：乳腺炎、子宫内膜炎和无乳症等代谢病为主的分娩综合征。

③ 胎衣不下、低血钙性瘫痪和产褥热。

④ 一般代谢失调：如管理不妥、营养不平衡所引起的母牛、母羊食欲缺乏、泌乳减少。

⑤ 酮病：酮病是高产泌乳奶牛常发的一种营养代谢性疾病，可导致酮血症、酮尿症、酮乳症和低血糖症。

⑥ 皱胃炎或真胃扭转术后恢复。

⑦ 发情间隔时间过长或产后不发情（本品可使产后牛羊快速发情，以利再次配种）。

⑧ 增强健康动物的抵抗力、促进幼畜生长。

【用法与用量】以维生素 B_{12} 计。肌内注射：一次量，牛 20~40 毫升，犊牛 5~10 毫升，绵羊、山羊、猪 2.5~5 毫升，羔羊 1.5~2.5 毫升（1 毫升含 0.02 克）。一般病例注射 1 次即可。

为了预防围产期的疾病，分娩前 2 周和分娩当日以及分娩后 2 周各注射本品 1 次。

【不良反应】肌内注射偶可引起皮疹、瘙痒、腹泻以及过敏性哮喘。

【注意事项】在防治巨幼红细胞贫血症时，本品与叶酸配合应用可取得更好的效果。本品不得作静脉注射。

维生素 C

维生素 C 在体内和脱氢维生素 C 形成可逆的氧化还原系统，此系统在生物氧化还原反应和细胞呼吸中起重要作用。维生素 C 参与氨基酸代谢及神经递质、胶原蛋白和组织细胞间质的合成，可降低毛细血管通透性，具有促进铁在肠内吸收，增强机体对感染的抵抗力，以及增强肝脏解毒能力等作用。

与水杨酸类和巴比妥合用能增加维生素 C 的排泄。与维生素 K_3、维生素 B_2、碱性药物和铁离子等溶液配伍，可降低药效，不宜配伍。可破坏饲料中的维生素 B_{12}，并与饲料中的铜、锌离子发生络合，阻断其吸收。

1. 维生素 C 片

【作用与用途】维生素类药。用于维生素 C 缺乏症，也用于各种传染性疾病和高热、外伤或烧伤，还用于贫血、有出血倾向、高铁血红蛋白血症和过敏性皮炎等的辅助治疗。

【用法与用量】以维生素 C 计。内服：一次量，马 10~30 片，猪 2~5 片，犬 1~5 片（100 毫克/片）。

【不良反应】给予高剂量时，尿酸盐、草酸盐或胱氨酸结晶形成的风险增加。

【注意事项】① 与碱性药物（碳酸氢钠等）、铁离子、维生素 B_2、维生素 K_3 等溶液配伍，可影响药效，不宜配伍。

② 与水杨酸类和巴比妥合用能增加维生素 C 的排泄。

③ 大剂量应用时可酸化尿液，使某些有机碱类药物排泄增加。并减弱氨基糖苷类药物的抗菌作用。

④ 可破坏饲料中的维生素 B_{12}，并与饲料中的铜、锌离子发生络合，阻断其吸收。

⑤ 因在瘤胃内易被破坏，反刍动物不宜内服。

2. 维生素 C 注射液

【作用与用途】【不良反应】【注意事项】同维生素 C 片。

【用法与用量】按维生素 C 计算，肌内、静脉注射一次量，马 1~3 克，牛 2~4 克，羊、猪 0.2~0.5 克，犬 0.02~0.1 克。

维生素 D_2

维生素 D_2 属于调节组织代谢药。维生素 D_2 对钙、磷代谢及幼龄猪骨骼生长有重要影响，主要生理功能是促进钙和磷在小肠内正常吸收。维生素 D_2 的代谢活性物质能调节肾小管对钙的重吸收，维持循环血液中钙的水平，并促进骨骼的正常发育。

长期大量服用液状石蜡、新霉素可减少维生素 D 的吸收。苯巴比妥等药酶诱导剂能加速维生素 D 的代谢。

维生素 D_2 胶性钙注射液

【作用与用途】维生素类药。适用于各种因维生素 D 缺乏所引起的钙质代谢障碍，如软骨病与佝偻病等不适于口服给药者。

【用法与用量】以维生素 D_2 计。临用前摇匀。皮下、肌内注射：一次量，马、牛 5~20 毫升，羊、猪 2~4 毫升，犬 0.5~1 毫升（5 000 单位/毫升）。

【不良反应】① 过多的维生素 D 会直接影响钙和磷的代谢，减少骨的钙化作用，在软组织出现异位钙化，以及导致心律失常和神经功能紊乱等症状。

② 维生素 D 过多还会间接干扰其他脂溶性维生素（如维生素 A、维生素 E 和维生素 K）的代谢。

【注意事项】① 维生素 D 过多会减少骨的钙化作用，软组织出现异位钙化，且易出现心律失常和神经功能紊乱等症状。

② 用维生素 D 时应注意补充钙剂，中毒时应立即停用本品和钙剂。

维生素 D_3

维生素 D_3 是维生素 D 的主要形式之一，对钙、磷代谢及幼龄猪骨骼生长有重要影响，其主要功能是促进钙、磷在小肠内正常吸收。其代谢活性物质能调节肾小管对钙的重吸收、维持循环血液中钙的水平，并促进骨骼的正常发育。

长期大量服用液体石蜡、新霉素可减少维生素 D 的吸收。苯巴比妥等药酶诱导剂能加速维生素 D 的代谢。

维生素 D_3 注射液

【作用与用途】维生素类药。用于防治维生素 D 缺乏所致的疾病，如佝偻病、骨软症等。

【用法与用量】以维生素 D_3 计。肌内注射：一次量，家畜 1 500~3 000 单位/千克体重。

【不良反应】① 过多的维生素 D 会直接影响钙和磷的代谢，减少骨的钙化作用，在软组织出现异位钙化，以及导致心律失常和神经功能紊乱等症状。

② 维生素 D 过多还会间接干扰其他脂溶性维生素（如维生素 A、维生素 E 和维生素 K）的代谢。

【注意事项】应用时要注意补充钙制剂，中毒时应立即停用本品和钙制剂。

维生素 E

维生素 E 可阻止体内不饱和脂肪酸及其他易氧化物的氧化，保护细胞膜的完整性，维持其正常功能。维生素 E 与猪的繁殖机能也密切相关，具有促进性腺发育、促成受孕和防止流产等作用。另外，维生素 E 还能提高猪对疾病的抵抗力，增强抗应激能力。

维生素 E 和硒同用具有协同作用。大剂量的维生素 E 可延迟抗缺铁性贫血药物的治疗效应。本品与维生素 A 同服可防止后者的氧化，增强维生素 A 的作用。液状石蜡、新霉素能减少本品的吸收。

1. 维生素 E 注射液

【作用与用途】维生素类药。用于治疗维生素 E 缺乏所致的疾病，如不孕症、白肌病等。

【用法与用量】以维生素 E 计。皮下、肌内注射：一次量，马驹、牛犊 0.5~1.5 克，羔羊、仔猪 0.1~0.5 克，犬 0.03~0.1 克。

【注意事项】① 维生素 E 和硒同用具有协同作用。

② 偶尔可引起死亡、流产或早产等过敏反应，可立即注射肾上腺素或抗组胺药物治疗。

③ 大剂量维生素 E 可延迟抗缺铁性贫血药物的治疗效应。

④ 液状石蜡、新霉素能减少本品的吸收。

⑤ 注射体积超过 5 毫升时应分点注射。

2. 亚硒酸钠维生素 E 注射液

【作用与用途】维生素与硒补充药。用于幼畜白肌病。

【用法用量】以维生素 E 计。肌内注射：一次量，马驹、牛犊 5~8 毫升，羔羊、仔猪 1~2 毫升。

【不良反应】硒毒性较大，猪单次内服亚硒酸钠的最小致死剂量为 17 毫克/千克体重，幼年羔羊一次内服 10 毫克，亚硒酸钠将引起精神抑制、共济失调、呼吸困难、频尿、发绀、瞳孔扩大、臌胀和死亡，病理损伤包括水肿、充血和坏死，可涉及许多系统。

【注意事项】① 皮下或肌内注射有局部刺激性。

② 硒毒性较大，超量肌注易致动物中毒，中毒时表现为呕吐、呼吸抑制、虚弱、中枢抑制、昏迷等症状，严重可致死亡。

3. 亚硒酸钠维生素 E 预混剂

【作用与用途】【不良反应】同亚硒酸钠维生素 E 注射液。

【用法与用量】以维生素 E 计。混饲：一次量，畜、禽 500~1 000 克/吨饲料。

烟酰胺

本品与烟酸统称为维生素 PP、抗癞皮病维生素。它与糖酵解、脂肪代谢、丙酮酸代谢，以及高能磷酸键的生成有着密切关系，在维持皮肤和消化器官正常功能方面亦起着重要作用。

猪烟酰胺缺乏症主要表现为代谢紊乱，尤其是被皮和消化系统疾病较多见。猪缺乏症表现为食欲下降、生长不良、口炎、腹泻、表皮脱落性皮炎和脱毛。

1. 烟酰胺片

【作用与用途】维生素类药。用于烟酸缺乏症。

【用法与用量】以烟酰胺计。内服：一次量，家畜 3~5 毫克/千克体重。

【不良反应】按规定剂量使用，暂未见不良反应。

2. 烟酰胺注射液

【作用与用途】【不良反应】同烟酰胺片。

【用法与用量】以烟酰胺计。肌内注射：一次量，家畜 0.2~0.6 毫克/千克体重，幼龄家畜不得超过 0.3 毫克。

【注意事项】肌内注射可引起注射部位疼痛。

烟酸

烟酸在体内转化成烟酰胺，进一步生成辅酶Ⅰ和辅酶Ⅱ，在体内氧化还原反应中起传递氢的作用。它与糖酵解、脂肪代谢、丙酮酸代谢，以及高能磷酸键的生成有着密切关系，在维持皮肤和消化器官正常功能方面亦起着重要作用。

烟酸片

【作用与用途】维生素类药。用于防治烟酸缺乏症。

【用法与用量】以烟酸计。内服：一次量，家畜 3~5 毫克/千克体重。

【不良反应】按规定剂量使用，暂未见不良反应。

（二）钙磷与微量元素类

葡萄糖酸钙

生长期猪对钙、磷需求比成年动物大，泌乳期猪对钙、磷的需求又比处于生长期的猪高。当动物钙摄取不足时，会出现急性或慢性钙缺乏症。慢性症状主要表现为骨软症、佝偻病。骨骼因钙化不全可导致软骨异常增生、退化，骨骼畸形，关节僵硬和增大，运动失调，神经肌肉功能紊乱，体重下降等。急性钙缺乏症主要与神经肌肉、心血管功能异常有关。

用洋地黄治疗的猪接受静脉注射钙易发生心律不齐。噻嗪类利尿药与大剂量钙联合使用可能会引起高钙血症。同时接受钙和镁补充有增加心律不齐的可能性。

葡萄糖酸钙注射液

【作用与用途】钙补充药。用于低血钙症及过敏性疾病，亦可用于解除镁离子引起的中枢抑制。临床上广泛用于母畜产前、产后补钙，防治软脚症及产后瘫痪等。

【用法与用量】以葡萄糖酸钙计。静脉注射：一次量，马、牛 20~60 克（400~1 200 毫升），羊、猪 5~15 克（100~300 毫升），犬 0.5~2 克（10~40 毫升）。

【不良反应】心脏或肾脏疾病的猪，可能产生高钙血症。

【注意事项】应用强心苷期间禁用本品。注射宜缓慢。有刺激性，不宜皮下或肌内注射。注射液不可漏出血管外，否则导致疼痛及组织坏死。

氯化钙

钙在动物体内具有广泛的生理和药理作用：促进骨骼和牙齿正常发育，维持骨骼正常的结构和功能；维持神经纤维和肌肉的正常兴奋性，参与神经递质的正常释放；对抗镁离子的中枢抑制及神经肌肉兴奋传导阻滞作用；降低毛细血管膜的通透性；促进凝血等。

用洋地黄治疗的猪接受静脉注射钙易发生心律不齐。噻嗪类利尿药与大剂量钙联合使用可能会引起高钙血症。静脉注射氯化钙可中和高镁血症或注射镁盐引起的毒性。注射钙剂可对抗非去极化型神经肌肉阻断剂的作用。维生素 A

摄入过量可促进骨钙的丢失，引起高钙血症。钙剂与大剂量的维生素 D 同时应用可引起钙吸收增加，并诱发高血钙症。

氯化钙注射液

【作用与用途】钙补充剂。用于低血钙症以及毛细血管通透性增加所致的疾病。

【用法与用量】以氯化钙计。静脉注射：一次量，羊、猪 1~5 克，马、牛 5~15 克，犬 0.1~1 克。

【不良反应】① 钙剂治疗可能诱发高血钙症，尤其在心、肾功能不良的猪。

② 静脉注射钙剂速度过快可引起低血压、心律失常和心跳停止。

【注意事项】① 应用强心苷期间禁用本品。

② 注射宜缓慢。

③ 有刺激性，不宜皮下或肌内注射。5%氯化钙溶液不可直接静脉注射，注射前应以 10~20 倍葡萄糖注射液稀释。

④ 注射液不可漏出血管外，否则导致疼痛及组织坏死。若发生漏出，受影响的局部可注射生理盐水、糖皮质激素和 1%普鲁卡因。

七、中兽药制剂

（一）散剂

1. 解表方

荆防败毒散

【主要成分】荆芥、防风、羌活、独活、柴胡等。

【性状】本品为淡灰黄色至淡灰棕色的粉末；气微香，味甘苦、微辛。

【功能】辛温解表，疏风祛湿。

【主治】风寒感冒，流感。

证见恶寒颤抖明显，发热较轻，耳耷头低，腰弓毛乍，鼻流清涕，咳嗽，口津润滑，舌苔薄白，脉象浮紧。

【用法与用量】马、牛 250~400 克，羊、猪 40~80 克，兔、鸡 1~3 克。

【不良反应】按规定剂量使用，暂未见不良反应。

【注意事项】本品为治疗风寒感冒之剂，外感风热者不宜使用。

银翘散

【主要成分】金银花、连翘、薄荷、荆芥、淡豆豉等。

【性状】本品为棕褐色粉末；气香，味微甘、苦、辛。

【功能】辛凉解表，清热解毒。

【主治】风热感冒，咽喉肿痛，疮痈初起。

风热感冒：证见发热重，恶寒轻，咳嗽，咽喉肿痛，口干微红，舌苔薄黄，脉浮数。

疮痈初起：证见局部红肿热痛明显，兼见发热，口干微红，舌苔薄黄，脉浮数等风热表证证候。

【用法与用量】马、牛 250~400 克，羊、猪 50~80 克，兔、禽 1~3 克。

【不良反应】按规定剂量使用，暂未见不良反应。

【注意事项】本品为治疗风热感冒之剂，外感风寒者不宜使用。

小柴胡散

【主要成分】柴胡、黄芩、姜半夏、党参、甘草。

【性状】本品为黄色的粉末；气微香，味甘、微苦。

【功能】和解少阳，扶正祛邪，解热。

【主治】少阳证，寒热往来，不欲饮食，口津少，反胃呕吐。

证见精神时好时差，不欲饮食，寒热往来，耳鼻时冷时热，口干津少，苔薄白，脉弦。

【用法与用量】马、牛 100~250 克，羊、猪 30~60 克。

【不良反应】按规定剂量使用，暂未见不良反应。

【注意事项】暂无规定。

柴葛解肌散

【主要成分】柴胡、葛根、甘草、黄芩、羌活等。

【性状】本品为灰黄色的粉末；气微香，味辛、甘。

【功能】解肌清热。

【主治】感冒发热。

证见恶寒发热，四肢不展，皮紧腰硬，精神不振，食欲减退，口色青白或微红，脉浮紧或浮数。

【用法与用量】马、牛 200~300 克，羊、猪 30~60 克。

【不良反应】按规定剂量使用，暂未见不良反应。

【注意事项】暂无规定。

桑菊散

【主要成分】桑叶、菊花、连翘、薄荷、苦杏仁、桔梗、甘草、芦根。

【性状】本品为棕褐色的粉末；气微香，味微苦。

【功能】疏风清热，宣肺止咳。

【主治】外感风热，咳嗽。

【用法与用量】马、牛 200~300 克，羊、猪 30~60 克，犬、猫 5~15 克。

【不良反应】按规定剂量使用，暂未见不良反应。

【注意事项】暂无规定。

2. 清热方

黄连解毒散

【主要成分】黄连、黄芩、黄柏、栀子。

【性状】本品为黄褐色的粉末；味苦。

【功能】泻火解毒。

【主治】三焦实热，疮黄肿毒。

证见体温升高，血热发斑，或疮黄疔毒，舌红口干，苔黄，脉数有力，狂躁不安等。

【用法与用量】马、牛 150~250 克，羊、猪 30~50 克，兔、禽 1~2 克。

【不良反应】按规定剂量使用，暂未见不良反应。

【注意事项】本方集大苦大寒之品于一方，泻火解毒之功效专一，但苦寒之品易于化燥伤阴，故热伤阴液者不宜使用。

清瘟败毒散

【主要成分】石膏、地黄、水牛角、黄连、栀子等。

【性状】本品为灰黄色片（或糖衣片）；味苦、微甜。

【功能】泻火解毒，凉血。

【主治】热毒发斑，高热神昏。

证见大热躁动，口渴，昏狂，发斑，舌绛，脉数。

【用法与用量】马、牛 300~450 克，羊、猪 50~100 克，兔、禽 1~3 克。

【不良反应】按规定剂量使用，暂未见不良反应。

【注意事项】热毒证后期无实热证候者慎用。

三子散

【主要成分】诃子、川楝子、栀子。

【性状】本品为姜黄色的粉末；气微，味苦、涩、微酸。

【功能】清热解毒。

【主治】三焦热盛，疮黄肿毒，脏腑实热。

疮症：多因外感热毒、火毒之气，使气血凝滞，经络阻塞所致。疮发无定处，遍体可生，形态不一。初起局部肿胀，硬而多有疼痛或发热，最终化脓破溃。轻者全身症状不明显，重者发热倦怠，食欲不振，口色红，脉数。

黄症：证见局部肿胀，初期发硬，继之扩大而软，软而无痛，久则破流黄水。穿刺为橙黄色稍透明的液体，凝固较慢。有的局部稍增温，口色鲜红，脉洪大。

【用法与用量】马、牛 120～300 克，驼 250～450 克，羊、猪 10～30 克。
【不良反应】按规定剂量使用，暂未见不良反应。
【注意事项】暂无规定。

止痢散

【主要成分】雄黄、藿香、滑石。
【性状】本品为浅棕红色的粉末；气香，味辛、微苦。
【功能】清热解毒，化湿止痢。
【主治】仔猪白痢。
【用法与用量】仔猪 2～4 克。
【不良反应】按规定剂量使用，暂未见不良反应。
【注意事项】雄黄有毒，不能超量或长期服用。

公英散

【主要成分】蒲公英、金银花、连翘、丝瓜络、通草等。
【性状】本品为黄棕色的粉末；味微甘、苦。
【功能】清热解毒，消肿散痈。
【主治】乳痈初起，红肿热痛。

证见乳汁分泌不畅，乳量减少或停止，乳汁稀薄或呈水样，并含有絮状物；患侧乳房肿胀，变硬，增温，疼痛，不愿或拒绝哺乳；体温升高，精神不振，食欲减少，站立时两后肢开张，行走缓慢；口色红燥，舌苔黄，脉象洪数。

【用法与用量】马、牛 250～300 克，羊、猪 30～60 克。
【不良反应】按规定剂量使用，暂未见不良反应。
【注意事项】对中、后期乳腺炎可配合其他敏感抗菌药治疗。

龙胆泻肝散

【主要成分】龙胆、车前子、柴胡、当归、栀子等。
【性状】本品为淡黄褐色的粉末；气清香，味苦，微甘。
【功能】泻肝胆实火，清三焦湿热。
【主治】目赤肿痛，淋浊，带下。

目赤肿痛：证见结膜潮红、充血、肿胀、疼痛、眵盛难睁及羞明流泪。

淋浊：证见排尿困难，疼痛不安，弓腰努责，尿量少，频频排尿姿势，淋沥不断，尿色白浊或赤黄或鲜红带血，气味臊臭。

带下：证见阴道流出大量污浊或棕黄色黏液脓性分泌物，分泌物中常含有絮状物或胎衣碎片，腥臭，精神沉郁，食欲不振，口色红赤，苔黄厚腻，脉象洪数。

【用法与用量】马、牛 250~350 克，羊、猪 30~60 克。

【不良反应】按规定剂量使用，暂未见不良反应。

【注意事项】脾胃虚寒者禁用。

白龙散

【主要成分】白头翁、龙胆、黄连。

【性状】本品为浅棕黄色的粉末；气微，味苦。

【功能】清热燥湿，凉血止痢。

【主治】湿热泻痢，热毒血痢。

湿热泻痢：证见精神沉郁，发热，食欲减少或废绝，口渴多饮，有时轻微腹痛，蜷腰卧地，排粪次数明显增多，频频努责，里急后重，泻粪稀薄或呈水样，腥臭甚至恶臭，尿短赤，口色红，舌苔黄厚，口臭，脉象沉数。

热毒血痢：证见湿热泻痢症状，粪中混有大量血液。

【用法与用量】马、牛 40~60 克，羊、猪 10~20 克，兔、禽 1~3 克。

【不良反应】按规定剂量使用，暂未见不良反应。

【注意事项】脾胃虚寒者禁用。

白头翁散

【主要成分】白头翁、黄连、黄柏、秦皮。

【性状】本品为浅灰黄色的粉末；气香，味苦。

【功能】清热解毒，凉血止痢。

【主治】湿热泄泻，下痢脓血。

证见精神沉郁，体温升高，食欲不振或废绝，口渴多饮，有时轻微腹痛，排粪次数明显增多，频频努责，里急后重，泻粪稀薄或呈水样，混有脓血黏液，腥臭甚至恶臭，尿短赤，口色红，舌苔黄厚，脉象沉数。

【用法与用量】马、牛 150~250 克，羊、猪 30~45 克，兔、禽 2~3 克。

【不良反应】按规定剂量使用，暂未见不良反应。

【注意事项】脾胃虚寒者禁用。

苍术香连散

【主要成分】黄连、木香、苍术。

【性状】本品为棕黄色的粉末；气香，味苦。

【功能】清热燥湿。

【主治】下痢，湿热泄泻。

下痢：证见精神短少，蜷腰卧地，食欲减少甚至废绝，反刍动物反刍减少或停止，鼻镜干燥；弓腰努责，泻粪不爽，里急后重，下痢稀糊，赤白相杂，或呈白色胶冻状，口色赤红，舌苔黄腻，脉数。

湿热泄泻：证见发热，精神沉郁，食欲减少或废绝，口渴多饮，有时轻微腹痛，蜷腰卧地，泻粪稀薄，黏腻腥臭，尿赤短，口色赤红，舌苔黄腻，口臭，脉象沉数。

【用法与用量】马、牛 90~120 克，羊、猪 15~30 克。

【不良反应】按规定剂量使用，暂未见不良反应。

【注意事项】暂无规定。

郁金散

【主要成分】郁金、诃子、黄芩、大黄、黄连等。

【性状】本品为灰黄色的粉末；气清香，味苦。

【功能】清热解毒，燥湿止泻。

【主治】肠黄，湿热泻痢。

证见耳鼻、全身温热，食欲减退，粪便稀溏或有脓血，腹痛，尿液短赤，口色红，苔黄腻。

【用法与用量】马、牛 250~350 克，羊、猪 45~60 克。

【不良反应】按规定剂量使用，暂未见不良反应。

【注意事项】暂无规定。

清肺散

【主要成分】板蓝根、葶苈子、浙贝母、桔梗、甘草。

【性状】本品为浅棕黄色的粉末；气清香，味微甘。

【功能】清肺平喘，化痰止咳。

【主治】肺热咳喘，咽喉肿痛。

证见咳声洪亮，气促喘粗，鼻翼扇动，鼻涕黄而黏稠，咽喉肿痛，粪便干燥，尿短赤，口渴贪饮，口色赤红，苔黄燥，脉洪数。

【用法与用量】马、牛 200~300 克，羊、猪 30~50 克。

【不良反应】按规定剂量使用，暂未见不良反应。

【注意事项】本方适用于肺热实喘，虚喘不宜。

香薷散

【主要成分】香薷、黄芩、黄连、甘草、柴胡等。

【性状】本品为黄色的粉末；气香，味苦。

【功能】清热解暑。

【主治】伤热，中暑。

伤热：证见身热汗出，呼吸气促，精神倦怠，耳耷头低，四肢无力，呆立如痴，食少纳呆，口干喜饮，口色鲜红，脉象洪大。

中暑：证见突然发病，身热喘促，全身肉颤，汗出如浆，烦躁不安，行走如醉，甚至神昏倒地，痉挛抽搐，口色赤紫，脉象洪数或细数无力。若不及时抢救，则很快出现呼吸浅表，四肢不温，脉微欲绝的气阴两脱之危象。

【用法与用量】马、牛250~300克，羊、猪30~60克，兔、禽1~3克。

【不良反应】按规定剂量使用，暂未见不良反应。

【注意事项】暂无规定。

消疮散

【主要成分】金银花、皂角刺（炒）、白芷、天花粉、当归等。

【性状】本品为淡黄色至淡黄棕色的粉末；气香，味甘。

【功能】清热解毒，消肿排脓，活血止痛。

【主治】疮痈肿毒初起，红肿热痛，属于阳证未溃者。

证见红肿热痛，舌红苔黄，脉数有力。脓未成者，本品可使之消散；脓已成者，本品可使之外溃。

【用法与用量】马、牛250~400克，羊、猪40~80克，犬、猫5~15克。

【不良反应】按规定剂量使用，暂未见不良反应。

【注意事项】疮已破溃或阴证不用。

清热散

【主要成分】大青叶、板蓝根、石膏、大黄、玄明粉。

【性状】本品为黄色的粉末；味苦、微涩。

【功能】清热解毒，泻火通便。

【主治】发热，粪干。

【用法与用量】猪30~60克。

【不良反应】按规定剂量使用，暂未见不良反应。

【注意事项】本方药味性多寒凉，易伤脾胃，影响运化，对脾胃虚弱的猪慎用。

普济消毒散

【主要成分】大黄、黄芩、黄连、甘草、马勃等。

【性状】本品为灰黄色的粉末；气香，味苦。

【功能】清热解毒，疏风消肿。

【主治】热毒上冲，头面、腮颊肿痛，疮黄疔毒。

【用法与用量】马、牛250~400克，羊、猪40~80克，犬、猫5~15克，兔、禽1~3克。

香葛止痢散

【主要成分】藿香、葛根、板蓝根、紫花地丁。

【性状】本品为浅灰黄色至浅黄棕色的粉末；气香。

【功能】清热解毒，燥湿醒脾，和胃止泻。

【主治】仔猪黄痢、白痢。

【用法与用量】每千克体重，带仔或产前1周母猪0.5克，分2次服用，连用5日。

【不良反应】按规定剂量使用，暂未见不良反应。

3. 泻下方

大承气散

【主要成分】大黄、厚朴、枳实、玄明粉。

【性状】本品为棕褐色的粉末；气微辛香，味咸、微苦、涩。

【功能】攻下热结，破结通肠。

【主治】结症，便秘。

热秘：证见精神不振，水草减少，耳鼻俱热，鼻盘干燥，或体温升高，粪球干小，弓腰努责，排粪困难，或完全不排粪，肚腹胀满，小便短赤，口色赤红，舌苔黄厚，脉象沉数。猪鼻盘干燥，有时可在腹部摸到硬粪块。本方适用于不完全阻塞性便秘。

【用法与用量】马、牛300~500克，羊、猪60~120克。

【不良反应】按规定剂量使用，暂未见不良反应。

【注意事项】妊娠猪禁用；气虚阴亏或表证未解者慎用。

三白散

【主要成分】玄明粉、石膏、滑石。

【性状】本品为白色的粉末；气微，味咸。

【功能】清胃，泻火，通便。

【主治】胃热食少，大便秘结，小便短赤。

胃热食少：证见精神不振，食少或不食，耳鼻温热，口臭，贪饮，粪干尿少，口舌干燥，口色赤红，舌苔黄干或黄厚，脉象洪数。猪呕吐。

大便秘结：证见精神沉郁，少食喜饮，排粪困难，弓腰努责，排少量干小粪球，肚腹膨大，口臭，口色干红，舌苔黄，脉象洪大或沉涩。

小便短赤：证见精神倦怠，食欲减退，排尿痛苦，尿少频数，淋漓不畅，尿色黄赤，口色赤红，苔黄，脉象滑数。

【用法与用量】猪30~60克。

【不良反应】按规定剂量使用，暂未见不良反应。

【注意事项】胃无实热，年老、体质素虚者和妊娠猪忌用。

木槟硝黄散

【主要成分】槟榔、大黄、玄明粉、木香。

【性状】本品为棕褐色的粉末；气香，味微涩、苦、咸。

【功能】行气导滞，泄热通便。

【主治】实热便秘，肠梗阻。

实热便秘：证见腹痛起卧，粪便不通，小便短赤或黄，口臭，口干舌红，苔黄厚，脉象沉数。猪鼻盘干燥，有时可在腹部摸到硬粪块。

肠梗塞：证见病初食欲、反刍减少，鼻汗时有时无，有时拱腰揭尾，常呈排便姿势，粪便干硬。后期鼻盘干燥，食欲废绝、反刍停止，大便难下，腹部微胀，呼吸喘促，有时起卧。

【用法与用量】马 150~200 克，牛 250~400 克，羊、猪 60~90 克。

【不良反应】按规定剂量使用，暂未见不良反应。

【注意事项】暂无规定。

通肠散

【主要成分】大黄、枳实、厚朴、槟榔、玄明粉。

【性状】本品为黄色至黄棕色的粉末；气香，味微咸、苦。

【功能】通肠泻热。

【主治】便秘，结症。

证见食欲大减或废绝，精神不安，腹痛起卧，回头顾腹，后肢蹴腹，排粪减少或粪便不通，粪球干小，肠音不整，继则肠音沉衰或废绝，口内干燥，舌苔黄厚，脉象沉实。

【用法与用量】马、牛 200~350 克，羊、猪 30~60 克。

【不良反应】按规定剂量使用，暂未见不良反应。

【注意事项】妊娠猪慎用。

4. 消导方

曲麦散

【主要成分】六神曲、麦芽、山楂、厚朴、枳壳等。

【性状】本品为黄褐色的粉末；气微香，味甜、苦。

【功能】消积破气，化谷宽肠。

【主治】胃肠积滞，料伤五攒痛。

胃肠积滞：证见食欲废绝，肚腹胀满，有时腹痛起卧，前肢刨地，后肢踢腹，粪便酸臭，口色赤红，舌苔黄厚，脉沉紧。

料伤五攒痛（蹄叶炎）：证见食欲大减，或只吃草不吃料，粪稀带水，有酸臭气味；站立时，腰曲头低，四肢攒于腹下；运步时，束步难行，步幅极短，气促喘粗；触诊蹄温升高，蹄前壁敏感；口色鲜红，脉象洪大。

【用法与用量】马、牛 250~500 克，羊、猪 40~100 克。

【不良反应】按规定剂量使用，暂未见不良反应。
【注意事项】暂无规定。

多味健胃散

【主要成分】木香、槟榔、白芍、厚朴、枳壳等。
【性状】本品为灰黄至棕黄色的粉末；气香，味苦、咸。
【功能】健胃理气，宽中除胀。
【主治】食欲减退，消化不良，肚腹胀满。
【用法与用量】马、牛 200~250 克，羊、猪 30~50 克。
【不良反应】按规定剂量使用，暂未见不良反应。
【注意事项】暂无规定。

肥猪菜

【主要成分】白芍、前胡、陈皮、滑石、碳酸氢钠。
【性状】本品为浅黄色的粉末；气香，味咸、涩。
【功能】健脾开胃。
【主治】消化不良，食欲减退。
【用法与用量】猪 25~50 克。
【不良反应】按规定剂量使用，暂未见不良反应。
【注意事项】暂无规定。

肥猪散

【主要成分】绵马贯众、制何首乌、麦芽、黄豆（炒）。
【性状】本品为浅黄色的粉末；气微香，味微甜。
【功能】开胃，驱虫，催肥。
【主治】食少，瘦弱，生长缓慢。
【用法与用量】猪 50~100 克。
【不良反应】按规定剂量使用，暂未见不良反应。
【注意事项】暂无规定。

木香槟榔散

【主要成分】木香、槟榔、枳壳（炒）、陈皮、醋青皮等。
【性状】本品为灰棕色的粉末；气香，味苦、微咸。
【功能】行气导滞，泄热通便。
【主治】痢疾腹痛，胃肠积滞，瘤胃臌气。

湿热痢疾：证见精神短少，腹痛蜷卧，食欲减少甚至废绝，反刍动物反刍减少或停止，鼻镜干燥；弓腰努责，泻粪不爽，次多量少，里急后重，下痢稀糊，赤白相杂，或呈白色胶冻状；口色赤红，舌苔黄腻，脉数。

胃肠积滞：包括胃食滞（瘤胃积食或宿草不转）和肠梗塞（肠梗阻或肠便秘）。前者证见食欲、反刍大减或废绝，按压瘤胃坚实，嗳气酸臭，回头顾腹，不时踢腹或起卧，呼吸迫促，口色红，或赤红，舌津少而黏，脉象洪数或沉而有力。后者病初证见食欲、反刍减少，鼻汗时有时无，有时拱腰揭尾，常呈排便姿势，粪便干硬。后期鼻镜干燥，食欲废绝、反刍停止，大便难下，腹部微胀，呼吸喘促，有时起卧。

【用法与用量】马、牛 300~450 克，羊、猪 60~90 克。

【不良反应】按规定剂量使用，暂未见不良反应。

【注意事项】暂无规定。

健胃散

【主要成分】山楂、麦芽、六神曲、槟榔。

【性状】本品为淡棕黄色至淡棕色的粉末；气微香，味微苦。

【功能】消食下气，开胃宽肠。

【主治】伤食积滞，消化不良。

证见精神倦怠，水草减少或废绝，肚腹胀满，粪便粗糙或稀软，完谷不化，口气酸臭，口色偏红，舌苔厚腻，脉象洪大有力。牛表现反刍停止，两肋微胀，严重时鼻无汗，大便泄溏、恶臭。

【用法与用量】马、牛 150~250 克；羊、猪 30~60 克。

【不良反应】按规定剂量使用，暂未见不良反应。

【注意事项】暂无规定。

消积散

【主要成分】炒山楂、麦芽、六神曲、炒莱菔子、大黄等。

【性状】本品为黄棕色至红棕色的粉末；气香，味微酸、涩。

【功能】消积导滞，下气消胀。

【主治】伤食积滞。

证见精神倦怠，厌食，肚腹胀满，粪便粗糙或稀软，有时完谷不化，口气酸臭。

【用法与用量】马、牛 250~500 克，羊、猪 60~90 克。

【不良反应】按规定剂量使用，暂未见不良反应。

【注意事项】本品乃属克伐之品，对于脾胃素虚，或积滞日久，耗伤正气者慎用。

猪健散

【主要成分】大黄、玄明粉、苦参、陈皮。

【性状】本品为棕黄色至黄棕色的粉末；味苦、咸。

【功能】消食导滞，通便。

【主治】消化不良，粪干便秘。

【用法与用量】猪 15~30 克。

【不良反应】按规定剂量使用，暂未见不良反应。

【注意事项】暂无规定。

强壮散

【主要成分】党参、六神曲、麦芽、炒山楂、黄芪等。

【性状】本品为浅灰黄色的粉末；气香，味微甘、微苦。

【功能】益气健脾，消积化食。

【主治】食欲不振，体瘦毛焦，生长迟缓。

【用法与用量】马、牛 250~400 克，羊、猪 30~50 克。

【不良反应】按规定剂量使用，暂未见不良反应。

【注意事项】暂无规定。

消食平胃散

【主要成分】槟榔、山楂、苍术、陈皮、厚朴等。

【性状】本品为浅黄色至棕色的粉末；气香，味微甜。

【功能】消食开胃。

【主治】寒湿困脾，胃肠积滞。

寒湿困脾：证见食少腹胀、倦怠懒动、不欲饮水、泄泻、排尿不利、舌苔白滑、脉迟缓。

胃肠积滞：证见消化不良，胃内积食不化，宿食停滞，食欲不振。

【用法与用量】马、牛 150~250 克，羊、猪 30~60 克。

【不良反应】按规定剂量使用，暂未见不良反应。

【注意事项】本品用于寒湿困脾，宿食停滞胃肠，属克伐之品，对于脾胃素虚，或积滞日久，耗伤正气者慎用。

胃肠活

【主要成分】黄芩、陈皮、青皮、大黄、白术等。

【性状】本品为灰褐色的粉末；气清香，味咸、涩、微苦。

【功能】理气，消食，清热，通便。

【主治】消化不良，食欲减少，便秘。

【用法与用量】猪 20~50 克。

【不良反应】按规定剂量使用，暂未见不良反应。

【注意事项】暂无规定。

理中散

【主要成分】党参、干姜、甘草、白术。

【性状】本品为淡黄色至黄色的粉末；气香，味辛、微甜。

【功能】温中散寒，补气健脾。

【主治】脾胃虚寒，食少，泄泻，腹痛。

证见慢草不食，畏寒肢冷，肠鸣腹泻，完谷不化，时有腹痛，舌苔淡白，脉沉迟。

【用法与用量】马、牛 200~300 克，羊、猪 30~60 克。

【不良反应】按规定剂量使用，暂未见不良反应。

【注意事项】暂无规定。

龙胆末

【主要成分】龙胆。

【性状】本品为淡黄棕色的粉末；气微，味甚苦。

【功能】泻肝胆实火，除下焦湿热。

【主治】湿热黄疸，目赤肿痛，湿疹瘙痒。

【用法与用量】马、牛 15~45 克，驼 30~60 克，羊、猪 6~15 克，犬、猫 1~5 克，兔、禽 1.5~3 克。

【不良反应】按规定剂量使用，暂未见不良反应。

钩吻末

【主要成分】钩吻。

【性状】本品为棕褐色的粉末；气微，味辛、苦。

【功能】健胃，杀虫。

【主治】消化不良，虫积。

证见消瘦，被毛粗乱，食欲减退，大便干燥或泄泻，精神不安，有时磨牙，时有腹痛。

【用法与用量】猪 10~30 克。

【不良反应】按规定剂量使用，暂未见不良反应。

【注意事项】有大毒（对牛、羊、猪毒性较小）。妊娠猪慎用。

5. 化痰止咳平喘方

止咳散

【主要成分】知母、枳壳、麻黄、桔梗、苦杏仁等。

【性状】本品为棕褐色的粉末；气清香，味甘、微苦。

【功能】清肺化痰，止咳平喘。

【主治】肺热咳喘。

证见咳嗽不爽，咳声宏大，气促喘粗，肷肋扇动，呼出气热，鼻涕黄而黏稠。全身症状较重，体温常升高，汗出，精神沉郁或高度沉郁，食欲减少或废绝，咽喉肿痛，粪便干燥，尿液短赤，口渴贪饮，口色赤红，苔黄燥，脉洪数。

【用法与用量】马、牛 250~300 克，羊、猪 45~60 克。

【不良反应】按规定剂量使用，暂未见不良反应。

【注意事项】肺气虚没有热象的个体不可应用。

二陈散

【主要成分】姜半夏、陈皮、茯苓、甘草。

【性状】本品为淡棕黄色的粉末；气微香，味甘、微辛。

【功能】燥湿化痰，理气和胃。

【主治】湿痰咳嗽，呕吐，腹胀。

证见咳嗽痰多，色白，咳时偶见呕吐，舌苔白润，口津滑利，脉缓。

【用法与用量】马、牛 150~200 克，羊、猪 30~45 克。

【不良反应】按规定剂量使用，暂未见不良反应。

【注意事项】① 肺阴虚所致燥咳忌用。

② 本品辛香温燥，易伤津液，不宜长期投服。

麻杏石甘散

【主要成分】麻黄、苦杏仁、石膏、甘草。

【性状】本品为淡黄色的粉末；气微香，味辛、苦、涩。

【功能】清热，宣肺，平喘。

【主治】肺热咳喘。

证见发热有汗或无汗，烦躁不安，咳嗽气粗，口渴尿少，舌红，苔薄白或黄，脉浮滑而数。

【用法与用量】马、牛 200~300 克，羊、猪 30~60 克，兔、禽 1~3 克。

【不良反应】按规定剂量使用，暂未见不良反应。

【注意事项】本方治肺热实喘，风寒实喘不用。

清肺止咳散

【主要成分】桑白皮、知母、苦杏仁、前胡、金银花等。

【性状】本品为黄褐色粉末；气微香，味苦、甘。

【功能】清泻肺热，化痰止痛。

【主治】肺热咳喘，咽喉肿痛。

证见咳声洪亮，气促喘粗，鼻翼扇动，鼻涕黄而黏稠，咽喉肿痛，粪便干燥，尿短赤，口渴贪饮，口色赤红，苔黄燥，脉洪数。

【用法与用量】马、牛 200~300 克，羊、猪 30~50 克，兔、禽 1~3 克。

【不良反应】按规定剂量使用，暂未见不良反应。

【注意事项】本方适用于肺热实喘，虚喘不宜。

金花平喘散

【主要成分】洋金花、麻黄、苦杏仁、石膏、明矾。

【性状】本品为浅棕黄色的粉末；气清香，味苦、涩。

【功能】平喘，止咳。

【主治】气喘，咳嗽。

【用法与用量】马、牛 100~150 克，羊、猪 10~30 克。

【不良反应】按规定剂量使用，暂未见不良反应。

【注意事项】暂无规定。

定喘散

【主要成分】桑白皮、炒苦杏仁、莱菔子、葶苈子、紫苏子等。

【性状】本品为黄褐色的粉末；气微香，味甘、苦。

【功能】清肺，止咳，定喘。

【主治】肺热咳嗽，气喘。

肺热咳嗽：证见耳鼻体表温热，鼻涕黏稠，呼出气热，咳声洪大，口色红，苔黄，脉数。

气喘：证见咳嗽喘急，发热有汗或无汗，口干渴，舌红，苔黄，脉数。

【用法与用量】马、牛 200~350 克，羊、猪 30~50 克，兔、禽 1~3 克。

【不良反应】按规定剂量使用，暂未见不良反应。

【注意事项】暂无规定。

理肺止咳散

【主要成分】百合、麦冬、清半夏、紫苑、甘草等。

【性状】本品为浅黄色至黄色的粉末；气微香，味甘。

【功能】润肺化痰，止咳。

【主治】劳伤久咳，阴虚咳嗽。

劳伤久咳：证见食欲减退，精神倦怠，毛焦肷吊，日渐消瘦，久咳不已，咳声低微，动则咳甚并有汗出，鼻流黏涕，口色淡白，舌质绵软，脉象迟细。

阴虚咳嗽：证见频频干咳，久咳不止，昼轻夜重，痰少津干，干咳无痰或鼻有少量黏稠鼻涕，低烧不退，或午后发热，盗汗，舌红少苔，脉细数。

【用法与用量】马、牛 250~300 克，羊、猪 40~60 克。

【不良反应】按规定剂量使用，暂未见不良反应。

【注意事项】暂无规定。

清肺散

见清热方。

6. 温里方

四逆汤

【主要成分】淡附片、干姜、炙甘草。

【性状】本品为棕黄色的液体；气香，味甜、辛。

【功能】温中祛寒，回阳救逆。

【主治】四肢厥冷，脉微欲绝，亡阳虚脱。

亡阳虚脱：证见精神沉郁，恶寒战栗，呼吸浅表，食欲大减或废食，胃肠蠕动音减弱，体温降低，耳鼻、口唇、四肢末端或全身体表发凉，口色淡白，舌津湿润，脉沉细无力。

【用法与用量】马、牛 100~200 毫升，羊、猪 30~50 毫升，禽 0.5~1 毫升/千克体重。

【不良反应】按规定剂量使用，暂未见不良反应。

【注意事项】本方性属温热，湿热、阴虚、实热之证禁用；凡热邪所致呕吐、腹痛、泄泻者均不宜使用；妊娠母猪禁用；本品含附子不宜过量、久服。

理中散

【主要成分】党参、干姜、甘草、白术。

【性状】本品为淡黄色至黄色的粉末；气香，味辛、微甜。

【功能】温中散寒，补气健脾。

【主治】脾胃虚寒，食少，泄泻，腹痛。

证见慢草不食，畏寒肢冷，肠鸣腹泻，完谷不化，时有腹痛，舌苔淡白，脉沉迟。

【用法与用量】马、牛 200~300 克，羊、猪 30~60g。

【不良反应】按规定剂量使用，暂未见不良反应。

【注意事项】暂无规定。

7. 祛湿方

八正散

【主要成分】木通、瞿麦、萹蓄、车前子、滑石等。

【性状】本品为淡灰黄色的粉末；气微香，味淡、微苦。

【功能】清热泻火，利尿通淋。

【主治】湿热下注，热淋，血淋，石淋，尿血。

热淋：证见精神倦怠，食欲减退，排尿痛苦，尿少频数，淋漓不畅，尿色黄赤，口色赤红，苔黄，脉象滑数。

血淋：证见排尿困难，淋沥涩痛，小便频数，尿中带血，尿色紫红，舌红苔黄，脉滑数。

石淋：证见小便短赤，淋沥不畅，排尿中断，时有腹痛，尿中带血，舌淡苔黄腻，脉滑数。

尿血：证见精神倦怠，食欲减少，小便短赤，尿中混有血液或血块，色鲜红或暗紫，口色红，脉细数。

【用法与用量】马、牛 250~300 克，羊、猪 30~60 克。

【不良反应】按规定剂量使用，暂未见不良反应。

【注意事项】暂无规定。

五皮散

【主要成分】桑白皮、陈皮、大腹皮、姜皮、茯苓皮。

【性状】本品为黄褐色的粉末；气微香，味辛。

【功能】行气，化湿，利水。

【主治】浮肿。

【用法与用量】马、牛 120~240 克，羊、猪 45~60 克。

【不良反应】按规定剂量使用，暂未见不良反应。

【注意事项】暂无规定。

五苓散

【主要成分】茯苓、泽泻、猪苓、肉桂、白术（炒）。

【性状】本品为淡黄色的粉末；气微香，味甘、淡。

【功能】温阳化气，利湿行水。

【主治】水湿内停，排尿不利，泄泻，水肿，宿水停脐。

水湿内停：水湿积于肌肤则成水肿，积于胸中则成胸水，积于腹中则成腹水等。

宿水停脐：病初症状不显，而后逐渐出现两肷凹陷，腹部下垂，左右对称膨大，皮肤紧张；触诊下腹有荡水声和波动感。精神倦怠，耳耷头低，食欲减退，口色青黄，脉象沉涩；严重者，毛焦肷吊，日渐消瘦，有时四肢及腹下水肿。

泄泻：证见精神倦怠，泻粪似水或稀薄，小便不利，耳鼻俱凉，食少，反刍减少，口色青白，脉象沉迟。

【用法与用量】马、牛 150~250 克，羊、猪 30~60 克。

【不良反应】按规定剂量使用，暂未见不良反应。

【注意事项】暂无规定。

平胃散

【主要成分】苍术、厚朴、陈皮、甘草。

【性状】本品为棕黄色粉末；气香，味苦，微甜。

【功能】燥湿健脾，理气开胃。

【主治】脾胃不和，食少，粪稀软。

证见完谷不化、食少便稀，肚腹胀满，呕吐或嗳气增多。

【用法与用量】马、牛 200~250 克，羊、猪 30~60 克。

【不良反应】按规定剂量使用，暂未见不良反应。

【注意事项】暂无规定。

防己散

【主要成分】防己、黄芪、茯苓、肉桂、胡芦巴等。

【性状】本品为淡棕色的粉末；气香，味微苦。

【功能】补肾健脾，利尿除湿。

【主治】肾虚浮肿。

证见四肢、腹下或阴囊水肿，耳鼻四肢不温，舌质胖淡，苔白滑，脉沉细。

【用法与用量】马、牛 250~300 克，羊、猪 45~60 克。

【不良反应】按规定剂量使用，暂未见不良反应。

【注意事项】暂无规定。

藿香正气散

【主要成分】广藿香、紫苏叶、茯苓、白芷、大腹皮等。

【性状】本品为灰黄色的粉末；气香，味甘、微苦。

【功能】解表化湿，理气和中。

【主治】外感风寒，内伤食滞，泄泻腹胀。

内伤食滞：证见精神倦怠，食欲减退或废绝，肚腹胀满，常伴有轻微腹痛。粪便粗糙或稀软，有酸臭气味，有时带有未完全消化的食物。口内酸臭，口腔黏滑，舌苔厚腻，口色红，脉数或滑数。牛瘤胃触诊胃内食物呈面团状，反刍停止。犬、猫常伴有呕吐。

【用法与用量】马、牛 300~450 克，羊、猪 60~90 克，犬、猫 3~10 克。

【不良反应】按规定剂量使用，暂未见不良反应。

【注意事项】本品辛温解表，热邪导致的霍乱、感冒、阴虚火旺者忌用。

茵陈木通散

【主要成分】茵陈、连翘、桔梗、川木通、苍术等。

【性状】本品为暗黄色的粉末；气香，味甘、苦。

【功能】解表疏肝，清热利湿。

【主治】温热病初起。常用作春季调理剂。

证见发热，咽喉肿痛，口干喜饮，苔薄白，脉浮数。

【用法与用量】马、骡 150~250 克，羊、猪 30~60 克。

【不良反应】按规定剂量使用，暂未见不良反应。

【注意事项】暂无规定。

茵陈蒿散

【主要成分】茵陈、栀子、大黄。

【性状】本品为浅棕黄色的粉末；气微香，味微苦。

【功能】清热，利湿，退黄。

【主治】湿热黄疸。可视黏膜黄色鲜明，发热烦渴，尿短少黄赤，粪便燥结，舌苔黄腻，脉弦数。

【用法与用量】马、牛 200~300 克，羊、猪 30~45 克。

【不良反应】按规定剂量使用，暂未见不良反应。

【注意事项】暂无规定。

8. 理气方

三香散

【主要成分】丁香、木香、藿香、青皮、陈皮等。

【性状】本品为黄褐色的粉末；气香，味辛、微苦。

【功能】破气消胀，宽肠通便。

【主治】胃肠臌气。

肠臌气：证见腹部尤其右肷部膨胀明显，腹壁紧张，叩之如鼓，初期呈轻度间歇性腹痛，很快转为持续而剧烈的腹痛，呼吸迫促，鼻翼扇动，起卧不安，食欲废绝，口干，口色青紫，脉象紧数。

胃臌胀：证见腹部急剧膨大，重者左肷部高过背脊，叩之如鼓，患猪站立不安，头颈伸直，四肢张开，回头观腹或后肢蹴腹，食欲废绝，张口流涎，呼吸困难，伸舌吼叫，口色红或赤紫，脉数。

【用法与用量】马、牛 200~250 克，羊、猪 30~60 克。

【不良反应】按规定剂量使用，暂未见不良反应。

【注意事项】血枯阴虚、热盛伤津者禁用。

9. 理血方

十黑散

【主要成分】知母、黄柏、栀子、地榆、槐花等。

【性状】本品为深褐色的粉末；味焦苦。

【功能】清热泻火，凉血止血。

【主治】膀胱积热，尿血，便血。

证见尿液短赤，排尿困难，淋漓不畅，时作排尿姿势却很少或无尿排出，重症可见尿中带血或砂石，浑浊，口色红，舌苔黄腻，脉数。

【用法与用量】马、牛 200~250 克，羊、猪 60~90 克。

【不良反应】按规定剂量使用，暂未见不良反应。

【注意事项】暂无规定。

益母生化散

【主要成分】益母草、当归、川芎、桃仁、炮姜等。

【性状】本品为黄绿色的粉末；气清香，味甘、微苦。

【功能】活血祛瘀，温经止痛。

【主治】产后恶露不行，血瘀腹痛。

恶露不行：证见精神不振，食欲减退，毛焦肷吊，体温偏高，口黏膜潮红，眼结膜发绀，不安，弓腰努责，排出腥臭带异色的脓液并夹杂条状或块状腐肉。

血瘀腹痛：证见肚腹疼痛，蹲腰踏地，回头顾腹，不时起卧，食欲减少；有时从阴道流出带紫黑色血块的恶露；口色发青，脉象沉紧或沉涩。若兼气血虚，又见神疲力乏，舌质淡红，脉虚无力。

【用法与用量】马、牛 250~350 克，羊、猪 30~60 克。

【不良反应】按规定剂量使用，暂未见不良反应。

【注意事项】本品为活血破瘀之剂，妊娠母猪慎用。

通乳散

【主要成分】当归、王不留行、黄芪、路路通、红花等。

【性状】本品为红棕色至棕色的粉末；气微香，味微苦。

【功能】通经下乳。

【主治】产后乳少，乳汁不下。

【用法与用量】马、牛 250~350 克，羊、猪 60~90 克。

【不良反应】按规定剂量使用，暂未见不良反应。

【注意事项】暂无规定。

槐花散

【主要成分】炒槐花、侧柏叶（炒）、荆芥炭、枳壳（炒）。

【性状】本品为黑棕色的粉末；气香，味苦、涩。

【功能】清肠止血，疏风行气。

【主治】肠风下血。

证见精神沉郁，食欲、反刍减少或停止，耳鼻俱热，口渴喜饮；病初粪便干硬，附有血丝或黏液，继而粪便稀薄带血，血色鲜红，小便短赤；口色鲜红，苔黄腻，脉滑数。

【用法与用量】马、牛 200~250 克，羊、猪 30~50 克。

【不良反应】按规定剂量使用，暂未见不良反应。

【注意事项】本方药性寒凉，不宜久服。

补益清宫散

【主要成分】党参、黄芪、当归、川芎、桃仁等。

【性状】本品为灰棕色的粉末；气清香，味辛。

【功能】补气养血，活血化瘀。

【主治】产后气血不足，胎衣不下，恶露不尽，血瘀腹痛。

【用法与用量】马、牛 300~500 克，羊、猪，30~100 克。

【不良反应】按规定剂量使用，暂未见不良反应。

【注意事项】暂无规定。

白术散

【主要成分】白术、当归、川芎、党参、甘草等。

【性状】本品为棕褐色的粉末；气微香，味甘、微苦。

【功能】补气，养血，安胎。

【主治】胎动不安。

胎动不安：证见站立不安，回头顾腹，弓腰努责，频频排出少量尿液，阴道流出带血水浊液，间有起卧，右侧下腹部触诊，可感知胎动增加。

【用法与用量】马、牛 250~350 克，羊、猪 60~90 克。

【不良反应】按规定剂量使用，暂未见不良反应。

【注意事项】暂无规定。

10. 收涩方

乌梅散

【主要成分】乌梅、柿饼、黄连、姜黄、诃子。

【性状】本品为棕黄色的粉末；气微香，味苦。

【功能】清热解毒，涩肠止泻。

【主治】幼畜奶泻。

证见腹泻，粪便糊状含白色凝乳状小块，或水样，全身比较虚弱，舌质淡，脉象沉细无力。

【用法与用量】马驹、牛犊 30~60 克，羔羊、仔猪 10~15 克。

【不良反应】按规定剂量使用，暂未见不良反应。

【注意事项】本方收敛止泻作用较强，粪便恶臭或带脓血者慎用。

11. 补益方

七补散

【主要成分】党参、白术（炒）、茯苓、甘草、炙黄芪等。

【性状】本品为淡灰褐色的粉末；气清香，味辛、甘。

【功能】培补脾肾，益气养血。

【主治】劳伤，虚损，体弱。

证见精神倦怠，头低耳耷，食欲减退，毛焦肷吊，多卧少立，口色淡白，脉虚无力；兼见粪便清稀，或直肠、子宫脱垂，咳嗽无力，呼吸气短，动则喘甚，自汗，易感风寒等。阳虚者，证见畏寒怕冷，四肢发凉，口色淡白，脉象沉迟；兼见腰膝痿软，起卧艰难，阳痿滑精，久泻不止。

【用法与用量】马、牛 250~400 克，羊、猪 45~80 克。

【不良反应】按规定剂量使用，暂未见不良反应。

【注意事项】暂无规定。

六味地黄散

【主要成分】熟地、酒萸肉、山药、牡丹皮、泽泻、茯苓等。

【性状】本品为灰棕色的粉末；味甜、酸。

【功能】滋补肝肾。

【主治】肝肾阴虚，腰胯无力，盗汗，滑精，阴虚发热。

证见站立不稳，时欲倒地，腰胯疲弱，后躯无力，眼干涩，视力减退，或夜盲内障。低烧或午后发热，盗汗，口色红，苔少或无苔，脉细数。公猪举阳滑精，母猪发情周期不正常。

【用法与用量】马、牛 100~300 克，羊、猪 15~50 克。

【不良反应】按规定剂量使用，暂未见不良反应。

【注意事项】本品为阴虚证而设，体实及阳虚者忌用；感冒者慎用，以免表邪不解；本品药性较滋腻，脾虚、气滞、食少纳呆者慎用。

巴戟散

【主要成分】巴戟天、小茴香、槟榔、肉桂、陈皮等。

【性状】本品为褐色的粉末；气香，味甘、苦。

【功能】补肾壮阳，祛寒止痛。

【主治】腰胯风湿。

证见背腰僵硬，患部肌肉与关节疼痛，难起难卧，运步不灵，跛行明显，运动后有所减轻，重则卧地不起，髋结节等处磨破形成褥疮；全身症状有形寒肢冷，耳鼻不温，易汗，饮食欲减损，口色淡，苔白，脉沉迟无力。

【用法与用量】马、牛 250~300 克，羊、猪 45~60 克。

【不良反应】按规定剂量使用，暂未见不良反应。

【注意事项】有发热、口色红、脉数等热象时忌用，妊娠母猪慎用。

四君子散

【主要成分】党参、白术（炒）、茯苓、炙甘草。

【性状】本品为灰黄色的粉末；气微香，味甘。

【功能】益气健脾。

【主治】脾胃气虚，食少，体瘦。

证见体瘦毛焦，倦怠乏力，食少纳呆，粪便溏稀，完谷不化，口色淡白，脉弱。

【用法与用量】马、牛 200~300 克，羊、猪 30~45 克。

【不良反应】按规定剂量使用，暂未见不良反应。

【注意事项】暂无规定。

生乳散

【主要成分】黄芪、党参、当归、通草、川芎等。

【性状】本品为淡棕褐色的粉末；气香，味甘、苦。

【功能】补气养血，通经下乳。

【主治】气血不足的缺乳和乳少证。

【用法与用量】马、牛 250~300 克，羊、猪 60~90 克。

【不良反应】按规定剂量使用，暂未见不良反应。

【注意事项】暂无规定。

补中益气散

【主要成分】炙黄芪、党参、白术（炒）、炙甘草、当归、升麻、柴胡、陈皮等。

【性状】本品为淡黄棕色的粉末；气香，味辛、甘、微苦。

【功能】补中益气，升阳举陷。

【主治】脾胃气虚，久泻，脱肛，子宫脱垂。

脾胃气虚：证见食欲减少，精神不振，肷吊毛焦，体瘦形羸，四肢无力，怠行好卧，粪便稀软，完谷不化或水粪并下，口色淡白，脉沉细无力。严重者久泻，脱肛或子宫脱垂。

【用法与用量】马、牛 250~400 克，羊、猪 45~60 克。

【不良反应】按规定剂量使用，暂未见不良反应。

【注意事项】暂无规定。

百合固金散

【主要成分】百合、白芍、当归、甘草、玄参等。

【性状】本品为黑褐色的粉末；味微甘。

【功能】养阴清热，润肺化痰。

【主治】肺虚咳喘，阴虚火旺，咽喉肿痛。

证见干咳少痰，痰中带血，咽喉疼痛，舌红苔少，脉细数。

【用法与用量】马、牛 250~300 克，羊、猪 45~60 克。

【不良反应】按规定剂量使用，暂未见不良反应。

【注意事项】① 外感咳嗽、寒湿痰喘者忌用。

② 脾虚便溏、食欲不振者慎用。

催情散

【主要成分】淫羊藿、阳起石（酒淬）、当归、香附、益母草等。

【性状】本品为淡灰色的粉末；气香，味微苦、微辛。

【功能】催情。

【主治】不发情。

【用法与用量】马、牛 200~250 克，猪 30~60 克。

【不良反应】按规定剂量使用，暂未见不良反应。

【注意事项】暂无规定。

参苓白术散

【主要成分】党参、茯苓、白术（炒）、山药、甘草等。

【性状】本品为浅棕黄色的粉末；气微香，味甘、淡。

【功能】补脾胃，益肺气。

【主治】脾胃虚弱，肺气不足。

脾胃虚弱：证见精神短少，完谷不化，久泻不止，体形羸瘦，四肢浮肿，肠鸣，小便短少，口色淡白，脉沉细。

肺气不足：证见久咳气喘，动则喘甚，鼻流清涕，畏寒喜暖，易出汗，日渐消瘦，皮燥毛焦，倦怠肯卧，口色淡白，脉象细弱。

【用法与用量】马、牛 250~350 克，猪 45~60 克。

【不良反应】按规定剂量使用，暂未见不良反应。

【注意事项】暂无规定。

保胎无忧散

【主要成分】当归、川芎、熟地黄、白芍、黄芪等。

【性状】本品为淡黄色的粉末；气香，味甘、微苦。

【功能】养血，补气，安胎。

【主治】胎动不安。

证见站立不安，回头顾腹，弓腰努责，频频排出少量尿液，阴道流出带血水浊液，间有起卧，右侧下腹部触诊，可感知胎动增加。

【用法与用量】马、牛 200~300 克，猪 30~60 克。

【不良反应】按规定剂量使用，暂未见不良反应。

【注意事项】暂无规定。

泰山盘石散

【主要成分】党参、黄芪、当归、续断、黄芩等。

【性状】本品为淡棕色的粉末；气微香，味甘。

【功能】补气血，安胎。

【主治】气血两虚所致胎动不安，习惯性流产。

胎动不安：证见站立不安，回头顾腹，弓腰努责，频频排出少量尿液，阴道流出带血水浊液，间有起卧，右侧下腹部触诊，可感知胎动增加。

【用法与用量】马、牛 250~350 克，羊、猪 60~90 克，犬、猫 5~15 克。

【不良反应】按规定剂量使用，暂未见不良反应。

【注意事项】暂无规定。

催奶灵散

【主要成分】王不留行、黄芪、皂角刺、当归、党参等。

【性状】本品为灰黄色的粉末；气香，味甘。

【功能】补气养血，通经下乳。

【主治】产后乳少，乳汁不下。

【用法与用量】马、牛 300~500 克，羊、猪 40~60 克。

【不良反应】按规定剂量使用，暂未见不良反应。

【注意事项】暂无规定。

母仔安散

【主要成分】铁苋菜、苍术、泽泻、山药、白芍。

【性状】本品为灰棕色粉末；味微酸、涩。

【功能】健脾益气，燥湿止痢。

【主治】用于预防仔猪黄痢、白痢。

【用法与用量】一次量，产后带仔母猪，50 克，一日 2 次，从产仔当日起，连服 3 日。

【不良反应】按规定剂量使用，暂未见不良反应。

【注意事项】用一个疗程可预防黄痢发生，用两个疗程对白痢的发生也有预防作用。

12. 安神开窍方

朱砂散

【主要成分】朱砂、党参、茯苓、黄连。

【性状】本品为淡棕黄色的粉末；味辛、苦。

【功能】清心安神，扶正祛邪。

【主治】心热风邪，脑黄。

心热风邪：证见全身出汗，肉颤头摇，气促喘粗，神志不清，左右乱跌，口色赤红，脉洪数。

脑黄：证见高热神昏，狂躁不安，前肢举起，爬越饲槽，不顾障碍，低头前冲或昂头奔驰，有时不住转圈。口色赤红，脉象洪数。

【用法与用量】马、牛 150~200 克，羊、猪 10~30 克。

【不良反应】按规定剂量使用，暂未见不良反应。

【注意事项】暂无规定。

通关散

【主要成分】猪牙皂、细辛。

【性状】本品为浅黄色的粉末；气香窜，味辛。

【功能】通关开窍。

【主治】中暑，昏迷，冷痛。

中暑：证见突然发病，身热喘促，全身肉颤，汗出如浆，烦躁不安，行走如醉，甚至神昏倒地，痉挛抽搐，口色赤紫，脉象洪数或细数无力。若不及时抢救，则很快出现呼吸浅表，四肢不温，脉微欲绝的气阴两脱之危象。

冷痛：证见间歇性腹痛，起卧不安，频频摆尾，前蹄刨地，肠鸣如雷，泻粪如水，鼻塞耳冷，蹇唇似笑，口色青黄，口津滑利，脉象沉迟；病情严重者，腹痛剧烈，急起急卧，打滚翻转。

【用法与用量】外用少许，吹入鼻孔取嚏。

【不良反应】按规定剂量使用，暂未见不良反应。

【注意事项】① 热闭神昏，舌质红绛，脉数者，或冷汗不止，脉微欲绝，由闭证转为脱证时，不可使用。妊娠猪忌用。

② 本药用量以取嚏为度，不宜过多，以防吸入气管发生意外；本药用于急救，中病即止。

枣胡散

【主要成分】酸枣仁、延胡索、川芎、茯苓、知母等。

【性状】本品为淡黄色至棕黄色的粉末；气微香，味微甘、微酸。

【功能】镇静安神，健脾消食。

【主治】缓解仔猪断奶应激。

【用法与用量】混饲：每千克体重，断奶仔猪 1 克，连用 14 日。

【不良反应】暂未发现不良反应。

【注意事项】暂无规定。

13. 平肝方

千金散

【主要成分】蔓荆子、旋覆花、僵蚕、天麻、乌梢蛇等。

【性状】本品为淡棕黄色至浅灰褐色的粉末；气香窜，味淡、辛、咸。

【功能】熄风解痉。

【主治】破伤风。

【用法与用量】马、牛 250~450 克，羊、猪 30~100 克。

【不良反应】按规定剂量使用，暂未见不良反应。

【注意事项】暂无规定。

14. 驱虫方

驱虫散

【主要成分】南鹤虱、使君子、槟榔、芜荑、雷丸等。

【性状】本品为褐色的粉末；气香，味苦、涩。

【功能】驱虫。

【主治】胃肠道寄生虫病。

【用法与用量】马、牛 250~350 克，羊、猪 30~60 克。

【不良反应】按规定剂量使用，暂未见不良反应。

【注意事项】暂无规定。

擦疥散

【主要成分】狼毒、猪牙皂（炮）、巴豆、雄黄、轻粉。

【性状】本品为棕黄色的粉末；气香窜，味苦、辛。

【功能】杀疥螨。

【主治】疥癣。

【用法与用量】外用适量。将植物油烧热，调药成流膏状，涂擦患处。

【不良反应】按规定剂量使用，暂未见不良反应。

【注意事项】不可内服。如疥癣面积过大，应分区分期涂药，并防止患病动物舔食。

15. 外用方

生肌散

【主要成分】血竭、赤石脂、醋乳香、龙骨（煅）、冰片等。

【性状】本品为淡灰红色的粉末；气香，味苦、涩。

【功能】生肌敛疮。

【主治】疮疡。

【用法与用量】外用适量，撒布患处。

【不良反应】按规定剂量使用，暂未见不良反应。

【注意事项】暂无规定。

防腐生肌散

【主要成分】枯矾、陈石灰、血竭、乳香、没药等。

【性状】本品为淡暗红色的粉末；气香，味辛、涩、微苦。

【功能】防腐生肌，收敛止血。

【主治】痈疽溃烂，疮疡流脓，外伤出血。

证见痈疽疮疡破溃处流出黄色或绿色稠脓，带恶臭味，或夹杂有血丝或血块，疮面呈赤红色，有时疮面被褐色痂皮覆盖。

【用法与用量】外用适量，撒布创面。

【不良反应】按规定剂量使用，暂未见不良反应。

【注意事项】暂无规定。

青黛散

【主要成分】青黛、黄连、黄柏、薄荷、桔梗等。

【性状】本品为灰绿色的粉末；气清香，味苦、微涩。

【功能】清热解毒，消肿止痛。

【主治】口舌生疮，咽喉肿痛。

口舌生疮：唇舌肿胀溃烂，口流黏液，甚至带血，口臭难闻，采食困难。

咽喉肿痛：证见伸头直颈，吞咽不利，口中流涎。

【用法与用量】将药适量装入纱布袋内，噙于猪口中。

【不良反应】按规定剂量使用，暂未见不良反应。

【注意事项】暂无规定。

桃花散

【主要成分】陈石灰、大黄。

【性状】本品为粉红色的细粉。味微苦、涩。

【功能】收敛，止血。

【主治】外伤出血。

【用法与用量】外用适量，撒布创面。

【不良反应】按规定剂量使用，暂未见不良反应。

【注意事项】暂无规定。

16. 免疫增强剂

茯苓多糖散

【主要成分】茯苓。

【性状】本品为灰白色的粉末；气微香，味微甜。

【功能】增强免疫。

【主治】用于提高猪对猪瘟疫苗和猪伪狂犬病疫苗的免疫应答。

【用法与用量】混饲：每千克饲料，猪 100 毫克，疫苗免疫前 3 天给药，连用 14 天。

【不良反应】暂未发现不良反应。

【注意事项】暂无规定。

芪藿散

【主要成分】黄芪、淫羊藿。

【性状】本品为浅棕色的粉末。

【功能】补益正气，增强免疫。

【主治】用于提高猪对猪瘟疫苗的免疫应答。

【用法与用量】配合疫苗使用，混饲：仔猪 0.7~1 克，连用 3 天。

【不良反应】暂未发现不良反应。

【注意事项】暂无规定。

五加芪粉

【主要成分】黄芪、刺五加。

【性状】本品为棕黄色至棕褐色粉末；味微甘。

【功能】补中益气。

【主治】用于增强猪对猪瘟疫苗的早期免疫应答。

【用法与用量】混饲，每千克饲料，猪 0.4 克，疫苗免疫后连用 7 天。

【不良反应】暂未发现不良反应。

【注意事项】暂无规定。

黄芪多糖粉

【主要成分】黄芪多糖。

【性状】本品为棕褐色粉末，微香甜，味苦。

【功能】益气固本，增强机体抵抗力。

【主治】用于提高猪对猪瘟疫苗、猪口蹄疫疫苗的抗体水平。

【用法与用量】混饲，每千克饲料，猪 200 毫克，自由采食，疫苗免疫前 3 天给药，连用 7 天。

【不良反应】暂未发现不良反应。

【注意事项】暂无规定。

（二）口服液

白头翁口服液

【主要成分】白头翁、黄连、秦皮、黄柏。

【性状】本品为棕红色的液体；味苦。

【功能】清热解毒，凉血止痢。

【主治】湿热泄泻，下痢脓血。

【用法与用量】马、牛 150~250 毫升，羊、猪 30~45 毫升，兔、禽 2~3 毫升。

【不良反应】按规定剂量使用，暂未见不良反应。

【注意事项】暂无规定。

杨树花口服液

【主要成分】杨树花。

【性状】本品为红棕色的澄明液体。

【功能】化湿止痢。

【主治】痢疾，肠炎。

痢疾：证见精神短少，蜷腰卧地，食欲减少甚至废绝，鼻镜干燥；弓腰努责，泻粪不爽，里急后重，下痢稀糊，赤白相杂，或呈白色胶冻状，口色赤红，舌苔黄腻，脉数。

肠炎：证见发热，精神沉郁，食欲减少或废绝，口渴多饮，有时轻微腹痛，蜷腰卧地，泻粪稀薄，黏腻腥臭，尿赤短，口色赤红，舌苔黄腻，口臭，脉象沉数。

【用法与用量】马、牛 50~100 毫升，羊、猪 10~20 毫升，兔、禽 1~2 毫升。

【不良反应】按规定剂量使用，暂未见不良反应。

【注意事项】暂无规定。

黄栀口服液

【主要成分】黄连、黄芩、栀子、穿心莲、白头翁等。

【性状】本品为深棕色的液体；味甘、苦。

【功能】清热解毒，凉血止痢。

【主治】湿热下痢。

【用法与用量】混饮：每升水，猪 1~1.5 毫升，鸡 1.5~2.5 毫升。

【不良反应】按规定剂量使用，暂未见不良反应。

【注意事项】暂无规定。

银黄提取物口服液

【主要成分】金银花提取物、黄芩提取物。
【性状】本品为棕黄色至棕红色的澄清液体。
【功能】清热疏风，利咽解毒。
【主治】风热犯肺，发热咳嗽。
【用法与用量】每升水，猪、鸡 1 毫升，连用 3 天。
【不良反应】按规定剂量使用，暂未见不良反应。
【注意事项】暂无规定。

藿香正气口服液

【主要成分】广藿香油、紫苏叶油、茯苓、白芷、大腹皮等。
【性状】本品为棕色的澄清液体；味辛、微甜。
【功能】解表祛暑，化湿和中。
【主治】外感风寒，内伤湿滞，夏伤暑湿，胃肠型感冒。
【用法与用量】每升饮水，猪、鸡 2 毫升，连用 3~5 天。
【不良反应】按规定剂量使用，暂未见不良反应。
【注意事项】暂无规定。

（三）颗粒剂

甘草颗粒

【主要成分】甘草。
【性状】本品为黄棕色至棕褐色的颗粒；味甜、略苦涩。
【功能】祛痰止咳。
【主治】咳嗽。
【用法与用量】猪 6~12 克，禽 0.5~1 克。
【不良反应】按规定剂量使用，暂未见不良反应。
【注意事项】一般不与海藻、大戟、甘遂等芫花合用。

连参止痢颗粒

【主要成分】黄连、苦参、白头翁、诃子、甘草。
【性状】本品为黄色至黄棕色的颗粒；味苦。
【功能】清热燥湿，凉血止痢。
【主治】用于沙门氏菌感染所致的泻痢。
【用法与用量】一次量，猪、鸡 1 克/千克体重，2 次/天。
【不良反应】按规定剂量使用，暂未见不良反应。
【注意事项】暂无规定。

玉屏风颗粒

【主要成分】黄芪、白术（炒）、防风。

【性状】浅黄色至棕黄色颗粒；味微苦、涩。

【功能】祛风固表，补而不恋邪，祛风而不伤正。

【主治】提高断奶仔猪免疫力。

【用法与用量】混饲，断奶仔猪 1 克/千克饲料，连用 7 天。

【不良反应】按规定剂量使用，暂未见不良反应。

【注意事项】暂无规定。

北芪五加颗粒

【主要成分】黄芪、刺五加。

【性状】本品为棕色颗粒；味甜、微苦。

【功能】益气健脾。

【主治】用于增强猪对猪瘟疫苗的免疫应答。

【用法与用量】混饲，每千克饲料，猪 4 克，连用 7 天。

【不良反应】按规定剂量使用，暂未发现不良反应。

【注意事项】暂无规定。

苦参止痢颗粒

【主要成分】苦参、白芍、木香。

【性状】本品为黄棕色至棕色颗粒。

【功能】清热燥湿，止痢。

【主治】主治仔猪白痢。

【用法与用量】灌服：仔猪 0.2 克/千克体重，连用 5 天。

【不良反应】按规定剂量使用，暂未发现不良反应。

【注意事项】暂无规定。

石香颗粒

【主要成分】苍术、关黄柏、石膏、广藿香、木香等。

【性状】本品为棕色至棕褐色的颗粒；气微香，味苦。

【功能】清热泻火，化湿健脾。

【主治】高温引起的精神委顿、食欲不振、生产性能下降。

【用法与用量】每千克体重，猪 0.15 克，连用 7 天；预防量减半。

【不良反应】按规定剂量使用，暂未见不良反应。

马针颗粒

【主要成分】马齿苋、三颗针。

【性状】本品为棕黄色至棕褐色的颗粒。

【功能与主治】清热解毒，止痢。主治仔猪黄痢、仔猪白痢。

【用法与用量】口服：一次量，仔猪 1 克/千克体重，1 次/天，连用 3 天。

【不良反应】暂未发现不良反应。

【注意事项】暂无规定。

板蓝根颗粒

【主要成分】板蓝根。

【功能】清热解毒，凉血利咽。

【主治】风热感冒，咽喉肿痛，口舌生疮，疮黄肿毒。

【用法与用量】见各厂家说明书。

【不良反应】暂未发现不良反应。

【注意事项】暂无规定。

紫锥菊颗粒

【主要成分】紫锥菊。

【功能】清热解毒，凉血利咽。

【主治】① 可以解决母猪的病毒性感染问题。通过抑制病毒在体内的复制，净化机体内的病毒。如圆环病毒、蓝耳病毒、猪瘟病毒等。并且可以改善母猪母源抗体水平，改善母乳品质。

② 提高仔猪的健康和抵抗力。紫锥菊可促进 T 淋巴细胞、B 淋巴细胞和巨噬细胞的免疫活性，增强机体的免疫应答和免疫水平，提高整个猪群的健康水平和抗应激能力。

③ 辅助治疗各种病毒性疾病。对无名高热、猪瘟、蓝耳病毒病、圆环病毒病等感染具有很强的辅助治疗作用。

【用法与用量】见各厂家使用说明书。

【不良反应】暂未发现不良反应。

【注意事项】暂无规定。

（四）注射液

穿心莲注射液

【主要成分】穿心莲，含穿心莲内酯、脱水穿心莲内酯、14-去氧穿心莲内酯等。

【性状】本品为黄色至黄棕色的澄明液体。

【功能】清热解毒。

【主治】肠炎，肺炎，仔猪白痢。

【用法与用量】肌内注射，马、牛 30~50 毫升，羊、猪 5~15 毫升，犬、猫 1~3 毫升。

【不良反应】过敏性休克、药疹、过敏性心肌损伤等。

【注意事项】脾胃虚寒慎用。

板蓝根注射液

【主要成分】板蓝根。

【性状】本品为棕色澄明灭菌溶液。

【功能】抗菌。

【主治】抗菌药。用于治疗家畜流感、仔猪白痢、肺炎及某些发热性疾患。

【用法用量】常用量，肌内注射，一次量，猪、羊 10~25 毫升，马、牛 40~80 毫升。

【不良反应】人医报道，有过敏性休克，过敏性皮疹，上消化道出血，泌尿系统损害和多发性肉芽肿，肾脏损害。

【注意事项】① 不可与碱性药物合用。

② 有少量沉淀，加热溶解后使用，不影响疗效。

柴胡注射液

【主要成分】柴胡。

【性状】本品为无色或微乳白色的澄明液体；气芳香。

【功能】解热。

【主治】感冒发热。

【用法与用量】肌内注射：马、牛 20~40 毫升，羊、猪 5~10 毫升，犬、猫 1~3 毫升。

【不良反应】按规定剂量使用，暂未见不良反应。

【注意事项】本品为退热解表药，无发热者不宜使用。

鱼腥草注射液

【主要成分】鱼腥草，含癸酰乙醛、总黄酮等。

【性状】本品为无色或微黄色的澄明液体；有鱼腥味。

【功能】清热解毒，消肿排脓，利尿通淋。

【主治】肺痈（肺炎、肺脓肿），痢疾，乳痈（乳腺炎），淋浊。

肺痈：证见高热不退，咳喘频繁，鼻流脓涕或带血丝，舌红苔黄，脉数。

痢疾：证见下痢脓血，里急后重，泻粪黏腻，时有腹痛，口色红，苔黄，脉数。

乳痈：证见乳房胀痛，乳汁变性，混有凝乳块或血丝。

淋浊：证见尿频、尿急、尿痛、排尿不畅、淋漓不尽，或者尿中有血丝或砂石。

【用法与用量】肌内注射，马、牛 20～40 毫升，羊、猪 5～10 毫升，犬 2～5 毫升，猫 0.5～2 毫升。

【不良反应】可出现恶心、呕吐、呼吸困难、皮疹、寒战、高热、过敏性休克、局部静脉炎等。

【注意事项】暂无规定。

黄芪多糖注射液

【主要成分】黄芪多糖。

【性状】本品为黄色至黄褐色澄明液体，长久贮存或冷冻后有沉淀析出。

【功能】益气固本，诱导产生干扰素，调节机体免疫功能，促进抗体形成。

【主治】本品主要用于预防和治疗畜禽的各种病毒性感染。

① 如温和型猪瘟、感冒、伪狂犬病、蓝耳病、断奶仔猪多系统衰竭综合征（圆环病毒病）、猪呼吸系列障碍综合征等；

② 病毒性腹泻、流行性腹泻、传染性胃肠炎；

③ 也用于鸡传染性法氏囊炎、传染性喉气管炎，对鸭肝炎、小鹅瘟也有很好的疗效。

【用法用量】肌内注射，一次量猪、羊、犬、兔每千克体重 0.1～0.15 毫升，牛、马、驴每千克体重 0.1 毫升，家禽每千克体重 0.2 毫升，每天 1 次，连用 2～3 天，口服剂量加倍。

【不良反应】按规定剂量使用，暂未见不良反应。

【注意事项】暂无规定。

四季青注射液

【主要成分】四季青叶。

【性状】本品为棕红色的澄明液体。

【功能】清热解毒。

【主治】本品具有清热解毒、抗菌、止痢、燥湿、利水消肿、快速止泻、提高机体免疫力，维持体内环境的酸碱平衡、迅速清除肠道炎症、修复肠道黏膜、改善胃肠功能、恢复食欲等功效。对流行性腹泻、断奶性腹泻、传染性胃肠炎、仔猪黄白痢、伤寒、红痢、副伤寒、仔猪水肿病；羔羊痢疾、牛病毒性腹泻等有显著疗效。

【用法与用量】马、牛 90～180 克，羊、猪 15～60 克。

【不良反应】按规定剂量使用，暂未见不良反应。

【注意事项】暂无规定。

双黄连注射液

【主要成分】金银花、黄芩、连翘。

【性状】本品为棕红色的澄明液体。

【功能】清热解毒，疏风解表。

【主治】外感风热，肺热咳喘。

【用法与用量】肌内注射。一次量，马、牛每千克体重 0.1 毫升，猪、羊、鹿每千克体重 0.1~0.2 毫升，犬、狐、貂、貉每千克体重 0.2 毫升，1 日 1 次，连用 2~3 天。重危病例可酌情加量或遵医嘱。混饮时，本品 10 毫升兑水 5~10 千克供其自由饮用，连用 3~5 天（本品 10 毫升相当于原生药 15 克）。

【不良反应】按规定剂量使用，暂未见不良反应。

黄藤素注射液

【主要成分】黄藤素。

【性状】本品为黄色的澄明液体。

【功能】清热解毒。

【主治】菌痢、肠炎。

【用法与用量】皮下或肌内注射，羊、猪 10 毫升。

【不良反应】按规定剂量使用，暂未见不良反应。

银黄注射液

【主要成分】金银花、黄芩。

【性状】本品为浅棕至红棕色的澄清液体。

【功能】清热解毒，宣肺燥湿。

【主治】热毒壅盛，用于猪肺疫、猪喘气病的治疗。

【用法与用量】肌内或静脉注射，猪、羊每千克体重 0.15~0.2 毫升，每天 1 次，连用 3 天。

推荐使用方案（仔猪 3 针保健）：1 日龄，预防仔猪黄痢等细菌性疾病感染，0.5 毫升/头；7 日龄，预防病毒性疾病，0.5 毫升/头；21 日龄，预防仔猪呼吸道及消化道疾病，1.0 毫升/头。

【不良反应】按规定剂量使用，暂未见不良反应。

苦参注射液

【主要成分】苦参。

【性状】本品为黄色至棕黄色澄明液体。

【功能】清热燥湿，杀虫去积，主治湿热泻痢。

【主治】① 马、牛、羊、猪水样腹泻，猪痢疾，病毒性、细菌性腹泻，仔猪黄白痢，与益格美林配合使用。

② 马、牛、羊、猪肠道内寄生虫，猪、鸡附红体细胞、弓形虫、球虫，本品与磺胺间甲氧嘧啶分针注射效果更好。

【用法用量】静滴或肌内注射：猪、羊每千克体重 0.2 毫升，马、牛每千克体重 0.1 毫升，连用 4 天。

【不良反应】按规定剂量使用，暂未见不良反应。

博落回注射液

【主要成分】博落回。

【性状】本品为棕红色的澄明液体。

【功能】抗菌消炎。

【主治】主要用于仔猪黄白痢，细菌性肠炎、腹泻；亦用于毒素性、过敏性、中毒性、食源性、功能性腹泻以及不明原因顽固性腹泻或腹泻久治不止等。

【用法与用量】肌内注射：一次量，猪，体重 10 千克以下，2～5 毫升；体重 10～50 千克，5～10 毫升，2～3 次/天。

【不良反应】口服或肌内注射均能引起严重心律失常至心源性脑缺血综合征。

【注意事项】一次用量不得超过 15 毫升，孕畜减半。

金根注射液

【主要成分】金银花、板蓝根。

【性状】本品为红棕色澄明液体。

【功能】止泻止痢、凉血排毒、清热解毒。

【主治】主治肠炎、菌痢、热毒血痢、瘟毒等胃肠道炎症引起的痢疾腹泻综合征，主要用于大肠杆菌、沙门氏菌、产气荚膜梭菌、传染性胃肠炎病毒、流行性腹泻病毒、轮状病毒等引起的羔羊痢疾、犊牛腹泻，仔猪红痢、黄痢、白痢等菌毒性腹泻及其他动物的恶性痢疾。亦可用于治疗畜禽由瘟疫、重症感冒、皮炎肾病综合征、流行性腹泻、病毒性肝炎、痘疹及其他恶性疫症引起的高热败血、热毒发斑、呼吸困难、口蹄溃烂、跛行、厌食和热毒血痢、仔猪黄白痢等消化道感染疾病。

【用法用量】肌内注射：一次量，羊、猪 0.1～0.2 毫升/千克体重，牛 0.05 毫升/千克体重，1 日 1 次，连用 2～3 天；重症病例，0.2 毫升/千克体重。

【不良反应】按规定剂量使用，暂未见不良反应。

鱼金注射液

【主要成分】鱼腥草、金银花。

【性状】本品为几乎无色的澄明液体。

【功能】清热解毒，消肿排脓。

【主治】用于猪、牛、羊等家畜各种热性病毒性疾病。

口腔、蹄部炎症：精神不振，食欲减少，高热，体温迅速升至40~41℃，口腔黏膜、蹄冠、蹄踵、蹄叉发生水疱、破溃后经久不愈、母猪的乳房、乳头也有水疱。

仔猪病毒性心肌炎：病畜突然发病，大多数病仔猪是在进食中尖叫，突然倒地死亡。

【用法用量】肌内或静脉滴注，一次量，每千克体重，猪、羊0.1~0.2毫升，马、牛0.05~0.1毫升，每天1次，连用2~3天。

【不良反应】按规定剂量使用，暂未见不良反应。

硫酸小檗碱注射液

【主要成分】硫酸小檗碱。

【性状】本品为黄色的澄明液体。

【功能】抗菌药。

【主治】用于肠道细菌性感染，是治疗胃肠炎、细菌性痢疾、肠道感染特效药。对仔猪黄白痢、小猪拉稀、伤寒腹泻、鸡鸭牛羊犬猫等各种动物拉稀等消化道疾病效果显著。配合头孢噻呋、恩诺沙星、氟苯尼考使用效果更佳。

【用法用量】肌内注射，马、牛0.15~0.4克，猪、羊0.05~0.1克。

【不良反应】按规定的用法与用量使用尚未见不良反应

【注意事项】本品不能静脉注射。遇冷析出结晶，用前浸入热水中，用力振摇，溶解成澄明液体并凉至与体温相同时使用。

大蒜苦参注射液

【主要成分】大蒜、苦参。

【性状】本品为棕黄色或淡棕黄色的澄明液体。

【功能】清热燥湿，止泻止痢。

【主治】仔猪黄痢、仔猪白痢。

【用法与用量】肌内注射：每千克体重，仔猪0.2~0.25毫升（2毫升相当于原生药4克）。

【不良反应】按规定剂量使用，暂未见不良反应。

银黄提取物注射液

【主要成分】金银花提取物、黄芩提取物。

【性状】本品为棕黄色至棕红色的澄明液体。

【功能】清热疏风，利咽解毒。

【主治】风热犯肺，发热咳嗽。

【用法与用量】肌内注射：每千克体重，猪、鸡 0.1 毫升，连用 3 天。

【不良反应】按规定剂量使用，暂未见不良反应。

【注意事项】暂无规定。

银柴注射液

【主要成分】金银花、柴胡、黄芩、板蓝根、栀子。

【性状】本品为棕红色的澄明液体。

【功能】辛凉解表，清热解毒。

【主治】外感发热。

【用法与用量】肌内注射：一次量，猪 10 毫升，一日 2 次，连用 3~5 天。

【不良反应】按规定剂量使用，暂未见不良反应。

第二节 临床处方与病历

一、处方原则

兽医处方是为了达到治疗的目的，而采取的两种或两种以上不同类别药物、不同功能药物同时或先后应用，其结果主要是为了增加药物的疗效或为了减轻药物的毒副作用，但有时也可能会产生相反的结果。因此，兽医临床合理配伍下的处方，应以提高疗效和（或）降低动物对药物的不良反应为基本原则。处方中各个药物之间的相互作用审视，应包括对“影响药动学的相互作用”“影响药效学的相互作用”“影响药物稳定性的相互作用”等审查。

另外，处方中使用的药物品类、品种越多，将会使得药物间相互作用降效的发生概率显著增加，影响药物疗效或毒性的因素增加。所以说，在给患病动物用药时，应小心严谨，尽量减少用药的种类，避免因药物相互作用而引起的不良反应事件的发生。

（一）影响药动学的相互作用

1. 吸收

例如维生素 C 有助于铁剂中 Fe^{2+} 的吸收；四环素与 Fe^{2+}、Ca^{2+} 等重金属离子的药物同时服用时，可因络合反应而影响各自的吸收，应避免同服。

2. 分布

例如解热镇痛药卡巴匹林钙与口服抗凝药共同使用时，可能会因为竞争血浆蛋白的结合，使得游离型的抗凝药增加，导致凝血过度，而发生出血风险。

3. 转化

多种药物同时使用时，肝药酶诱导剂加速药物在肝脏中的转化，使得药效降低。肝药酶抑制剂则相反，能使得药效增强，甚至发生中毒。

4. 排泄

例如弱碱性药物苯巴比妥过量时，碳酸氢钠碱化尿液可促进磺胺药的溶解，从而加快药物的排出以解毒；避免因磺胺药遇酸性尿液析出、沉积在输尿管内，造成输尿管堵塞和肾肿事故的发生。

（二）影响药效学的相互作用

主要表现为协同（例如：青霉素类药物或头孢类药物与氨基糖苷类药物合用）、相加或拮抗作用（青霉素类药物或头孢类药物与林可霉素类药物合用）。

药物相互作用很重要的一个方面就是配伍禁忌。药物在体外直接配伍使用时，所发生的物理性或化学性的相互作用，成为理化配伍禁忌。

（三）抗菌药物联合用药原则

1. 单一药物可有效治疗的感染不需联合用药，仅在下列指征情况时才联合用药

① 病原菌尚未查明的严重感染，包括免疫缺陷者的严重感染。

② 单一抗菌药物不能控制的严重感染，或需氧菌及厌氧菌混合感染，两种及两种以上复合病原菌感染，以及多重耐药菌或泛耐药菌感染。

③ 需长疗程治疗，但病原菌易对某些抗菌药物产生耐药性的感染。比如说，某些侵袭性真菌病；或病原菌含有不同生长特点的菌群，需要应用不同抗菌机制的药物联合使用才有效。

④ 毒性较大的抗菌药物，联合用药时，剂量可适当减少，但需有临床资料证明其同样有效。

2. 联合用药时宜选用具有协同或相加作用的药物进行联合

比如说，把青霉素类、头孢菌素类或其他β–内酰胺类药品与氨基糖苷类药品联合。

（四）中兽药的联合用药原则

1. 中兽药联合内服使用

主要是指证疾病复杂时，一种中兽药不能满足所有证候时，可以联合应用多种中兽药。当多种中兽药的联合应用时，应遵循药效互补原则及增效减毒原则。功能相同或基本相同的中兽药，原则上不宜叠加使用。药性峻烈的或含毒性成分的药物，应避免重复使用。合并用药时，注意中兽药的各药味、各成分

间的配伍禁忌。一些病证，可采用中兽药的饮水内服与拌料内服用药，这种多途径双内服使用为“独创应用”。

2. 中药注射剂联合原则

当两种以上中药注射剂联合使用时，应遵循主治功效互补及增效减毒原则，符合中医传统配伍理论的要求，无配伍禁忌。兽医治疗临床联合用药须谨慎，如确需联合使用时，应谨慎考虑中药注射剂的间隔时间以及药物相互作用等问题。若需同时使用两种或两种以上中药注射剂，严禁混合配伍，应分开使用。除有特殊说明，中药注射剂不宜两个或两个以上品种同时共用一个给药通道。

3. 中兽药与西药的联合使用

针对具体疾病制订用药方案时，要充分考虑中西药物的主辅地位后，再确定给药剂量、给药时间、给药途径。中兽药与西药如无明确禁忌，可以联合应用，给药途径相同的，应分开使用。应避免副作用相似的中西药联合使用，也应避免有不良相互作用的中西药联合使用。

特别要强调的是：中西药注射剂联合使用时，应遵循以下原则。

（1）联合使用须谨慎　如果中西药注射剂确需联合用药，应根据中西医诊断和各自的用药原则选药，充分考虑药物之间的相互作用，尽可能减少联用药物的种数和剂量，根据临床情况及时调整用药。

（2）中西注射剂联用　尽可能选择不同的给药途径（如肌内注射、静脉注射、喷雾给药等），若必须同一途径用药时，应将中西药分开使用，慎重考虑两种注射剂的使用间隔时间以及药物相互作用，严禁混合配伍一起注射。

二、处方格式与应用规范

（一）基本要求

① 本规范所称兽医处方，是指执业兽医师在动物诊疗活动中开具的，作为动物用药凭证的文书。

② 执业兽医师根据动物诊疗活动的需要，按照兽药使用规范，遵循安全、有效、经济的原则开具兽医处方。

③ 执业兽医师在注册单位签名留样或者专用签章备案后，方可开具处方。兽医处方经执业兽医师签名或者盖章后有效。

④ 执业兽医师利用计算机开具、传递兽医处方时，应当同时打印出纸质处方，其格式与手写处方一致；打印的纸质处方经执业兽医师签名或盖章后有效。

⑤ 兽医处方限于当次诊疗结果用药，开具当日有效。特殊情况下需延长

有效期的，由开具兽医处方的执业兽医师注明有效期限，但有效期最长不得超过3天。

⑥ 除兽用麻醉药品、精神药品、毒性药品和放射性药品外，动物诊疗机构和执业兽医师不得限制动物主人持处方到兽药经营企业购药。

（二）处方笺格式

兽医处方笺规格和样式（图4-1）由农业部（现“农业农村部”）规定，从事动物诊疗活动的单位应当按照规定的规格和样式印制兽医处方笺或者设计电子处方笺。兽医处方笺规格如下。

① 兽医处方笺一式三联，可以使用同一种颜色纸张，也可以使用三种不同颜色纸张。

② 兽医处方笺分为两种规格，小规格为：长210毫米、宽148毫米；大规格为：长296毫米、宽210毫米。

XXXXXXX处方笺

动物主人/饲养单位__________ 档案号______
动物种类______ 动物性别______ 体重/数量______
年（日）龄______ 开具日期______

诊断：	Rp:

执业兽医师______ 注册号______ 发药人______

第一联　从事动物诊疗活动的单位留存

注:“xxxxxxx处方笺”中，“xxxxxxx”为从事动物诊疗活动的单位名称。

图4-1　兽医处方笺样式

（三）处方笺内容

兽医处方笺内容包括前记、正文、后记三部分，要符合以下标准。

1. 前记

对个体动物进行诊疗的，至少包括动物主人姓名或者动物饲养单位名称、档案号、开具日期和动物的种类、性别、体重、年（日）龄。

对群体动物进行诊疗的，至少包括饲养单位名称、档案号、开具日期和动物的种类、数量、年（日）龄。

2. 正文

包括初步诊断情况和 Rp.（拉丁文 Recipe“请取”的缩写）。Rp. 应当分列兽药名称、规格、数量、用法、用量等内容；对于食品动物还应当注明休药期。

3. 后记

至少包括执业兽医师签名或盖章和注册号、发药人签名或盖章。

（四）处方书写要求

① 动物基本信息、临床诊断情况应当填写清晰、完整，并与病历记载一致。

② 字迹清楚，原则上不得涂改；如需修改，应当在修改处签名或盖章，并注明修改日期。

③ 兽药名称应当以兽药国家标准载明的名称为准。兽药名称简写或者缩写应当符合国内通用写法，不得自行编制兽药缩写名或者使用代号。

④ 书写兽药规格、数量、用法、用量及休药期要准确规范。

⑤ 兽医处方中包含兽用化学药品、生物制品、中成药的，每种兽药应当另起一行。

⑥ 兽药剂量与数量用阿拉伯数字书写。剂量应当使用法定计量单位：质量以千克（kg）、克（g）、毫克（mg）、微克（μg）、纳克（ng）为单位；容量以升（L）、毫升（mL）为单位；有效量单位以国际单位（IU）、单位（U）为单位。

⑦ 片剂、丸剂、胶囊剂以及单剂量包装的散剂、颗粒剂分别以片、丸、粒、袋为单位；多剂量包装的散剂、颗粒剂以 g 或 kg 为单位；单剂量包装的溶液剂以支、瓶为单位，多剂量包装的溶液剂以 mL 或 L 为单位；软膏及乳膏剂以支、盒为单位；单剂量包装的注射剂以支、瓶为单位，多剂量包装的注射剂以 mL 或 L、g 或 kg 为单位，应当注明含量；兽用中药自拟方应当以剂为单位。

⑧ 开具处方后的空白处应当画一斜线，以示处方完毕。

⑨ 执业兽医师注册号可采用印刷或盖章方式填写。

（五）处方保存

① 兽医处方开具后，第一联由从事动物诊疗活动的单位留存，第二联由药房或者兽药经营企业留存，第三联由动物主人或者饲养单位留存。

② 兽医处方由处方开具、兽药核发单位妥善保存 2 年以上。保存期满后，经所在单位主要负责人批准、登记备案，方可销毁。

三、病历登记

病历是兽医临床工作者对患病动物疾病发生、发展、转归以及临床检查、诊断、治疗等医疗活动过程的记录。病历既是临床实践工作的总结，也是探索疾病规律及处理医疗纠纷的法律依据，对医疗、预防、教学、科研、医院管理等都有重要的作用。目前兽医尚无有关病历登记的统一规定或法律法规，动物医院（兽医站、宠物医院或其他动物疾病诊疗机构）可根据工作需要、特点，编制病历登记基本要求及病历登记表格。

（一）门诊病历

① 封面内容包括动物医院名称、徽标等，并注明是门诊病历。

② 首页内容应包括动物主人及患病动物的基本信息（包括动物主人或单位的有关信息，动物种类、品种、性别、年龄、毛色、用途、体重以及动物个体的特征标志，如动物的名称、特征、号码及其他标识等），就诊的日期和时间，X 片号、心电图及其他特殊检查号，药物过敏情况，住院号等。执业兽医师要逐项认真填写。

③ 初诊病例的病历中应记述主诉、病史、现症检查、初步诊断、处理意见等。其中，病史应包括现病史、既往史以及与疾病有关的饲养管理情况等；初步诊断的可能疾病名称分行列出；处理意见应分行列举所用药物及特种治疗方法、进一步检查的项目、饲养管理注意事项等。最后要有执业兽医的签名。

④ 复诊病例应重点记述前次就诊后各项诊疗结果和病情演变情况；补充必要的辅助检查和特殊检查。三次不能确诊的病例，接诊执业兽医师应邀请其他兽医师会诊，并将请求会诊目的、要求及初步诊断意见在病历上填写清楚，被邀请会诊的执业兽医师应在会诊病历上填写检查所见、诊断和处理意见。

⑤ 与上次不同的疾病，一律按初诊病例书写门诊病历。

⑥ 每次就诊均应填写就诊日期，急诊病例应加填具体时间。

⑦ 对需要住院检查和治疗的门诊病例，由执业兽医师填写住院证。

⑧ 法定传染病应注明免疫情况和疫情报告情况。

（二）住院病历

1. 封面内容

包括动物医院（兽医站、宠物医院或其他动物疾病诊疗机构）名称、徽标等，并注明是住院病历。

2. 入院病史的收集

询问病史时既要全面又要抓住重点，实事求是，避免主观臆测和先入为主。当动物主人叙述不清或为了获得必要的病历资料时，可适当进行启发，但不要主观片面和暗示。

（1）一般项目　主要是动物主人和患病后动物的相关个体信息，还包括入院时间、记录时间。

（2）主诉　主要是动物主人对患病动物入院就诊的主要症状、体征及其发生时间、性质或程度、部位等的描述，但执业兽医师记录时要简洁明了，一般根据主诉能形成第一诊断。

（3）既往史　指患病动物本次发病以前的健康及疾病情况，特别是与现病有密切关系的疾病。其内容主要应包括：既往一般健康状况；有无患过传染病和其他疾病，发病时间及诊疗情况，之前确诊疾病的病名（对未确诊的疾病应简述其症状）；预防接种情况、手术史以及过敏史等。

（4）现病史　现病史是病史中的主体部分。根据主诉，按症状出现的先后，详细记录从起病到就诊时疾病的发生、发展及其变化的经过和诊疗情况。其内容主要包括以下几点。①发病时间、起病缓急，可能的病因和诱因，甚至起病前的一些情况。②主要症状（或体征）出现的时间、部位、性质、程度及其演变过程。③伴随症状的特点及变化，对具有鉴别诊断意义的重要阳性和阴性症状（或体征）加以说明。④对旧病复发或患有与本病相关的慢性病的患病动物，则应着重了解其初发时的情况以及最近复发的情况。⑤发病后曾在何处接受过何种诊疗。⑥发病以来的基本情况，如精神、饮食欲等。

（5）饲养管理等情况　了解和观察动物状况，记录饲养、训练或使役、饲料品质、气候变化、是否疫源地、环境卫生、有毒有害物质接触史、妊娠胎次、分娩次数等情况。

3. 临床检查

（1）生命体征　体温（T）、脉搏（P，次/分钟）、呼吸频率（R，次/分钟）、血压（BP，kPa）。

（2）一般情况　发育（正常与异常）、营养（良好、中等、不良）、步态、神志等。

（3）皮肤及黏膜　颜色、温度、湿度、弹性，有无水肿、皮疹、瘀点瘀斑、皮下结节或肿块、溃疡及疤痕，被毛情况等。

（4）淋巴结　全身或局部浅表淋巴结有无肿大。

（5）头颈部、胸部、腹部、肛门及直肠、脊柱及四肢、神经系统　检查所见。

4. 实验室检查

记录与诊断有关的实验室检查结果。如系入院前所做的检查，应注明检查地点及日期。

5. 初步诊断

按疾病的主次列出，与主诉有关的实验室检查结果。如系入院前所做的检查，应注明检查地点及日期。

6. 入院诊断

入院诊断由主治执业兽医师作出，标出诊断确定日期并签名。

第五章

临床治疗技术与应用

第一节 临床治疗技术

一、注射给药法

（一）皮下注射

将药物注入皮下疏松结缔组织内，经毛细血管、淋巴管吸收进入血液循环。因皮下有脂肪，吸收较慢，一般经10~15分钟呈现药效。

1. 注射部位

应选择皮下组织较多、皮肤松弛的部位。牛、马多在颈侧；猪在耳根的后方或肘后，也可在股内侧；禽多在颈背部。

2. 注射方法

用左手食指和拇指捏起注射部位的皮肤，右手持注射器，使针头与皮肤成45°角，迅速刺入捏起的皮肤皱褶的皮下，然后用左手夹住注射器针头的尾部，右手推注药液。

（二）皮内注射

多用于诊断结核病、假性结核及鼻疽病等的变态反应诊断或作药敏试验、预防接种等。

注射部位可根据不同动物选择在颈侧中部或尾根内侧。注射时，左手拇指与食指将皮肤捏起皱襞，右手持注射器使针头与皮肤呈30°角刺入皮内0.1~0.3厘米，深达真皮层，即可注射规定量的药液。正确注入的标志是注射局部形成稍硬的豆粒大隆起，并感到推药时有一定阻力，如误入皮下则无此现象。

（三）肌内注射

用注射器将药液注入肌肉组织内，因肌肉内的血管丰富，药物的吸收和药物的效应都比较稳定。水、油溶液均可肌内注射，略有刺激的可深部肌内注射。注射药液多时可分点注射。

1. 注射部位

应选择肌肉较发达的部位，马、牛一般在臀部或颈部；猪在颈侧较为方便；禽在胸肌。

2. 注射方法

一种方法是用左手固定注射部位的皮肤，右手持注射器垂直刺入肌肉后，用左手夹住注射器针头尾部，右手将注射器活塞回抽一下，检查有无血液，如无回血，即可注入；另一种方法是将针头取下，用右手拇指、食指和中指紧握针尾，对准注射部位迅速刺入肌肉，然后接上注射器注入药液。

（四）静脉注射

以注射器（或输液器）将药液直接注入静脉血管内的给药方法。静脉注射时，药物见效快、分布广、剂量控制准确，并可注入大量药液，适用于抢救危急病畜，畜禽机体脱水而需要补充大量药液时，或某些剂量要求严格的药物的给药。

1. 注射部位

马、牛、羊多在颈静脉沟上 1/3 和中 1/3 交界处的颈静脉；猪在耳静脉。

2. 注射方法

在病畜左侧颈静脉注射时，局部剪毛消毒后，用左手在注射点近心端 10 厘米处，以拇指紧压于颈静脉上（必要时可用绳、橡皮管捆住注射部位下方约 10 厘米处）使颈静脉鼓起，然后以右手拇指、食指、中指持针头，对准静脉管与针头呈 30°~45°刺入。如刺入血管，则有血流出。这时可松开按压静脉的手或绳，迅速接上注射器，如注射器内有回血，即可注入药液。猪耳静脉注射时，先用一橡皮管或绳捆扎耳根部，也可用手紧握耳根部，即见静脉鼓起，选择较大的耳静脉注射。针刺时，以左手食指垫在静脉的耳下，用拇指固定耳缘。针刺后接上注射器，如有血液回流，松开手或绳。注射者用左手拇指、食指固定针头，右手推动注射器活塞，注入药液。

静脉输液时，如果用盐水瓶输液，先在盐水瓶胶塞上插进 16 号针头 2 个，一个作通气用，另一个接输液胶管，胶管另端连着玻璃接头（最好在胶管中段切断，装上长约 6 厘米的玻璃接头管，以检查有无空气进入胶管）。然后把药瓶倒置过来，等药水驱尽胶管中的空气后，即把玻璃接头插入已经刺入血管的针头上，将瓶中药液输入静脉内。也可以用一次性输液器，直接刺入药液瓶中，倒置药瓶，当药液从针头中流出时，把接头插入已经刺入血管的针头上。将针头、胶管用胶布条、小止血钳固定在畜体上。

3. 注意事项

一般油类制剂不能进行静脉注射；如果注射有刺激性的药（如钙剂、砷剂、高渗葡萄糖溶液等），则不能将药液漏出血管外；如果发生漏注，应在局部热敷，并换另侧血管注射。静脉输液速度可由药瓶放置的高低来调节，不要输得过快，尤其是体况衰竭的病畜；静脉输液前，应把药液加热到与体温相同的温度，在冬季输液数量较多时，更应注意这一点。输液完毕，应先捏住胶管，再拔出针头，消毒局部。

（五）腹腔内注射

腹腔内注射就是利用药物的局部作用和腹膜的吸收作用，将药液注入腹腔内的一种注射方法。当静脉管不宜输液时可用本法。腹腔内注射在大动物较少应用，而对小动物的治疗经常采用。在犬、猫也可注入麻醉剂。本法还可用于腹水的治疗，利用穿刺排出腹腔内的积液，借以冲洗、治疗腹膜炎。

1. 注射部位

牛在右侧肷窝部；马在右侧肷窝部；犬、猪、猫则宜在两侧后腹部。

2. 注射方法

牛、马可选择肷部中央。先进行剪毛消毒处理，然后术者一手把握腹侧壁，另一手持连接针头的注射器在距耻骨前缘 3~5 厘米处的中线旁，垂直刺入。刺入腹腔后，摇动针头有空虚感，即可注射。注入药物后，局部消毒处理。

（六）注射时的注意事项

① 首先检查注射器及针头是否能用，针头是否锐利，针头与针筒能否牢固结合。

② 将注射器及针头洗净，并进行煮沸或蒸汽消毒。煮沸消毒注射器时，应将各部螺旋拧松。

③ 先将病畜保定牢固，然后在注射部位剪毛。注射前及注射后局部都应该用酒精或碘酒棉球消毒。

④ 吸取药液前，应先将注射器各部螺旋拧紧。必须用酒精棉球消毒安瓿颈部、药瓶盖子，然后仔细查看药品的浓度、有无变质、药瓶有无破裂、是否过期失效等。吸取药液的剂量要准确，同时吸药姿势应正确。

⑤ 注射前应将针筒内的空气排尽，对静脉注射更应特别注意。

⑥ 注射完毕，用药棉久压针孔，以免出血。最后解除保定。

⑦ 注射时如发生断针事故，应立即用手或镊子夹出断针头。必要时，可行手术切开，取出断针头。

二、经口给药法

（一）灌药器投药

利用灌药器将药物从口角灌入口内，是投服少量药液时常用的方法，多适用于猪、犬、猫等中小动物，其次是牛、马等大动物。

（二）胃管投药

用胃管经鼻腔插入胃内，将药液投入胃内，是投服大量药液或刺激性药液常用的方法，适用于马、骡，其次为牛、羊、猪、犬等动物。

（三）混饲给药

将药物均匀混拌在饲料中，让畜禽采食时连同药物一起食入胃内。此法简便易行，适用于集约化养禽场、养猪场的预防性给药，或发病后的药物治疗。拌料时首先确定混饲药物的浓度，然后按平时每顿饲喂饲料量的50%~60%拌料。拌料应尽量均匀，混合的方法是先将药物和少量的饲料混合均匀，然后将混合物倒入大批饲料中充分混合均匀。若使用全价颗粒料，可先将药物溶解在水中，将颗粒料倒在大块的塑料布上，边搅拌边用喷雾器将药物均匀地喷洒在饲料上，喷水量应掌握为使颗粒料不发生粉化为宜。这种方法尤其适合于那些饮水给药适口性较差的药物和颗粒料的混用。畜禽给药前应禁食，以确保含药的饲料能够在1小时内吃完，吃完后再投给不含药物的饲料让其自由采食。

（四）饮水给药

将药物溶解在畜禽饮水中，让畜禽饮水时饮入药物而发挥药效。该法相对于混饲给药更容易混合均匀，而且节省人力和物力，是生产中常用的一种给药方法，适合于预防给药和治疗疾病，特别是对于发病后食欲降低但仍能饮水的畜禽群。给药前应先估算出畜禽每日饮水量，然后根据药物的使用说明计算出每天用药的量、次数及间隔时间等。一般情况下，可以按全天饮水量的1/4~1/3加药，混合均匀后任其自由饮用，药液饮完后再供给不含药物的清洁饮水。使用在水中稳定性较差的药物时，可提前停止供水1~2小时，以促其在较短时间内饮完。为了提高药物的适口性，降低应激反应，可以在饮水中加入葡萄糖和电解多维等同时饮用。

（五）气雾给药

适用于治疗一些呼吸道疾病。用药期间畜舍应密闭。通过呼吸系统给药时，要求药物必须能溶解于水，对黏膜无刺激，同时还要根据空间大小和畜禽数量准确计算药物用量和水量，控制雾滴大小。

（六）体表给药

用于畜禽体表的消毒或外伤处理，以杀灭体表的寄生虫或病原微生物，如生产中常用的带禽消毒。操作时将药直接喷洒在体表或涂擦在患部周围。

（七）灌肠给药

将药物用器械灌入肠道内，使其通过黏膜吸收。

三、经鼻给药法

（一）大动物经鼻给药法

用于牛、马等大动物灌服多量水剂、可溶于水的药品以及带有特殊气味、经口不易投服的药品。用特制的胃管，用前用温水清洗干净，排出管内残水，前端涂以润滑剂（如液状石蜡、凡士林等）。

将动物在柱栏内站立保定并使头部适当抬高，投药者站在动物右（左）侧，用左（右）手掀开右（左）侧鼻翼，右（左）手持胃管经鼻腔送至咽喉部，待吞咽时乘机送入食道，当判定已插入食道无误时再适当插入后连接漏斗灌药。灌完后，取下漏斗并用力吹气使胃管内药液排尽，再堵捏管口拔出胃管。

（二）小动物经鼻给药法

1. 犬的胃管投药

对犬、猫先进行安全保定后装上开口器。用较细的投药管经舌背面缓缓向咽腔插入，然后继续向深部插入即可顺利进入食管内，用连接胃导管的气球打气，可观察到颈部的波动，压扁气球后气球不会鼓起即可证明插入正确。连接漏斗灌入药液。

2. 猪的胃管投药

猪侧卧保定，先给猪装上开口器，胃导管经口腔插入，经舌背部向咽腔插入食管内 15~20 厘米，其判定方法同犬的判定方法，插入正确后灌入药液。

（三）插胃管的注意事项

插入胃导管灌药前，必须判断胃导管正确插入后方可灌入药液（表 5-1）。若胃导管误插入气管内灌入药液将导致动物窒息或形成异物性肺炎。经鼻插入胃导管，插入动作要轻，严防损伤鼻道黏膜。若黏膜损伤出血时，应拔出胃导管，将动物头部抬高，并用冷水浇头，可自然止血。

表 5-1 胃管插入食管或气管的鉴别方法

鉴别方法	插入食管	插入气管
胃管前送的感觉	稍有阻力感，动物安静并有吞咽动作	无吞咽动作，无阻力，多数可导致强烈咳嗽
胃管后端突然充气	左侧颈沟有随气流进入而产生的明显波动	无波动
胃管后端听诊	不规则咕噜声或水泡音，无气流冲击耳边	随呼吸有气流冲击耳边

（续表）

鉴别方法	插入食管	插入气管
胃管后端浸入水中	水内无气泡	随呼吸动作水内出现水泡
触摸颈沟部	手摸颈沟区感到有一坚硬索状物	无
胃管后端嗅诊	有胃内酸臭味	无

四、直肠给药法

常用于出现严重呕吐症状的犬、猫，如经口投药，药液常随呕吐物损失而难以起到药物作用。

抓住犬、猫两后肢，抬高后躯，将尾拉向一侧，用12~18号导尿管，猫经肛门向直肠内插入3~5厘米，犬插入8~10厘米；用注射器吸取药液后，经导管灌入直肠，一般情况下，猫灌入30~45毫升，犬灌入30~100毫升。拔下导管，将尾根压迫在肛门上片刻，防止努责，然后松解保定。

五、穿刺法

（一）马骡喉囊穿刺

喉囊内蓄积炎性渗出物而发生咽下及呼吸困难时，应用本法排出炎性渗出物和洗涤喉囊。

穿刺部位在第一颈椎突中央向前1指宽处。剪毛消毒后，左手压住术部，右手持穿刺针垂直穿过皮肤后，针尖转向对侧外眼角的方向缓慢进针，当针进入肌肉时稍有抵抗感，达喉囊后抵抗力立即消减，拔出套管内的针芯，然后连接洗涤器送入空气。如空气自鼻孔逆出而发生特有的声响时除去洗涤器，再连接注射器，吸出喉囊内炎性渗出物或脓液。如以治疗为目的，可在排脓洗涤后注入药液，喉囊洗涤后再灌入汞溴红洗液，经喉囊自鼻孔流出后，拔去套管。

（二）牛心包穿刺

牛心包穿刺往往用于心包炎（特别是创伤性网胃心包炎）或心包积液的诊断，有时用于心包内冲洗，并注入某些药物以防感染。穿刺部位在左侧第4或第5肋间隙，肩端水平线下方约2厘米处，心叩诊呈浊音部，注意避开胸外静脉。病牛站立保定，并使左前肢向前跨一步或向前方提举呈伸展状态，以充分显露心区。

穿刺部剪毛，常规消毒，严格无菌操作，先在术部用手术刀作1厘米左右的小切口，然后用灭菌的18号10厘米长的穿刺针，针尾端接一段橡胶管或塑料管，并用夹子将其夹住，以防空气进入胸腔，于肋骨前缘将穿刺针刺入皮下，去掉夹子，接上 10~20 毫升的注射器，再向前下方刺入，刺入深度因水牛、黄牛、乳牛、牦牛等而不同，最好是边刺边抽为宜。

如阻力骤减，则可能已刺入心包或胸腔，刺入心包时，针头随心脏的搏动而摆动，此时可抽出针芯，心包液即从针孔流出，若刺入过深则会刺进心肌，此时除针头随心跳而摆动外，并从针孔流出血液。若刺入心室内，可见由针孔向外喷血，这种情况下应迅速后退针头以调整深度，必要时可重新刺入，但切忌乱刺，严防感染和漏入空气。

抽液或冲洗完毕，用一手紧压胸壁刺入点，一手拔针，并必须对刺入点及其周围严格消毒，切口结节缝合。心包穿刺中严防牛躁动，否则可发生气胸，针头要垂直进出，避免左右摇摆，以防划破心肌。心包穿刺后如果牛食欲废绝或心搏增数，可给予强心药。

（三）胸腔穿刺

排出胸腔积液，或洗涤胸腔及注入药液；多用于胸膜炎、胸膜内出血、胸水的治疗以及排出胸腔内积气。也可用于检查胸腔内有无积液及积液的采取，供鉴别诊断。

马穿刺部位在左胸侧第 7 肋间，右胸侧第 6 肋间；反刍动物和猪在左胸侧第 6 肋间，右胸侧第 5 肋间；犬在左胸侧第 7 肋间，右胸侧第 6 肋间，胸外静脉上方。穿刺时局部剪毛消毒，左手将术部皮肤稍向上方移 1~2 厘米，右手持套管针用指头控制 3~5 厘米处，在靠近肋骨前缘垂直刺入，即可流出积液或血液。放液不宜过急，以免胸腔减压过急而影响心肺功能。放完积液后可通过穿刺针进行胸腔洗涤，或注入治疗性药物。

（四）腹腔穿刺术

主要用于诊断胃肠破裂、肠变位、内脏出血等；腹膜炎时放液冲洗注药；小动物腹腔麻醉和补液。大动物一般站立保定；中、小动物横卧或倒提保定。

马在下腹剑状软骨后方 10~15 厘米、腹白线两侧 2~3 厘米处，也可在左下腹部，即由髋结节到脐部的连线与通过膝盖骨的水平线所形成的交点处。牛可在下腹部，定位同马。但要避开瘤胃，在右下腹部而不在左下腹部。犬、猫、猪等中、小动物在脐部稍后方腹白线上或稍旁开腹白线。

术部剪毛消毒后，垂直皮肤将针刺入，针入腹腔时有落空感。腹腔内如有液体，即可自行放出，不能自行放出时可用注射器抽吸，或用吸引器吸引。完毕拔针涂碘酊。保定要确实，以免动物闹动针头损伤内脏。大量放液时应缓慢，并注意心脏状态。

（五）瘤胃穿刺术

瘤胃发生急性臌气或向瘤胃内注入药液。

一般采取站立保定。在左肷窝部，由髋结节向最后肋骨所引水平线中点，距离腰椎横突10~20厘米处。牛羊均可在左肷窝部膨胀最明显处。

术部剪毛消毒后，在术部作1厘米长的皮肤切口，将消毒过的套管针尖置于皮肤切口内，对准右侧肘头方向迅速刺入10~12厘米，固定套管，拔出针芯，用手指堵住管口间歇放气。气体排出后，为防止复发，可经套管针向胃内注入5%克辽林液200毫升或0.5%~1%福尔马林液500毫升。将针芯插入套管中，左手紧压腹壁，右手迅速拔出套管针。皮肤切口进行一针结节缝合，创口涂以碘酊，装以火胶棉绷带，如需再次穿刺，应避开原来的穿刺孔。

（六）瓣胃穿刺术

用于瓣胃秘结时注射药物进行治疗。

站立保定。右侧第8~10肋间（第9肋间最合适）与肩端水平线的交点。

术部剪毛消毒。用15~20厘米长的穿刺针垂直皮肤并向前下方刺入10~12厘米，当刺入瓣胃时，有硬、实的感觉。为慎重起见，可先注入30~50毫升生理盐水并迅速回抽，回抽液如果浑浊并带有草屑，证明刺入正确。然后在瓣胃内注入25%~30%硫酸钠溶液300~450毫升或温生理盐水2 000毫升。注射完毕，用注射器将针体内液体全部打入瓣胃，然后用手堵住穿刺针孔，迅速拔出针头，术部用碘酊消毒。

（七）肠管穿刺术

用于排出盲肠、结肠内的气体和向肠腔内直接注入防腐药液。

一般站立保定。马的盲肠穿刺部位在右肷窝的中心处，即从髋结节中央点到最后肋骨所引水平线的中点前方1~2厘米处。马的结肠穿刺部位在左侧腹部膨胀最明显处。

术部剪毛消毒后，盲肠穿刺时，右手持消毒的穿刺针，由穿刺点向着对侧肘头或剑状软骨部，刺入6~10厘米。固定套管拔出内针，气体由套管排出。排气结束后，为防止疾病复发，可经套管向盲肠内注入防腐止酵剂。将内针还入套管后，术者左手用酒精棉球紧压术部皮肤，使腹壁与肠管贴近，右手迅速拔出针头。术部碘酊消毒并用火棉胶封闭针孔。结肠穿针时，封闭针头与皮肤垂直，刺入3~4厘米。穿刺时动作要迅速，手术完毕拔针时，如果针孔内有液体，则应先用空注射器向穿刺针头内打气，以防止针内容物落入皮下或筋膜下造成感染。

（八）膀胱穿刺术

用于因尿道阻塞引起的急性尿潴留。

小动物仰卧保定，大动物六柱栏内站立保定。小动物在耻骨前缘3~5厘米处腹白线左（右）侧腹底壁上；大动物通过直肠穿刺。

大动物应先用温水灌肠后，术者用右手拇指、食指、中指保护针尖，将针带入直肠内。手进入直肠后，感觉膀胱的轮廓，在膀胱体部进行穿刺。穿刺时让针尖从拇指与食指间露出，针尖垂直直肠壁刺入膀胱内，然后手在直肠内固定针头，防止针头随肠蠕动而脱出。尿液经针头、胶管流出体外。小动物穿刺时，术部剪毛消毒。用左手隔着腹壁固定膀胱，右手持针头使其穿过皮肤、肌肉、腹膜和膀胱壁而刺入膀胱，用手将针固定，尿液经针头排出。穿刺完毕后拔下针头，局部用碘酊消毒。

第二节 临床常用治疗方法

一、物理疗法

（一）烧烙疗法、电疗

烧烙主要用于慢性炎症的治疗上，特别对慢性骨和关节的疾病，如慢性骨化性骨膜炎、跗关节内肿等，疗效较好。在外科手术时，烧烙还可作为止血和烙断组织的方法。

烧烙要用专门的器械，最常用的是各种形状的火烙铁，使用前在火焰上烧成赤红。另外还有自动烧烙器、白金烙铁等。患畜要确实保定，患部剪毛、消毒和局部浸润麻醉。然后根据炎症的性质可选用点状烧烙、线状烧烙、穿刺烧烙等各种烧烙方法。

为了加强烧烙的治疗作用，可于烧烙后立即在患部涂布 5%～7%的碘酊，然后用绷带包扎，每天涂药 1 次，连用 15 天。应设法防止病畜啃咬或摩擦烧烙部位。

电疗是用电流或电场作用于机体而达到治疗的目的。

1. 电流电疗法

主要应用于亚急性炎症以及促进神经再生和恢复神经传导机能的治疗，如腱鞘炎、腱炎、黏液囊炎、肌炎、关节周围炎、神经麻痹和不全麻痹等。但湿疹、皮炎、溃疡、化脓过程以及个别病畜对直流电特别敏感者不可应用。其具体方法是把患部剪毛、洗净。把用 8～10 层纱布制成的、稍大于金属电极的衬垫物浸透生理盐水后敷于患部，其上放置有效电极（即治疗电极），用绷带固定。为直流电提供回路的无效电极可用并置法或对置法安放在患部的附近或相对应部，放置前局部也应剪毛、洗净，并加垫浸湿生理盐水的衬垫物。由于阴极下具有消炎、加速再生、使瘢痕软化的作用，所以一般把治疗电极连接在阴极输出上。为了使治疗电极下的电流密度大一些，通常把治疗电极做得小一些。

直流电疗时的剂量按治疗电极下衬垫的面积最大不超过每平方厘米 0.3~0.5 毫安计算。每次治疗 20~30 分钟，每日或隔日 1 次，25~30 次为 1 疗程。

2. 直流电离子透入疗法

实施方法与直流电疗法基本相同，其具体步骤为：选择含有有效成分的能电离的药物，配成水溶液，用此溶液湿润干燥的衬垫。有效药物成分为阳离子时，则将有效药物的衬垫与阳极相连；有效药物成分为阴离子时，则将其衬垫与阴极相连。无效衬垫仍用生理盐水湿润。

临床上常用的阳离子制剂有 2%~10%的硫酸镁、0.25%~2%的硫酸锌、0.5%硫酸铜、0.5%硝酸士的宁、3%~5%盐酸普鲁卡因液，每毫升含 1 000 单位的链霉素、1%的磺胺噻唑等。

常用的阴离子制剂有 2%~10%碘化钠、2%~10%次亚硫酸钠、2%~5%水杨酸钠、维生素 C、每毫升含 1 000 单位青霉素、2%~10%氯化钙等。

3. 感应电疗及低频脉冲电疗

这两种电疗都是利用低频率的脉冲电流治疗疾病的理疗方法。常用以治疗神经麻痹、不全麻痹、肌萎缩、肌无力、跛行等，还可用于止痛和麻醉。不能用于急性炎症和化脓性炎症，局部有湿疹和皮炎以及肌肉痉挛者禁用。

（1）感应电疗的实施方法　感应电疗机的无效电极通过衬垫安置在靠近患病肌肉附近或一端，治疗电极则安置在患部或肌肉的另一端。治疗时，用手控制断续地通以感应电流，每分钟不超过 40 次，每次治疗 20~60 分钟，每天 1 次。感应电流的强弱以能引起肌肉明显收缩为度。

（2）低频脉冲电疗的实施方法　首先选好穴位进行针刺，然后把电针治疗机上的输出插口用带夹子的导线与针相连。治疗机一般有多组输出，每组两个电极，因此电疗时亦应成对地应用针刺。然后选择波形与工作状态，调节输出电压到所需程度。弱刺激用于促进神经的再生及功能恢复、止痛；中等刺激用于消炎、消肿、促进血液循环、改善组织营养；强刺激在治疗时少用，有时用于电针麻醉。

4. 共鸣火花电疗

这种电疗对改善组织营养有着良好的作用，常用以治疗营养性溃疡、皮肤病、冻伤、局部瘙痒、湿疹、神经痛等。

治疗时，首先开启电源，火化发生器上发出吱吱的声音，再调节旋钮使玻璃电极内产生紫光，然后把电极与患部接触。如要得到较强的刺激，可将电极稍稍离开患处。每次治疗 3~5 分钟，每日或隔日进行 1 次。玻璃电极有多种形状，可根据患部需要选择。

5. 中波透热电疗

可加强组织内的新陈代谢和酶反应以及血管的扩张，还可增强血管的渗透性和细胞的吞噬作用。主要用于风湿病，各种损伤，神经、肌肉、骨和关节的疾病，韧带、腱和腱鞘的疾病，乳房炎、胸膜炎、支气管炎和肺炎等。但有化脓-腐败过程、肿瘤及出血倾向者禁用。其具体方法是将患部刷拭干净，毛厚者要剪毛。常用0.5~1毫米厚的铅板做电极。电极应根据体表形状而弯曲，做到紧贴患部，用绷带固定，不必加衬垫。接通电源前，把选择开关拨到1.5安或3.5安的位置上。合上电源，预热5分钟后将电流控制器旋到“治疗”的位置，前后调整“输出电力控制”到所需要的剂量。通常每平方厘米的电极上电流不超过10毫安。每次治疗20~30分钟，每日或隔日1次。

6. 短波电疗

也称短波透热电疗，其主要作用是消炎、止痛、抗痉挛和杀菌四个方面。适用于各种炎症，如神经炎、关节炎、肌炎、支气管炎、肺炎、挫伤、创伤、神经痛、肠痉挛等。当急性炎症伴有化脓症状时，肿瘤有出血倾向者禁用。

装置板形电极的方法有对置法和并置法两种。也可应用缆形电极环绕身体1~3圈，环绕中在腰背部、腹部、胸部面积较大的部位将缆形电极盘成长条形或圆盘状，用特制的胶木槽固定以保持其形状，用绷带绑好。电极与机器输出插口连接好后开机。开机的顺序是先旋电源及总输出开关至“灯丝”的位置，5分钟后接通高压，旋动调谐旋钮达到200~300毫安。治疗期间操作人员应离开机器2米远。每次治疗20~30分钟。

7. 超短波电疗

这种电疗对于外科炎症，包括化脓性炎症如蜂窝织炎、化脓性腱鞘炎等有很好的疗效。但应注意剂量大小与疗效有很大关系。肿瘤、有出血倾向及严重的循环系统紊乱时禁用。

治疗时把病畜保定好，安装好电极板并固定之。接通电源，调节灯丝电压到所规定的数值，最后旋动输出调节旋钮到治疗挡，指示灯发光最亮，此时，操作人员也应离开机器2米。每次治疗15分钟，每天1次。

（二）局部温热疗法

1. 水温敷法

局部温敷适用于消炎、镇痛等。温敷用四层敷料：第一层为湿润层，可直接敷于患部，用叠成四层的纱布或两层的毛巾、木棉等；第二层为不透水层，用玻璃纸或塑料布、油布等；第三层为不良导热层，用棉花、毛垫等；第四层为固定层，可用绷带、棉布带等。先将患部用肥皂水洗净擦干，然后将湿润层以温水或3%醋酸铅溶液缠于患部，轻压挤出过多的水，外面包以不透水层、保温层，最后用绷带固定。为了增加疗效，可用药液温敷。湿润层每4~6小时更换1次。

2. 酒精温敷法

用95%或70%酒精进行温敷，酒精度越高，炎症产物消散吸收也越快。局部有明显水肿和进行性浸润时，禁用酒精温敷。

3. 热敷法

常用棉花热敷法。先将脱脂棉浸以热水轻轻挤出余水后敷于患部，浸水的脱脂棉外包上不透水层及保温层，再用绷带固定。每3~4小时更换1次。

（三）局部冷水疗法

1. 冷敷法

用叠成两层的毛巾或纱布浸以冷水，敷于患部，经常地保持低温。也可使用冰囊、雪囊及冷水袋局部冷敷。为防止感染，可选用2%硼砂、高渗盐水或硫酸镁等消炎剂。

2. 冷脚浴法

常用于治疗蹄、指、趾关节疾病。将冷水盛于木桶或帆布桶后，将患部浸入水中。长时间冷脚浴时蹄角质需涂蹄油。局部冷水疗法可用于手术后出血、软组织挫伤、血肿、骨膜挫伤、关节扭伤、腱及腱鞘疾患，马的急性蹄叶炎及蹄底挫伤等。凡化脓性炎症、患部有外伤时不能用湿性冷疗，需用冰囊、雪囊或冷水袋等干性疗法。

（四）石蜡疗法

石蜡疗法是兽医临床上常用的物理治疗方法之一。石蜡具有高度的保温性和极低的导温性，其导温性为水的1/10，石蜡加热到70~90℃用于皮肤时，也不致引起烫伤，它的热力可以透入深部组织。以治疗为目的时，可使用熔点44~65℃的白色或黄色石蜡，以熔点52~55℃的石蜡为最好，因其无刺激皮肤作用，并且具有较大的被覆作用。使用时，先将石蜡加热到90~100℃，然后冷却到所需要的温度。初次使用时，最好用热到65℃的石蜡，以后可渐次增高（可达85℃）。为了提高疗效，可于使用前向石蜡中添加5%的鱼石脂。在融化石蜡时，若有水滴进入，必须将其加热到120℃，以使水分蒸发，不然，皮肤容易烫伤。

在治疗创伤时，宜用经110~120℃灭菌20~30分钟的石蜡。用过的石蜡，还可以再用。但必须经120~150℃灭菌30分钟，并用灭菌纱布滤过。在每次使用前，必须添加10%~15%的新石蜡。

在治疗前，局部必须剪毛或剃毛，干燥、清洁。经洗涤后，必须用干燥毛巾细致擦干，并待局部一点水分没有时，再进行涂蜡，否则，容易发生烫伤。在治疗开放性创伤时，先要用灭菌的干纱布将创伤分泌物除去。

皮肤表面涂敷石蜡以后，有热感，并有汗珠，发红而呈充血状态。因而提高局部的新陈代谢，可以减轻疼痛，并有软化瘢痕、硬化组织的功能。由于石蜡在皮肤上逐渐凝固，体积缩小，因而压迫组织，可使水肿减轻。石蜡疗法又可以使大脑皮层得到微弱而温和的刺激，促使大脑机能恢复正常，石蜡疗法适用于各种类型的关节炎、关节挛缩及强直、迟缓愈合创、神经痛、神经炎、肌炎、淋巴结炎、挫伤、腱鞘炎以及营养性溃疡等。有坏死灶的发炎创、急性化脓过程及不能用温敷的疾患，新发生的挫伤、腱及腱鞘疾患禁忌。

1. 石蜡热敷法

用一个柔软毛刷蘸热至65℃的石蜡迅速涂于患部表皮，成一致密的薄层，很快形成了防止烫伤的石蜡膜，再迅速向上涂布石蜡，直至形成1~1.5厘米的厚层为止。然后，在石蜡面盖一层胶皮或油纸，再加一层棉垫或毡片，再用绷带包裹。本法多用于小的牲畜。它的主要缺点是组织的透热程度较浅。

2. 石蜡热浴法

先用融化的石蜡涂布表皮2~3次，以便形成防止烫伤层。然后用被覆性胶布两层（或用油纸）缠缚于患部，其下端用别针缚紧，使上部开阔形成筒袋状，其中的直径为2~2.5厘米。然后从上方开口均匀注入石蜡。为了使石蜡均匀地被覆于患部，最好随着石蜡向囊内灌注的同时渐渐紧缩胶布。石蜡灌满以后，可按照前述方法覆盖棉垫或毡片，再行包裹。主要用于四肢下部的腱及关节患部。

3. 石蜡棉纱热敷法

按需要的形状和大小做好5~8层的棉纱，放于盛热石蜡的盆中（温度80~85℃）。先用刷子将石蜡涂于患部2~3层，再用钳子将棉纱由盆中取出放于胶布上，将它稍拧一下（以不淋沥为止），覆于皮肤表面的石蜡层上。然后用胶布、棉垫（或毡片）按顺序地将石蜡棉纱包裹，并用绷带固定。此种疗法虽然有较大的组织透热作用，但无被覆作用，适用于治疗面积较大的部位，例如臀部、四肢上部等。

石蜡疗法适用于各种疾病急性期已过的慢性过程。使用次数要根据病畜具体情况决定。通常可以每天1次，也可以相隔2~3天1次。一般2~3次即可得到一定疗效，个别病例也有施行10次左右的。为了早期收到良好效果，石蜡疗法应和其他疗法合并使用。

二、给氧疗法

（一）适应证

适用于任何原因引起的缺氧。

（二）给氧方法

1. 经导管给氧法

（1）鼻导管给氧法　由给氧装置输出导管插入患病动物鼻孔内，放出氧气，供动物吸入。

（2）气管内插管法　大动物倒卧保定，开口器打开口腔并将头颈伸展，舌向前拉出，经口将导管送入咽部，趁吸气时将导管插入气管或用细小的导管经下鼻道插入气管。小动物一般经口直接插入气管。

（3）导管插入咽头部给氧法　将导管插入患病动物咽头部给氧。

2. 皮下给氧法

把氧气注入皮下疏松结缔组织中，使毛细血管内的红细胞逐渐吸收。大动物每次6~10升；中小动物每次0.5~1升。可选取数点进行。注入速度1~1.5升/分钟。

3. 经鼻直接给氧法

在给氧装置输出导管的一端，连接活瓣面罩，将面罩套在患病动物的面鼻上，并固定于头部和鼻梁上，打开氧气瓶，动物即可自由吸入氧气。

4. 静脉注射3%过氧化氢给氧法

用10%~25%葡萄糖10倍稀释未启封的3%过氧化氢配成0.3%过氧化氢溶液，马、牛每次50~80毫升，猪、羊每次5~20毫升，缓慢静脉注射。

第三节　普鲁卡因封闭疗法

普鲁卡因封闭术是将普鲁卡因注射入一定部位的组织或血管中，改变神经功能，减少疼痛，促进炎性产物吸收，增减机体修复功能等的一种辅助方法，在治疗过程中应与其他疗法配合使用。

一、适应证

1. 外科方面

冻伤、烫伤、休克、破伤风、毒蛇咬伤、急性炎症如蜂窝织炎、淋巴管炎等。

2. 内科方面

急性或慢性支气管炎、支气管哮喘等。

3. 耳鼻喉疾病

扁桃体炎、急性外耳炎和中耳炎等。

4. 眼部疾病

如急性结膜炎、角膜炎等。

5. 产科方面

如母犬生殖器官的急性炎症等。

二、禁忌证

① 对普鲁卡因过敏者。

② 晚期化脓性炎症，如脓毒血症、败血症等。

③ 急性腹痛尚未确定诊断者。

三、操作方法

（一）静脉内封闭疗法

将普鲁卡因注入静脉内，使药物作用于血管内壁感受器，以达到封闭的目的。注射方法同一般静脉注射，但注射速度要慢，并常配成0.1%普鲁卡因生理盐水。为防止出现不良反应，可于每100毫升普鲁卡因生理盐水中加入0.1克维生素C。常见的不良反应有呼吸抑制、呕吐、出汗、发绀等，一旦出现不良反应则立即停止静脉注射，并采取相应措施，如皮下注射盐酸麻黄素或静脉注射硫喷妥钠溶液。

静脉封闭法对风湿病、创伤、烧伤、化脓性炎症、过敏性疾病等都有较好的疗效。

（二）血管封闭法

可用于治疗挫伤、烧伤、去势后水肿、久治不愈的创伤、湿疹、皮肤炎等疾病。方法是：将0.25%的盐酸普鲁卡因溶液按1毫升/千克体重的剂量，缓慢注入静脉内，每天1次，连用3~4次。

（三）穴位封闭法

主要用于治疗前肢或后肢的疾病。方法是：用0.25%~0.5%的盐酸普鲁卡因溶液，直接注入躯干穴位，前肢用抢风穴，后肢用百会穴，每日1次，连用3~5次。

（四）肾区封闭法

将盐酸普鲁卡因溶液注入肾脏组织脂肪囊中，以封闭肾区神经丛。此法适用于治疗各种急性炎症或化脓性炎症，对胃扩张、肠臌胀、结症也有较好的疗效。

（五）胸膜封闭法

此法是把普鲁卡因溶液注入胸膜外、胸椎下的蜂窝组织里，这样可以控制腹腔及盆腔脏器手术后炎症的发展，也可治疗这些脏器的疾病。

（六）病灶周围封闭法

将0.5%普鲁卡因在病灶周围约2厘米处，分点注入皮下或肌间，以起到浸润麻醉的作用，用量为5~30厘米。对化脓创，注射点要距病灶稍远，以免造成病灶扩散。

（七）四肢环状封闭法

将0.25%~0.5%盐酸普鲁卡因溶液注射于四肢病灶上方3~5厘米处的健康组织内，分别在前、后、内、外从皮下到骨膜进行环状分层注射药液。剪毛消毒后，将注射器与皮肤呈45°或垂直刺入皮下，先注射适量药液，再横向推进针头，一边推一边注射药液，直达骨膜为止，拔出针头；再以同样方法绕患肢注射数点，注入所需量的药液。用量应根据部位的粗细而定，每日或隔日1次。注射时应注意勿损伤较大的神经和血管。

四肢环状封闭法对四肢的炎症疾病比较有效。

第六章

兽医常见手术

第一节 外科消毒法

一、手术器械、敷料和其他物品的消毒

（一）手术器械的消毒

1. 消毒前器械物品准备

金属器械应先检查数量及实用性，然后用纱布擦去油脂，彻底擦净。手术刀包好，尤其刃部，缝合针与针头用纱布包好。

2. 消毒方法

（1）煮沸灭菌法 铺好纱布→排放器械→纱布→镊子或器械钳子放入→加蒸馏水没过器械，加热煮沸后 30 分钟。

为保证煮沸灭菌时间，防止器械生锈，并提高沸点，可加入 2% Na_2CO_3（10 分钟）或 0.25%NaOH→沸后 5 分钟。

（2）高压蒸汽灭菌法 手术器械用消毒巾包好→盛物桶内，加入开水，盖好上盖，旋紧螺丝→加热至 121.3℃，15 磅压力（金属器械）→停止加热→气压自然下降后，开启→取出。

（3）药物消毒法 作为灭菌手段，药物消毒并不理想，尤其是对芽孢难以杀死，但药物消毒法使用方便，不需特殊设备，时间短，所以仍广为应用。

①方法。将器械擦净后，浸在消毒液内，经一段时间后取出，用灭菌生理盐水冲洗后即可应用。

②药物。常用药物有 0.1%洗必泰，先用少量热水溶解，再加常水，浸泡 15 分钟；0.1%新洁尔灭，浸泡 15~30 分钟；浸泡 70%~75%酒精，浸泡 15~30 分钟；5%来苏尔，浸泡 30 分钟；1%甲醛，浸泡 30 分钟。

（4）火焰灭菌法 主要用于紧急使用的器械或大型器械及搪瓷盘的消毒。

大型或紧急使用的器械放入器械盘内，倒入适量酒精（95%），点燃可达灭菌目的。或镊子夹取酒精棉球点燃后烧烤器械即可。

但需注意，刃性器械禁止用火焰消毒，因可使刃性变钝。

（二）敷料及其他物品的消毒

1. 敷料的制备及消毒

敷料包括棉球、纱布棉垫、止血纱布、吸水棉球、绷带、创巾等。

（1）棉球　撕成3~4厘米的小块，团成球状，放入广口瓶中，倒入2%~5%碘酊或75%酒精。

（2）纱布棉垫　纱布→脱脂棉→纱布。适当大小，用纸包好。

（3）止血纱布　大40厘米×40厘米，小15厘米×20厘米，用纸包好。

（4）吸水棉球　10厘米×10厘米纱布，沿对角线剪开，放上棉花及纱布碎块，两对角打结成球形，可用于吸取渗出液，血液。

（5）创巾（手术巾）　白布制成的大于手术区域的布块，中间开以20厘米长的窗洞，隔离术野。

消毒：高压灭菌器内灭菌，可将敷料装入灭菌，121.3℃，15磅压力，20~30分钟。

2. 注射器消毒

煮沸灭菌法：注射器拆开，标号，并将各部分包好，加冷水煮沸10~15分钟。

3. 橡胶制品的消毒

高压蒸汽灭菌：橡胶手套内撒匀滑石粉，手套外翻6~7厘米，每只配一小包滑石粉，用消毒巾或双层纱布包好，30分钟即可。

煮沸灭菌：水中勿加入碱性药物，包好的橡胶手套勿接触金属器械或锅壁，并在水沸后放入，5~10分钟。

4. 手术衣的消毒

事先洗净晒干，折好，衣领子在最上面，用消毒巾包好，高压灭菌器内灭菌30分钟即可。

二、手术室及手术场地的消毒

（一）手术室及其消毒

采光良好，上下水设备，地面墙壁便于冲刷消毒。

先洒水，打扫干净，洒2%来苏尔，0.1%新洁尔灭；墙壁、手术台、空间等进行喷雾消毒，紫外线照射1小时。

（二）手术场地消毒（室外）

洒水，扫净，2%来苏尔，0.1%新洁尔灭喷洒，选择平坦、避风场地。

三、手术部位的准备与消毒

（一）术部净化处理

术部净化处理具体有三个步骤。

第一步：用肥皂水将术部及其周围洗刷清洁，擦干。

第二步：用2%煤酚皂溶液或3%石炭酸溶液把术区彻底洗刷消毒，再将术部周围被毛浸湿，而后用纱布擦干。

第三步：再用75%酒精棉清拭。

（二）术部消毒

第一步：先用5%碘酊涂擦，涂擦时用镊子夹持碘酊棉球由术部中央开始一圈挨一圈地向外涂1~2次，禁止来回反复涂抹。

第二步：碘酊涂完2~3分钟后，再用75%酒精棉球脱碘。

第三步：覆盖创巾。术部消毒后，覆盖灭菌手术巾，用巾钳加以固定，使其切口与其以外的被毛隔离，借以减少污染机会，手术巾宁大勿小，遮盖范围越大越好。

四、手术人员的准备与消毒

（一）手术人员的准备

手术人员的准备具体有三个步骤和要领。

第一步：参加手术人员于洗手前，应戴好手术帽和口罩，穿好胶靴，更换清洁的裤子及短袖上衣。而衣袖卷至肘关节以上扎好，充分露出肘关节。

第二步：剪短指甲、磨光，除去污物。

第三步：用肥皂水彻底刷洗手臂、指甲周围及皱纹等处的污垢，再用清水冲净。

（二）手术人员的消毒方法和步骤

术者手臂洗净后，在0.5%氨水盆内用刷子刷洗手臂3分钟（氨水配制：每100毫升温水加10%氨水5毫升，并浸入两块纱布做擦拭手臂用），用灭菌纱布或毛巾擦净，然后在另一盆的0.5%氨水中再按同样方法刷洗手臂3分钟。手臂也可在0.1%新洁尔灭溶液或75%酒精溶液中浸泡3~5分钟后，用灭菌纱布或毛巾擦干。

第二节　麻　醉

一、概述

施行外科手术时，用物理或化学的方法使动物全身或局部的知觉暂时性抑制或消失的方法称为麻醉。

1. 麻醉的作用

麻醉可以消除疼痛刺激，保证其正常生理机能，防止外伤性休克。麻醉后能保证手术的顺利进行，防止人畜的意外伤害；可防止手术并发症及促进手术创一期愈合。

2. 麻醉的分类

（1）全身麻醉　用全麻剂，使动物中枢神经系统受到抑制，呈现肌肉松弛，对外界刺激的反应减弱或消失，但生命中枢功能仍保持正常。

（2）局部麻醉　利用局麻剂有选择性地暂时性地使手术区域的痛觉传导及神经末梢失去接受刺激的能力，以便于手术顺利进行。如：腰旁神经传导麻醉、浸润麻醉。

二、全身麻醉

（一）分期

1. 浅麻期

呈嗜睡状态，各种反射活动降低或部分消失，茫然站立，头颈下垂，肌肉轻微松弛。适用小手术。

2. 深麻期

昏睡状态，各种反射消失，肌肉松弛，将舌拉出口腔不能自动缩回，心跳变慢，呼吸慢而深。

3. 中麻期

介于二者之间。

全麻可配合局麻。

（二）临床上常用全麻药物及其使用

1. 保定宁（不常用）

① 二甲苯胺噻唑（静松灵）与乙二胺四乙酸（EDTA）等量合并而成的。

② 用法用量：马、骡 0.8~1.2 毫克/千克体重，大量 1.85 毫克/千克体

重。驴 2~3 毫克/千克体重，肌内注射。可依据麻醉表现进行半量追加麻醉。

③ 维持时间：1~2 小时。

④ 麻醉现象：肌内注射后 5~10 分钟即可发挥作用，精神沉郁，反应迟钝，站立不稳，痛觉和角膜反射消失，耳耷头低，舌软如绵，拉出不能缩回，瞳孔散大，但意识、听觉、肛门、眼睑反射不消失，麻醉后，心跳减慢，呼吸加快，体温下降 0.2~2℃。

2. 静松灵（二甲苯胺噻唑）

镇静、镇痛、肌松作用。

① 用药剂量及方法：马，站立手术时，肌注 1~2 毫克/千克体重，超过 2 毫克/千克体重马即卧倒。1 毫克/千克体重静注，倒卧熟睡状态，可行各种大手术。牛 0.2~0.4 毫克/千克体重，肌注。羊 1 毫克/千克体重，肌注。

② 麻醉维持时间：马 1 小时以上，但镇痛作用仅维持 0.5 小时，故在给药后 20~30 分钟追加给药。牛 1~2 小时。

③ 麻醉表现：肌注后 20 分钟即可呈现作用并达到高峰，主要呈现精神沉郁，活动缓慢，头颈下垂，唇下垂，流涎，熟睡状态，全身肌肉松弛，躯干及四肢上部针刺无痛觉，意识并未完全丧失。

3. 846 合剂（速眠新）

镇痛药：盐酸二氢埃托啡（DHE）和强安定。

镇静肌松药：保定宁及氟哌啶醇。

用法用量。牛：0.6 毫升/100 千克体重，肌注，5~10 分钟平稳进入麻醉状态，持续时间 40~80 分钟，剂量达 4 毫升/100 千克体重，麻醉时间延长，但无不良反应。羊：0.02~0.1 毫升/千克体重，肌注，3~10 分钟进入麻醉状态，持续时间 2~3 小时。犬：0.04~0.3 毫升/千克体重，肌注，3~10 分钟进入麻醉状态，持续时间 1.5 小时。猫：0.194~0.33 毫升/千克体重，肌注，3~10 分钟进入麻醉状态，持续时间 90~100 分钟。

4. 眠乃宁（野生动物用）

（1）组成　盐酸二氢埃托啡（DHE）+二甲基苯胺噻唑。

（2）剂量　梅花鹿：1.5~2.5 毫升/头，马鹿：2~3 毫升/头。麻醉枪枪击或注射器打飞针法，肌注后 5~10 分钟倒卧，维持 2 小时。

三、局部麻醉

根据局麻部位、范围大小分为表面麻醉、浸润麻醉、传导麻醉、脊髓麻醉。

局部麻醉具有安全，无麻醉并发症，机体恢复快，操作简单，使用范围广等优点，大手术时常配合全身麻醉。

常用局麻剂：盐酸普鲁卡因，常用浓度 0.5%～5%，配合 0.1%肾上腺素 0.3～1 毫升/100 毫升，延长麻醉时间，减少毒性反应，控制伤口出血。肌注，1～3 分钟发挥作用，持续时间 45～90 分钟。由于本品渗透力弱，多不适于表面麻醉。

（一）表面麻醉

利用麻醉药的渗透作用，使其透过黏膜或浆膜阻滞潜在神经末梢的神经传导，使其痛觉消失的方法。主要用于眼结膜、角膜的麻醉；另外，用于口、鼻、直肠的麻醉。

表面麻醉剂要求穿透力好，常用 1%盐酸丁卡因（地卡因）、2%～4%的盐酸利多卡因、3%～5%的盐酸普鲁卡因（因穿透力差，每 3 分钟点眼 1 次，以需要可点 3～5 次），直接点入黏膜上。

（二）浸润麻醉

这是手术中最常用的一种局麻法。沿手术切口线皮下或深部分层注射局麻药，以阻滞神经末梢或神经干的神经传导，使其痛觉消失或迟钝的方法。

常用麻醉剂：0.25%～1%的盐酸普鲁卡因，量依手术部位的大小而定，但大动物总量控制在 2 克，小动物总量控制在 0.5 克。注射时为防止将麻醉药直接注入血管而产生毒性作用，应在每次注射前抽退注射器，看有无回血。一般是将针头推进到所需深度，边抽退针头边注射药液。

浸润麻醉主要有直线麻醉、菱形麻醉、扇形麻醉皮肤及皮下结缔组织麻醉。其中，直线麻醉主要适用于皮肤的直线切开；菱形麻醉适于术野较小的手术，圆锯术、食道切开术、气管切开术等；扇形麻醉适于术野较大，切口较长的手术。

在菱形麻醉的基础上，在 A、B 两注射点再多加几条麻醉线，一般每侧 4～6 针。

多角形麻醉用于横径较宽的术野。如植皮、肿瘤摘除术等。

手术区周围选取多个注射点，后以扇形麻醉法注射，使手术区周围形成一个环行封闭区，所以又称封锁浸润麻醉法。

深部组织麻醉适用于深部组织手术时，使皮下、肌肉、筋膜及共同的结缔组织达到麻醉。

（三）传导麻醉

将局部麻醉剂注射于神经干周围，使该神经失去接受和传导刺激的能力，进而使所支配的区域失去知觉，以利施术。常用的是腰旁神经麻醉（腰旁麻醉）。

1. 马腰旁麻醉

最后肋间神经及腰神经的腹侧支前二对主要分布于腹部肌肉、皮肤，马属动物腹腔手术时常需麻醉这三条神经以配合全麻。

操作时，分 3 点注射 2%～5%的盐酸普鲁卡因。

第一点：麻醉最后肋间神经，其部位在第一腰椎横突游离端前角下方，垂直进针达横突骨面，然后针头前移，沿横突前角骨缘向下刺 0.5～0.7 厘米，注入 3%的盐酸普鲁卡因 10 毫升，后退至皮下再注 10 毫升。

第二点：麻醉髂腹下神经，该神经在第二腰椎横突游离端后角下方，其余同上述一样，下刺 0.7～1 厘米。

第三点：麻醉髂腹股沟神经，该神经在第三腰椎横突游离端后角下方，其余同第二点。

一般注射后 10～15 分钟发生麻醉作用，维持 1～2 小时。

2. 牛腰旁麻醉

临床应用最广泛，牛对疼痛反应弱。

分三点注射：第一、二点同马。第三点与马有区别，牛第三点在第四腰椎横突游离端前角下方。

（四）脊髓麻醉

将局部麻醉药注射到椎管内，阻滞脊神经的传导，使其所支配的区域无痛，称脊髓麻醉。根据局部麻醉药液注入椎管内的部位不同，可分为硬膜外麻醉和蛛网膜下腔麻醉。

1. 硬膜外麻醉

将局部麻醉剂注射到椎管的硬膜外以阻断脊髓神经的传导。猫常用的部位是腰荐间隙，称为腰荐硬膜外麻醉或高位硬膜外麻醉。注射于荐尾间隙者称为荐尾硬膜外麻醉。常用药物为 2%～4%普鲁卡因或 0.5%～2%利多卡因。本法常用于猫后躯部手术。

2. 蛛网膜下腔麻醉

将局麻药注入蛛网膜下腔，麻醉脊髓背根和腹根的麻醉方法。注射部位参照硬膜外麻醉。

四、麻醉的注意事项

① 麻醉前，应进行健康检查，了解整体状态，以选择适宜的麻醉方法。全麻应禁食，牛应绝食 24～36 小时，停止饮水 12 小时，以防瘤胃臌气、误咽、窒息。

② 麻醉操作要正确，严格控制药量。

③ 麻醉过程中，药量过大，出现呼吸、循环系统机能紊乱时应及时抢救。可注射苯甲酸钠咖啡因、樟脑磺酸钠、氧化樟脑、肾上腺素等。

④ 麻醉后动物开始苏醒时，其头部常先抬起，护理员要注意保护，以防意外。

第三节　组织切开、止血与缝合

一、常用外科器械及其使用方法

（一）手术刀

1. 种类及用途

（1）活动式手术刀　由刀柄、刀片组成。刀片可拆卸、更换；刀柄作钝性分离，刀片作锐性分离。4、6、8 号手术刀柄配 19 号以上刀片，3、5、7 号手术刀柄配 18 号以下刀片。常用于分离皮肤以下软组织、皮肤等。

（2）连柄式手术刀　刀柄刀片为一体。坚固耐用，常用于皮肤、筋腱、粗硬组织切开，也用于深部组织分离。

2. 持刀的手法

（1）执笔式持刀法　用于短小切口，分离血管、神经、切开腹膜等。本法力轻而灵活，操作精细。

（2）弹琴式持刀法　适于切开皮肤及黏膜切口。

（3）餐刀式持刀法　适于硬而厚皮肤切开。

（4）支持式持刀法　适于不安定动物。

（5）拳握式持刀法　强而有力，粗硬组织及长距离切口与切开。

（6）反挑式持刀法　刀刃向上，执笔式姿势。适于腹膜切开、脓肿等。

（二）手术剪

剪开软组织、缝线、敷料及钝性分离组织之时，扩创口。

1. 种类

直、弯两类，又据尖端的不同可分尖头和钝头。尖头用于剪断和分离微细组织，钝头用于剪开腹膜、腱膜，以免伤及深部组织或脏器。

直剪用于外向式剪开，弯剪用于内向式剪开。剪毛剪、眼科剪等。

2. 使用方法

拇指、无名指伸入柄环，食指压在关节部位，中指固定无名指侧的剪柄。

（三）止血钳

1. 用途

主要用于止血，也可用于分离组织、协助缝合、结扎打结等。

2. 种类

直止血钳：浅组织的止血及组织分离。

弯止血钳：深组织的止血及组织分离。

有齿止血钳：钳夹或牵拉较硬或光滑组织。

无齿止血钳：钳夹一般组织。

3. 使用方法

与手术剪使用方法一样。

（四）手术镊子

1. 用途

夹持、捏起组织以利分离或缝合、剪开等。消毒用夹取敷料等。

2. 种类

有钩手术镊子，夹持皮肤、筋膜等坚硬、易滑脱组织；无钩手术镊子夹持血管、神经、黏膜、肠壁等脆弱组织。

用于夹持、稳定或提起组织以利切开及缝合。有不同的长度。有齿镊损伤性大，用于夹持坚硬组织；无齿镊损伤性小，用于夹持脆弱的组织及脏器。

精细的尖头平镊对组织损伤较轻，用于血管、神经、黏膜手术。

3. 执镊方法

用拇指对食指和中指执拿，执夹力量应适中。

（五）扩创钩（创钩、拉钩）

1. 作用

扩创，充分暴露术野及深部组织，利于手术操作。

2. 分类

有齿创钩：拉皮肤。

钝圆创钩：扩创深部创口及脆弱组织。

板状创钩：扩创深部创口及脆弱组织。

必要时可于扩创钩下衬垫湿纱布保护创缘与创壁组织。

（六）巾钳（帕巾钳、创巾钳）

固定手术巾，将手术巾同皮肤一起夹住。

持法同止血钳。

（七）其他器械

舌钳、组织钳、肠钳、探针、器械钳等。

二、组织切开与分离

组织切开是显露手术的重要步骤。浅表部位手术切口可直接位于病变部位上或其附近。深部切口，应根据局部解剖特点，在尽量减少组织损伤的前提下做到充分显露术野。组织分离是显露深部组织和游离病变组织的重要步骤。分离的范围应根据手术需要进行。分离的操作方法分为锐性分离和钝性分离。医学教育网搜集整理锐性分离用刀或剪进行。用刀分离时，用刀沿组织间隙作垂直切开。用剪刀分离时应将剪刀伸入组织间隙进行短距离的剪开。钝性分离是指用刀柄、止血钳、剥离器或手指等进行，通常用于肌肉、筋膜和良性肿瘤的分离。

（一）软组织切开

1. 皮肤切开法

（1）紧张切开法　拇、食指将皮肤撑紧固定；或术者、助手各用一手压住切口一侧，皮肤撑紧。对阴囊、皮肤及软组织切开，用手紧握或撑紧。下刀时刀尖于切口上角垂直刺透皮肤，后将刀刃倾斜 45°角以预定切口的方向、长度，一次切透皮肤，至切口下角，最后刀刃与皮肤垂直而拉出。切口两端不要倾斜，切口不能呈锯齿状。

（2）皱壁切开法　以手指或镊子在预定切口两侧提起一个与切口垂直的皱壁，再行切开。适用皮肤活性大，且下面有重要的血管、神经、器官等。

2. 疏松结缔组织切开法

皮肤切开后，作必要止血，切开结缔组织，切口与皮肤切口一致，切割时避免将皮肤与深部筋膜或筋膜与肌肉分离，造成不必要的组织损伤。

3. 筋膜切开法

防止筋膜下的血管、神经受损伤，先用镊子捏起筋膜切一小口，用弯剪或止血钳伸入切口，分离筋膜下组织与筋膜的联系，然后用手术剪剪开。

4. 肌肉切开法

原则上以肌纤维方向分离，分离前切开肌膜，扁平肌肉采用钝性分离。切开肌膜，用刀柄、止血钳、手指等顺纤维方向分离至所需长度。肌肉较厚或腱质较多时，用切开法，但要结扎横过切口的血管。

5. 腹膜切开法

先用皱壁切开法切一小口，伸入食、中二指，用反挑式运刀法或手术剪沿二指之间打开，切口长度应小于皮肤切口，利于缝合。

（二）硬组织切开

1. 骨组织切开

首先切开骨膜，然后再分离骨膜，尽可能完整地保存健康部分，以利骨组织愈合，骨膜切开可做成“十”“I”形，骨膜分离后的骨组织可用骨剪或骨锯锯断。

2. 蹄和角质分离

可用蹄刀、刮蹄刀进行蹄部手术；截断牛羊的角时可用骨锯或断角器。

（三）组织切开的一般原则

① 切口大小要适当，既要充分暴露与切除某些组织，又要最小程度损伤组织。

② 以组织的张力选择切口方向，以利于愈合。颈部选择与颈部平行切口；腹侧壁选择上下或斜切；四肢需要纵切。

③ 尽量避免损伤血管、神经及腺体的输出管，切口肌肉尽量按肌纤维方向分离。

④ 切口必须整齐，一刀切开所需长度，避免重复切，创缘要整齐。

⑤ 切口有利于创液排出，内小外大，成“八”字。

⑥ 切口选择在健康组织上，且坏死组织或已感染组织要切除干净，二次手术避免在伤疤处切开，以免影响愈合。

⑦ 手术中应采取分层切开法，以便认清组织结构，避免损伤血管、神经，利于止血与缝合。

三、止血

止血是手术过程中自始至终经常遇到而又必须立即处理的基本操作技术。

手术中完善的止血，可以预防失血的危险和保证术部良好的显露，直接关系到施术动物的健康。因此要求手术中的止血必须迅速而可靠，并在手术前采取积极有效的预防性止血措施，以减少手术中出血。

（一）机械止血法

1. 压迫止血

是用纱布或泡沫塑料压迫出血的部位，以清除术部的血液，辨清组织和出血径路及出血点，以便进行止血措施。在毛细血管渗血和小血管出血时，如机体凝血机能正常，压迫片刻，出血即可自行停止。为了提高压迫止血的效果，可选用温生理盐水、1%～2%麻黄素、0.1%肾上腺素、2%氯化钙溶液浸湿后扭干的纱布块作压迫止血。在止血时，必须是按压，不可用擦拭，以免损伤组织或使血栓脱落。

2. 钳夹止血

利用止血钳最前端夹住血管的断端，钳夹方向应尽量与血管垂直，钳住的组织要少，切不可作大面积钳夹。

3. 钳夹扭转止血

用止血钳夹住血管断端，扭转止血钳 1~2 周，轻轻去钳，则断端闭合止血。如经钳夹扭转不能止血时，则应予以结扎，此法适用于小血管出血。

4. 钳夹结扎止血

是常用而可靠的基本止血法，多用于明显而较大血管出血的止血。

5. 创内留钳止血

用止血钳夹住创伤深部血管断端，并将止血钳留在创伤内 24~48 小时。为了防止止血钳移动，可把用绷带固定止血钳的柄环部拴在家畜的体躯上。创内留钳止血法，多用于大家畜去势后继发精索内动脉大出血。

6. 填塞止血

本法是在深部大血管出血，一时找不到血管断端，钳夹或结扎止血困难时，而用灭菌纱布紧塞于出血的创腔或解剖腔内，压迫血管断端以达到止血之目的。在填入纱布时，必须将创腔填满，以便有足够的压力压迫血管断端。填塞止血留置的敷料通常是在 12~48 小时后取出。

（二）电凝及烧烙止血法

1. 电凝止血

利用高频电流凝固组织的作用达到止血目的。使用方法是用止血钳夹住血管断端，向上轻轻提起，擦干血液，将电凝器与止血钳接触，待局部发烟即可。电凝时间不宜过长，否则烧伤范围过大，影响切口愈合。在空腔脏器、大血管附近及皮肤等处不可用电凝止血，以免组织坏死，发生并发症。

电凝止血的优点是止血迅速，不留线结于组织内，但止血效果不完全可靠，凝固的组织易于脱落而再次出血，所以对较大的血管仍应以结扎止血为宜，以免发生继发性出血。

2. 烧烙止血

是用电烧烙器或烙铁烧烙作用使血管断端收缩封闭而止血。其缺点是损伤组织较多，兽医临床上多用于弥漫性出血，羔羊断尾术和某些摘除手术后的止血。使用烧烙止血时，应将电阻丝或烙铁烧得微红，才能达到止血的目的，但也不宜过热，以免组织炭化过多，使血管断端不能牢固堵塞。烧烙时，烙铁在出血处稍加按压后即迅速移开，否则组织粘附在烙铁上，当烙铁移开时而将组织扯离。

（三）局部化学及生物学止血法

1. 麻黄素、肾上腺素止血

用1%~2%麻黄素溶液或0.1%肾上腺素溶液浸湿的纱布进行压迫止血（见压迫止血）。临床上也常用上述药品浸湿系有棉线绳的棉包作鼻出血、拔牙后齿槽出血的填塞止血，待止血后拉出棉包。

2. 止血明胶海绵止血

明胶海绵止血多用于一般方法难以止血的创面出血，实质器官、骨松质及海绵质出血。使用时将止血海绵铺在出血面上或填塞在出血的伤口内，即能达到止血的目的，如果在填塞后加以组织缝合，更能发挥优良的止血效果。止血明胶海绵的种类很多，如纤维蛋白海绵、氧化纤维素、白明胶海绵及淀粉海绵等。它们止血的基本原理是促进血液凝固和提供凝血时所需要的支架结构。止血海绵能被组织吸收和使受伤血管日后保持贯通。

3. 活组织填塞止血

是用自体组织如网膜，填塞于出血部位。通常用于实质器官的止血，如肝脏损伤用网膜填塞止血，或用取自腹部切口的带蒂腹膜、筋膜和肌肉瓣，牢固地缝在损伤的肝脏上。

4. 骨蜡止血

外科临床上常用市售骨蜡制止骨质渗血，用于骨的手术和断角术。

四、缝合

缝合是将已经切开或外伤断裂的组织、器官进行对合或重建其通道，恢复其功能，是保证良好愈合的基本条件，也是重要的外科手术基本操作技术之一。不同部位的组织器官需采用不同的方式方法进行缝合。缝合可以用持针钳进行，也可徒手直接拿直针进行，此外还有皮肤钉合器、消化道吻合器、闭合器等。

（一）缝合的基本步骤

1. 进针

缝合时左手执有齿镊，提起皮肤边缘，右手执持针钳，用腕臂力由外旋进，顺针的弧度刺入皮肤，经皮下从对侧切口皮缘穿出。

2. 拔针

可用有齿镊顺针前端顺针的弧度外拔，同时持针器从针后部顺势前推。

3. 出针、夹针

当针要完全拔出时，阻力已很小，可松开持针器，单用镊子夹针继续外拔，持针器迅速转位再夹针体（后1/3弧处），将针完全拔出，由第一助手打结，第二助手剪线，完成缝合步骤。

（二）缝合的基本原则

1. 要保证缝合创面或伤口的良好对合

缝合应分层进行，按组织的解剖层次进行缝合，使组织层次严密，不要卷入或缝入其他组织，不要留残腔，防止积液、积血及感染。缝合的创缘距及针间距必须均匀一致，这样看起来美观，更重要的是，受力及分担的张力一致并且缝合严密，不致发生泄漏。

2. 注意缝合处的张力

结扎缝合线的松紧度应以切口边缘紧密相接为准，不宜过紧，换言之，切口愈合得早晚、好坏并不与紧密程度完全成正比，过紧过松均可导致愈合不良。伤口有张力时应进行减张缝合，伤口如缺损过大，可考虑行转移皮瓣修复或皮片移植。

3. 缝合线和缝合针的选择要适宜

无菌切口或污染较轻的伤口在清创和消毒清洗处理后可选用丝线，已感染或污染严重的伤口可选用可吸收缝线，血管的吻合应选择相应型号的无损伤针线。

（三）常见缝合方法

1. 单纯缝合法

使切口创缘的两侧直接对合的一类缝合方法，如皮肤缝合。

（1）单纯间断缝合　操作简单，应用最多，每缝一针单独打结，多用在皮肤、皮下组织、肌肉、腱膜的缝合，尤其适用于有感染的创口缝合。

（2）连续缝合法　在第一针缝合后打结，继而用该缝线缝合整个创口，结束前的一针，将重线尾拉出留在对侧，形成双线与重线尾打结。

（3）连续锁边缝合法　操作省时，止血效果好，缝合过程中每次将线交错，多用于胃肠道断端的关闭、皮肤移植时的缝合。

（4）8 字缝合　由两个间断缝合组成，缝扎牢固省时，如筋膜的缝合。

（5）贯穿缝合法　也称缝扎法或缝合止血法，此法多用于钳夹的组织较多，单纯结扎有困难或线结容易脱落时。

2. 内翻缝合法

使创缘部分组织内翻，外面保持平滑。如胃肠道吻合和膀胱的缝合。

（1）间断垂直褥式内翻缝合法　又称伦孛特缝合法，常用于胃肠道吻合时缝合浆肌层。

（2）间断水平褥式内翻缝合法　又称何尔斯得缝合法，多用于胃肠道浆肌层缝合。

（3）连续水平褥式浆肌层内翻缝合法　又称库兴氏缝合法，如胃肠道浆肌层缝合。

（4）连续水平全层褥式内翻缝合法　又称康乃尔缝合法，如胃肠道全层缝合。

（5）荷包缝合法　在组织表面以环形连续缝合一周，结扎时将中心内翻包埋，表面光滑，有利于愈合。常用于胃肠道小切口或针眼的关闭、阑尾残端的包埋、造瘘管在器官的固定等。

（6）半荷包缝合法　常用于十二指肠残角部、胃残端角部的包埋内翻等。

3. 外翻缝合法

使创缘外翻，被缝合或吻合的空腔之内面保持光滑，如血管的缝合或吻合。

（1）间断垂直褥式外翻缝合法　如松弛皮肤的缝合。

（2）间断水平褥式外翻缝合法　如皮肤缝合。

（3）连续水平褥式外翻缝合法　多用于血管壁吻合。

4. 减张缝合法

对于缝合处组织张力大，全身情况较差时，为防止切口裂开可采用此法，主要用于腹壁切口的减张。缝合线选用较粗的丝线或不锈钢丝，在距离创缘2～2.5厘米处进针，经过腹直肌后鞘与腹膜之间均由腹内向皮外出针，以保层次的准确性，亦可避免损伤脏器。缝合间距离3～4厘米，所缝合的腹直肌鞘或筋膜应较皮肤稍宽。使其承受更多的切口张力，结扎前将缝线穿过一段橡皮管或纱布做的枕垫，以防皮肤被割裂，结扎时切勿过紧，以免影响血液运行。

5. 皮内缝合法

可分为皮内间断缝合及皮内连续缝合两种，皮内缝合应用眼科小三角针、小持针钳及0号丝线。

缝合要领：从切口的一端进针，然后交替经过两侧切口边缘的皮内穿过，一直缝到切口的另一端穿出，最后抽紧，两端可作蝴蝶结或纱布小球垫。常用于外露皮肤切口的缝合，如颈部甲状腺手术切口。其缝合得好坏与皮下组织缝合的密度、层次对合有关。如切口张力大，皮下缝合对拢欠佳，不应采用此法。此法缝合的优点是对合好，拆线早，愈合疤痕小，美观。

随着科学技术的不断发展，除缝合法外，尚有其他的一些闭合创口的方法，如吻合器、封闭器、医用粘胶、皮肤拉链等。

第四节　阉割术

一、公猪去势术

（一）小公猪阉割术

用2%来苏尔清洗阴囊部后，以左手中指压曲睾丸，并用拇指与食指固定阴囊基部，使阴囊部位皮肤紧张。右手持刀在阴囊缝际旁的2厘米处开刀挤出睾丸。左手松开捏住睾丸和鞘膜韧带的连接部后，右手撕断鞘膜韧带的白筋并往外牵引睾丸，左手将总鞘膜与鞘膜韧带重新还纳阴囊后，固定住精索。此时右手松开睾丸，并在精索上来回刮挫，直到精索断裂为止，然后将包皮囊内白色液体挤出。在摘除另一侧睾丸时，可在原创口处切开阴囊中隔使另一侧睾丸显露，按照上面所述方法摘除。

（二）大公猪阉割术

大公猪手术方法与小公猪基本相同，但保定方式不同而已。在大公猪保定中，需将公猪左侧横卧，并派专人在压住公猪臀部的同时，将公猪右侧后腿拉向前方。

（三）隐睾阉割术

隐睾公猪在民间俗称走子猪，是指公猪睾丸不在阴囊内，隐睾一般位于公猪肾脏后方，有时也在腹股沟处，此类公猪阉割手术时间选择应在2~6月龄较为适宜。隐睾公猪的保定一般采用倒悬式或半仰卧式。其手术方法与上述方法大致相同，但手术术部选择较为繁杂，一般分为两种情况。一是肾脏后方隐睾。在髋结节向腹正中线处引垂线的交点处2厘米处开口。二是腹股沟处隐睾。一般在髂区、耻骨区、腹股沟区或肾脏后方的腰区开刀。

（四）阴囊疝气手术

将术部进行常规消毒后，先把处于阴囊之中的小肠移回腹腔，然后切开阴囊壁。在切开阴囊壁时千万不要将总鞘膜切破，在将总鞘膜剥离至腹股沟管外环后，握住总鞘膜和睾丸将精索拧转几周，用消毒丝线横穿一针作结扎，在结扎处的外方向撕断精索和总鞘膜，手术完成。

二、母猪卵巢摘除术

分为小挑法和大挑法。

(一) 小挑法

适用于2月龄、体重15千克以下的小母猪。月龄稍大而体格羸瘦者也可采用此法。一般不麻醉，但应禁食。术者将猪的左右肢提起，使向右侧倒卧。以右脚踩住头颈背侧或右耳。将猪的后躯转成仰卧状态。左脚踩住左后肢的跖部或小腿部。术部在左侧倒数第二对乳头外方2~3厘米处。局部除毛消毒。术者以左手中指抵于左髋结节上，拇指向前压在术部并尽力压向中指的抵止处。在拇指用力下压的同时，以小挑刀在肷部腹壁上切口，长1~1.5厘米。用刀柄端戳破深部肌层和腹膜。左手拇指用力压腹壁再加上小猪挣扎和嚎叫使腹内压增大，子宫角可从切口自然膨出。若不膨出可用小挑刀柄端插入腹腔借助其钝圆斜钩将子宫角带出。随后，双手食指背侧面紧压切口部，两拇指交替向外牵拉膨出的子宫角，直至将两侧卵巢引至切口外。在辨认无误后于子宫体处用刀裂断，将卵巢、输卵管及子宫角全部摘除。切口不必缝合。

(二) 大挑法

适于3月龄体重约20千克的母猪。但淘汰母猪或月龄稍大的母猪亦可采用本法。手术猪左侧卧，体重不大的母猪可由术者自己保定，左脚踩住猪的颈背部，猪的背部朝向术者。右脚踩住猪尾，或由另一助手拉直猪的两后肢。体重较大的猪需由助手保定。必要时可应用安定药或全身麻醉。术部在右肷部。局部除毛消毒。术者以左手扯住右膝皱襞，将皮肤向腹下方牵拉。右手持大挑刀在髋结节的前下方皮肤上作4~5厘米的瓣状切口，以背侧为皮瓣的基底部。左手食指经皮肤切口用力戳穿各层腹肌及腹膜，入腹腔在髋结节下方或右侧腰肌沟内探查右侧的卵巢。以手指挑起卵巢和子宫角之间的系膜韧带，或用手指挑住输卵管。将卵巢引至腹膜切口直下方，再用刀柄和左食指协同夹持卵巢子宫角系膜（或输卵管），拉出切口外，然后再在左侧髋结节附近探寻左侧卵巢并引至切口外，一并将两侧的卵巢摘除。体大的母猪需将卵巢系膜和输卵管结扎后方可除去卵巢。子宫角自行缩回腹腔后，皮肤创口做扇形连续缝合。50千克以上的大母猪采用白线切开卵巢摘除，将猪倒提，或让猪躺在斜板上，后腿向下，呈仰卧姿势悬挂，使腹部面向术者。正中线上切开腹壁，长约5厘米。依次切开皮肤、皮下组织和白线直达腹膜外脂肪层，分离脂肪后切开腹膜。用食指探查盆腔的两侧寻找卵巢或子宫角。将卵巢或子宫角挑出切口外，摘除卵巢，或一并摘除子宫角。连续缝合腹膜，结节缝合皮肤。

三、公牛去势术

公牛去势是提高牛肉肉质的一种有效方法，通过去势可以提高肉质等级。在牛育肥期间，去势除了能使肌肉脂肪含量增加、肌纤维变细、肉的嫩度增加外，还可以使牛的性格变得温顺，从而易于饲养管理。

（一）公牛去势的方法

对公牛进行去势的方法有很多，按照是否出血可以分为有血去势和无血去势两种。

1. 有血去势

也称为手术去势，即用手术的方法去除睾丸。进行公牛去势术的时间应在公牛6月龄左右，尽量选择春末夏初和秋季这样温度适宜的季节。去势前应当先了解牛只的健康状况，如果有传染病等发病情况不应进行手术，还应当着重检查阴囊有无异样，如果有则不得进行手术，术前牛只禁食12小时，预防术中瘤胃臌气。保定方法可以用六柱栏保定或侧卧保定。术者先对阴囊进行消毒，而后用已经消毒的手术刀切开阴囊下端，先取出一侧睾丸，再取另一侧睾丸，而后切断输精管，切除附睾，用左手掐住血管后右手向下紧勒血管数次，而后掐断血管，将血管送回阴囊，再向阴囊内撒布消炎粉，而后用碘酒对阴囊进行消毒。需要注意的是，阴囊不得进行缝合，在切断血管时，容易引起大量出血，所以也可以用自体组织反扎精索，即将睾丸取出后，分离固有鞘膜，而后剪断附睾尾部，再分离鞘膜韧带至精索较细的部分，而后用鞘膜韧带缠绕精索，打2~3个猪蹄扣，确认结扎牢固后将多余的精索剪断，去掉睾丸，在切口处涂抹碘酊进行消毒。为了避免去势后的炎症反应，可以肌内注射氨苄西林800万单位，还可以注射酚磺乙胺进行止血。有血去势术后一周内要给予安静的恢复环境，精细饲养，提供清洁饮水，及时对圈舍内的粪污进行处理，防止牛在趴卧的过程中粪污沾染伤口，引起发炎。一般手术后两周左右即可痊愈，而后阴囊皱缩，伤口结痂、掉落。

2. 无血去势

（1）夹击输精管　牛只保定后，操作者用绳子将阴囊勒紧，而后用碘酒消毒阴囊，另一人握住阴囊后，操作者用去势钳夹击输精管，夹击需要用力，而后用碘酒消毒被夹击处。

（2）结扎输精管　牛只保定后，操作者用绳子将阴囊勒紧，用碘酒对阴囊进行消毒，一人握住阴囊，一人用张开器将橡皮圈撑开，并套在输精管上，逐步撤出张开器，用碘酒再次消毒后松开被固定的牛。

（3）击碎睾丸　将牛保定后，操作者用绳子将阴囊勒紧，用碘酒消毒阴囊，一人握住一侧的睾丸，另一人用去势钳用力夹击睾丸，将这个睾丸夹断，用手将睾丸尽可能捏碎，而后再重复上述步骤将另一侧睾丸夹断后捏碎，最后用碘酒对阴囊进行消毒。

（4）注射去势液　将牛保定结实后，用手握住公牛的阴囊，而后用碘酒进行消毒，操作者用注射器将注射液推入阴囊内，采用多点注射的方法进行注射，通常一侧睾丸需要注射 2~3 个点，每个点注射 2~3 毫升，一头牛注射所用去势液的量通常在 12~16 毫升，注射后用碘酒再次对阴囊进行消毒后即完成去势过程。去势液是由 15 克碘化钾、15 毫升蒸馏水、30 克碘片充分搅拌后再加入 95%的酒精组成的。注射液法通常是较为彻底的去势方法。

（二）并发症的控制

1. 去势后出血不止

此种情况多发生于错过最佳去势年龄的公牛，摘除时结扎不结实或结扎处滑脱，引起血管出血，此时的血液颜色多为鲜红色。出现这种情况应当将手彻底消毒后伸入阴囊切口，而后找到精索断端后拉出，如果不能拉出应当用止血钳夹住断端，然后结扎，在断端再次涂抹 5%的碘酊。

2. 内出血

通常是由于去势过程中公牛挣扎，导致精索意外拉断，使得断裂部分进入腹腔，而引起出血，此时由于腹腔内有血液，所以患病牛通常表现为不安，心跳加快，步态不稳。此时应沿腹股沟管寻找精索的断端，而后将其拉出并重新结扎。如果不能顺利找到断端时，应当切开腹壁，寻找精索断端后结扎。结扎完成后要及时地清除腹腔内的积血。

3. 阴囊炎

阴囊炎多在有血去势之后发生，且去势后的公牛多因环境不洁而导致放线菌污染创口，从而出现阴囊肿大、发硬，在创口处往往能看见脓汁流出，有时还会从创口排出硫黄样颗粒，这样的创口比一般情况下的创口愈合更慢，也有的不愈合。面对这样的情况，首先要对创口和阴囊腔进行清创，而后静脉注射卢戈氏液，注射一次后就可以观察到阴囊变软，而后每 5 天注射 1 次，一般经过半个月的治疗，可以观察到伤口愈合，且阴囊逐步缩小。

4. 蝇蛆病

在蚊蝇较多的季节或地区，公牛去势后白氏金蝇容易在创口处产卵，虫卵经过 18 小时左右孵化为幼虫，而后伤口化脓、感染。所以，应当在冬春季节进行去势，如果必须进行去势则应当采用无血去势，没有条件无血去势时要在伤口处涂抹药膏用于驱蝇。

四、公羊去势术

（一）手术去势

① 一个人对羊进行保定，然后施术者捏住羊的阴囊上部，将阴囊以及阴囊周围的羊毛剪掉，并将睾丸挤至阴囊的底部。

② 对手术部位进行碘酊消毒，然后使用消毒后的手术刀横向切阴囊，将里面的睾丸挤出，并将睾丸连同精索一起取出，拉断精索。

③ 使用同样的方法将另一侧的睾丸也去掉。

④ 手术完之后，在阴囊内撒上消炎粉，切口处进行消毒。如果是成年公羊，需要将阴囊中的大血管进行结扎。

（二）结扎去势

① 该方法主要适用于7~10日龄的小羔羊。

② 将羔羊的睾丸挤至阴囊里，然后对结扎处部位使用碘酊进行消毒。

③ 施术者左手捏紧阴囊的基部，然后使用消毒过的橡皮筋套入阴囊，在阴囊和腹部的连接处反复扎紧。

④ 大约2周后，阴囊以及睾丸自然脱落。

（三）钩骟法

① 主要适用于羔羊。

② 一人将羔羊倒提保定，施术者站立在羊的一侧，用手抓住该侧睾丸，让精索紧张，然后另一只手的食指钩住精索较细部，沿着腹股沟方向猛地一拉，将精索钩断。

③ 按照同样的方法将另一侧的精索也拉断。

④ 手术之后，让羊站立，然后用手触摸精囊基部，可以感觉到被钩断的精索断端。

⑤ 手术过程中，用力过大，会伤害到羊只；用力过小，无法将精索拉断。

（四）锤骟法

① 将羊倒卧保定，然后施术者使用细绳将阴囊的基部扎紧，双手紧握两边的睾丸往外拉，让精索紧张并前后错位。

② 将其放在木墩的上面，用一只手固定住，然后另一只手握住木锤锤击精索3~5次，直到精索被砸断为止。

③ 手术结束后，将阴囊基部上的细绳取下，用5%碘酊消毒。

第五节　常见犬猫手术

一、犬、猫去势术

去势术是切除雄性犬、猫的睾丸，使其性机能停止的手术。一般经宠物主人要求绝育或者老龄犬、猫利用价值不高，以及治疗某些疾病的外科疗法。

（一）器械

一般外科手术器械。

（二）保定和麻醉

犬仰卧保定，保定好四肢；猫将其头和躯干部放于口袋中，露出后躯部。全身麻醉或局部麻醉，亦可不麻醉。

（三）手术方法

阴囊部剪毛、清洗、消毒。术者左手沿着阴囊颈部握住犬的睾丸，将其轻轻压向阴囊底部，使两个睾丸正好位于阴囊缝际的两侧，固定住睾丸；切口分别位于阴囊缝际的两侧 0.5 厘米处，术者右手持刀平行于阴囊缝切开阴囊的皮肤和总鞘膜，切勿伤及睾丸实质，切口长 3~4 厘米，将睾丸挤出阴囊。在睾丸上方 4 厘米左右处，贯穿结扎精索，结扎要确实，以防术后出血。在结扎线下方 1~2 厘米处切断精索，除去睾丸，精索断端用碘酊消毒后，将其还回阴囊内。用同样方法除去另一侧睾丸。清理阴囊切口的血凝块，用碘酊对创口进行消毒。

（四）术后护理

术后适当运动，便于创液排出。术后不需要治疗，也可给予口服抗生素药物 3~5 天。术后阴囊严重肿胀或有出血不止，可能是结扎线不确实或松脱，排液不畅，应及时全身麻醉，重新结扎止血和排出创内堵塞物，清创。

二、犬、猫拔牙术

（一）适应证

牙齿瘘、严重龋齿、化脓性龋齿炎、牙周炎、牙齿骨折、牙髓腔外露、颌骨骨折、齿槽感染、齿松动、多生齿、齿生长过长或齿错位等。

（二）麻醉

眶下神经传导麻醉或下颌齿槽神经麻醉；也可使用全身麻醉，最好用吸入麻醉，因气管内插管后可防止冲洗液或血液被误吸。

（三）保定

侧卧位保定，颈后及身躯垫高，或头放低，防止异物性吸入。用开口器打开口腔。

（四）术式

口腔清洗干净，局部消毒

1. 单齿根齿的拔除

单齿根齿指切齿和犬齿。如拔除切齿，先用牙根起子紧贴齿缘向齿槽方向用力剥离旋转和撬动等使牙松动，再用牙钳夹持齿冠拔除。因犬齿齿根粗而长，应先切开外侧齿龈向两侧剥离暴露外侧齿槽骨，并用齿凿切除齿槽骨。然后用牙根起子紧贴内侧齿缘用力剥离，再用齿钳夹持齿冠旋转和撬动使牙松动脱离齿槽，最后将其拔除。清洗齿槽，用可吸收线或丝线结节缝合齿龈瓣。如有出血，可填塞棉球止血。

2. 多齿根齿的拔除

当拔除两个齿根的牙时（如上、下前臼齿），可用齿凿（或齿锯）在齿冠处纵向凿开（或锯开）使之成为两半，再按单齿根齿拔除。对于 3 个齿根的牙（上颌第 4 前臼齿和第 1、2 后臼齿），需要齿凿或齿锯在齿冠处纵向分割 2~3 片，再分别将其拔除。也可先分离齿周围的附着组织，显露齿叉，用牙根起子经齿叉旋钻楔入，迫使齿根松动，然后将其拔除。

（五）术后护理

术后全身应用抗生素 2~3 天。犬、猫对拔牙耐受力强，多数病例在术后第 2 天即可吃食。术后 21~28 天，齿槽新骨生长而将其填塞。

三、小动物牙挫术

（一）适应证

当臼齿异常磨灭，其锐缘能够损伤齿龈、颊黏膜和舌，或使咀嚼功能受到妨碍时施行本手术，主要应用于马属动物。

（二）器械

大动物开口器、齿锉、电动齿锉、洗涤用具等。

（三）保定

柱栏内站立保定，高吊马头并用绳固定。

（四）麻醉

一般不需要麻醉，烈性马可行全身浅麻醉或投给镇静剂。

（五）术式

装好开口器后，助手将舌拉至预修整齿的对侧，并加以固定，术者仔细检查口腔和异常齿。先用粗面齿锉对准异常的侧缘，做数次前后运动，然后再用细面齿锉补充锉平。上臼齿锉其外缘，下臼齿锉其内缘，不得过多锉臼齿的咀嚼面。锉完之后用 1∶3 000 的高锰酸钾液冲洗，黏膜若有损伤，涂以碘甘油。

（六）注意事项

① 事先做好临床检查，对有骨质疏松的马，应特别注意保定，不得由于安装开口器而造成颌骨骨折。

② 不得损伤臼齿咀嚼面的釉质，否则可能引起其他齿病。

③ 手术操作要细致，锉牙时要先快后慢，快速的动作能使家畜保持安静。

④ 上臼齿操作比下臼齿困难，一般习惯先难后易，先锉上臼齿再锉下臼齿。对前两个上臼齿可用弯度较大的专用齿锉。

⑤ 洗涤口腔时，放低马头，防止误咽。

⑥ 波状齿不适用于本手术。

四、犬、猫膀胱切开术

（一）适应证

膀胱或尿路结石、膀胱肿瘤。

（二）术式

1. 摆位和定位

手术采用仰卧位，全身麻醉或高位硬膜外麻醉。

如果需要尿道插管的话，可以将公犬后肢向尾侧拉伸，这样可以将阴茎包皮暴露于术野中方便操作。将母犬或者猫的后腿摆成所谓的“青蛙腿”姿势，尾巴垂于手术台，这样在术中能够很方便地做正向或逆向的尿道插管操作。公猫做膀胱切开术时同时做尿道插管或者会阴部尿道造口时也可以用这种摆位。

腹部毛要剃干净并且无菌准备，范围是从剑状软骨到耻骨末端，也可以把会阴部包含在内。包皮和阴茎应该用无菌溶液（比如 0.05%洗必泰溶液）冲洗并按照外科无菌要求进行术前准备，暴露于术野中以便术中插管。

在猫和母犬的腹中线切开术中，术野仅仅是从脐孔后方到盆骨前缘。公犬手术常在阴茎包皮旁边做一皮肤切口。对阴茎包皮末端的浅表静脉和皮下血管进行结扎或电凝止血能够将出血量降到最低。横切包皮肌，将包皮向反方向牵拉，然后做腹中线开腹术。可以用缝线标记阴茎包皮肌，这样在缝合时就很容易找到它。

虽然膀胱切开术的开口在膀胱背侧壁或腹侧壁都可以，但是我们更推荐开口于腹侧面，因为这能够更好地暴露膀胱腔内的情况，尤其是膀胱三角区。如果需要扩大暴露范围的话，还能够将术野继续扩大到尿道近端。

2. 插管

膀胱长时间暴露于体外或对其反复操作会使膀胱壁水肿并增厚，用缝线固定膀胱可以避免多次抓取膀胱。

尿道插管可以按正常方向进行（从膀胱到尿道口），也可以反向进行（从尿道口到膀胱），或者两个方向都尝试以确定泌尿道通畅，发现尿道结石也可以这样冲刷结石。

在小型母犬和母猫体内放置留置导尿管，有时很难操作成功，这时可以将一根导尿管按正常方向从膀胱插入，然后将其连接在留置导管的顶端，抽掉正向进入的导管，可以让留置导管穿过尿道进入膀胱内。

3. 缝合

可用缝合方式有简单间断缝合、简单连续缝合、反向简单连续缝合（比如库欣氏缝合）、单层库欣氏缝合以及库欣氏缝合结合伦孛特缝合。当膀胱壁增厚或变脆时注意避免使用反向缝合。

正常的或增厚的膀胱壁可以用简单连续缝合，这种缝合法只穿透浆膜肌层和黏膜下层，而不穿透黏膜层。相邻的针眼间隔应在3~4毫米并且沿切口两侧分布均匀。对于正常的膀胱，术者可以自由选择库欣氏缝合配合简单连续缝合。如果采用反向缝合，要注意避免过度翻转组织，否则将导致阻塞。

4. 术后护理

向膀胱注满生理盐水来检查是否有渗漏，若发现渗漏可以简单结节缝合或者十字缝合封闭。在常规关腹操作前应该用温热盐水冲洗术部。公犬被横切的阴茎包皮肌也要缝合。如果是为了清除结石而切开膀胱，术后应该进行X线或者其他适合于结石性质的影像学检查以确认膀胱和尿道内的结石已经全部移除。即使膀胱和尿道在术中被冲洗得很充分，结石未清除干净仍是很可能的事情。

术后要监控排尿量和尿液性状（比如血尿），同时应该继续静脉补液以降低血凝块导致阻塞的风险。围手术期内都可以用阿片类药物进行疼痛管理。可透过黏膜的丁丙诺菲（放置于颊囊）用于猫的效果很好。犬病例只要没有脱水并且肾功能正常，就可以持续3~5天使用非甾体类抗炎药（NSAIDs）来达到抗炎和镇痛的目的。NSAIDs的术后单次用药剂量可以根据前面提到的几个要点来决定。

5. 并发症

膀胱切开术的术后并发症并不常见，但是需要监护动物是否出现伤口裂开、感染、持续性血尿、排尿特别疼痛以及阻塞。感染、缝合不完整或者排尿不畅引发的腔内压力过大都有可能导致缝合后的伤口裂开或者渗漏。

五、犬、猫膀胱破裂修补术

（一）适应证

交通事故、外伤、尿闭造成膀胱破裂或先天性膀胱破裂而进行的修补手术。

（二）保定和麻醉

手术台仰卧保定或横卧保定，全身麻醉。

（三）术式

术部从耻骨前缘至脐部，雌犬在白线侧方 1~2 厘米，距耻骨前缘 5 厘米左右；雄犬在阴茎侧方 2~3 厘米，距耻骨前缘 5 厘米左右。术部剪毛、消毒。

打开腹腔，在术部耻骨前缘向脐部切开皮肤 8~10 厘米，依次切开腹壁筋膜、腹肌和腹膜。打开腹腔后，先将腹腔内的尿液和腹腔内液吸出，然后找到膀胱，检查其破裂部位，视破裂情况加以修整，剪去不整的边缘。

修补膀胱，先以连续缝合法缝合膀胱壁的全层，再以包埋缝合法缝合膀胱的浆膜和肌层。

在缝合部涂以灭菌消毒的凡士林油，以防粘连，将膀胱还纳回腹腔。

处理腹腔，以大量生理盐水清洗腹腔及脏器，清洗后将其溶液全部吸出，反复清洗几次；再以青霉素生理盐水清洗 1~2 次；最后用甲硝唑溶液清洗腹腔及脏器 1~2 次，将所有溶液全部吸出后，腹腔内撒青霉素粉剂，以防感染。用手轻轻整复腹腔各器官复位。

闭合腹腔，按剖腹术方法闭合腹腔，术后 10~12 日拆线。

（四）术后护理

术后全身给予抗生素药物 1~2 周，或腹腔注射抗生素药物。术后静脉注射甲硝唑溶液 100~150 毫升，每日 1 次，连用 3~5 日。局部按创伤处置。

术中腹腔内尿液的排出和腹腔清洗是必要的，处理后可以防止发生腹膜炎或器官粘连。清洗时一定要彻底清洗腹腔各部及各个器官。

六、犬猫剖宫产术

（一）适应证

① 骨盆先天性发育不全，如犬猫未达到体成熟而过早的配种，先天骨盆畸形或者后天发育不良，骨盆发育狭窄，还有如车压或跌打使骨盆骨折变形。

② 软产道剧烈水肿，胎水流失，产道严重干燥。

③ 阵缩及努责微弱，主要见于老龄犬猫，以及营养不良，运动量小的小型犬、猫，其腹肌无力，或者难产时间较长的犬猫，经催产药物无效者。

④ 胎儿的胎向、胎位、胎势不正，胎儿过大或畸形，胎儿水肿、气肿、腐败。

⑤ 子宫扭转、子宫破裂的犬猫。

（二）手术定位

大型犬如腾波拉、罗微拉，西德牧羊犬等品种采用侧腹壁切口法；猫和小型犬，如迷你犬（鹿犬）、博美、京巴，采用腹白线切口法。

1. 侧腹壁切口

该部手术通路依外部触摸到胎儿最明显的腹侧壁外切口，左右腹侧均可。具体位置是自膝皮皱壁之前（猫 2~3 厘米，犬 5~6 厘米）作垂线，该垂线距背中线（猫 4~6 厘米，犬 10~15 厘米）的交点处为切口的上端，从此点向前下方与肋骨弓平行的切口，切口长短以能取出胎头为宜，如果取胎口短可以适当上下延长。

2. 腹白线切口

其位置在腹白线上，猫在耻骨前 2 厘米，向前作切口长 4~6 厘米的纵向切口。其切口的长短以胎头或易拉出来方便与否，可以适当增长或缩短切口。

（三）术部处理与麻醉

术部剃毛、消毒，使用 2%碘酊涂擦，再用 75%酒精脱碘。使用 0.1%新洁尔灭浸泡，或者高温蒸煮。

用 846（速眠新犬）麻醉，用量为 0.1~0.5 毫升/千克体重，如果术后母犬（猫）还未苏醒，可用促醒灵催醒，均为皮下注射。用静松灵肌注（2%静松灵 0.15~0.2 毫升/千克体重）。局麻用 0.25%普鲁卡因 10~20 毫升，并加肾上腺素 0.1 毫升（1 毫升内含盐酸肾上腺素 1 毫克）混合作菱形封闭，也可以用作全麻。不确切着术部喷洒作浸润麻醉。

（四）术式

1. 侧腹壁切口

孕犬猫侧卧在手术台上，固定好创巾，依次切开皮肤、腹外斜肌、腹内斜肌、腹横肌、腹膜。

将切口附近的肠管灭菌纱布与切口隔离，术者手伸入腹腔隔着子宫壁抓住胎儿，拉出来并充分暴露于切口外，再用灭菌纱布经温生理盐水浸过后，填塞在子宫体与腹壁切口之间，以防肠管露出，也可防胎水、胎膜碎片漏入腹腔。此后，避开子宫血管切透子宫，用手指夹住胎头或后肢拉出胎儿。术者另一只手在子宫外面向切口方向推挤胎儿，使胎儿从两子宫角逐个推出，并要拉出胎衣。取出的胎儿由助手按接产规程处理。

缝合子宫前给子宫内放入四环素 1 粒，再用生理盐水浸过的纱布沾净切口处的残留血液和胎水，对齐创口做连续缝合，再做胃肠式缝合（内翻缝合），把子宫还纳入腹腔内。然后连续缝合腹膜肌，撒消炎粉，皮肤结节缝合。最后用碘酊消毒皮肤，并在切口处使用纱布敷料。

术后处理：每天氨苄口服 2 次，预防感染。应放在安静干燥温暖的房间内。术后待母犬（猫）有食欲时给予少量多餐易消化的食物。饮水中加入少许食盐和食糖。术后 10~15 天拆线。

2. 腹白线切口

按上述消毒方法处理术部，麻醉选上述方式之一。采用在手术台上仰卧位。在腹白线上按规定做纵形切口。因该部是结缔组织，术者先用刀切一个通透腹膜的口子，然后用有钩探针贴腹膜通入腹腔内脏器。再用手术剪向前后扩创到适宜长度。其后取胎儿，闭合子宫，缝合创口均按上述操作规程进行。

术后护理：一般情况下，一旦取出所有胎儿，子宫将会迅速收缩，如缝合时子宫还未收缩，可注射催产素或麦角新碱。术后5天全身使用抗生素或磺胺制剂，腹壁切口处作保护绷带，饲喂在安静、干燥、温暖的舍内。

七、犬颌下腺、舌下腺摘除术

（一）适应证

唾液腺囊肿（颈部或舌下囊肿）的治疗，颌下腺及舌下腺慢性炎症反复发作等。

（二）保定与麻醉

侧卧保定。全身麻醉。

（三）术式

在舌面静脉、颌外静脉和咬肌后缘之间形成的三角区内，对准颌下腺做皮肤切口，切开皮下组织、颈阔肌、脂肪，暴露位于舌面静脉和颌外静脉之间的颌下腺。切开覆盖颌下腺及舌下腺的结缔组织囊壁，露出腺体，颌下腺上缘的一部分被腮腺覆盖，前缘内侧与舌下腺结合，两腺体共用一个导管输出分泌液。用组织钳夹住颌下腺后缘并轻轻向头侧牵引，钝性分离颌下腺后缘及其下面的组织，双重结扎腮腺动脉分支和上颌下腺动脉并切断，分离整个腺体至二腹肌下面。钝性分离二腹肌和茎突舌骨肌，把腺体经二腹肌下拉向另一侧，再分离覆盖腺导管的下颌舌骨肌，露出围绕腺导管的舌下神经分支。双重结扎腺导管及舌静脉并切断，摘出腺体。经二腹肌下插入引流管，并使其顶端位于腺导管断端，连续缝合颈阔肌及颌下腺、舌下腺的结缔组织囊壁，结节缝合皮下组织和皮肤。

（四）术后护理

术后第3天拔除引流管，引流孔可不作处理，让其取第二期愈合，5~7天内全身应用抗生素。

八、犬小肠套叠整复术

（一）保定和麻醉

犬仰卧保定，全身麻醉。

（二）术式

① 腹中线切口，打开腹腔，将患病小肠托出腹外，缓慢将套叠的小肠向外牵引整复。如果整复无效，则进行肠切开，在切或剪外鞘肠管时勿伤及内管。

② 对被切开的肠管施行连续内翻缝合。如果被套叠的肠管局部炎症严重，为防止术后发生肠梗阻，增大肠管内径，在切口两角先作一水平钮扣状缝合，使纵行切口两角对合，其余部分采用间断内翻缝合法闭合整个切口。

（三）术后护理

常规注射抗生素；输液维持营养，禁食不少于 72 小时，随后逐渐给以流食，逐渐过渡到正常饲喂。术后 10~14 天拆线。术后早期牵遛运动有助于肠胃机能的恢复。

九、犬胃切开术

（一）适应证

犬的胃切开术常用于胃内异物的取出，胃内肿瘤的切除，急性胃扩张扭转的整复、胃内减压或坏死胃壁的切除，慢性胃炎或食物过敏时胃壁活组织检查等。

（二）术前准备

非紧急手术，术前应禁食 24 小时以上。在急性胃扩张扭转病犬，术前应积极补充血容量和调整酸碱平衡，对已出现休克症状的犬应纠正休克。快速静脉输液时，应在中心静脉压的监护下进行，静脉内注射林格氏液与 5%葡萄糖或含糖盐水剂量为每千克体重 30~40 毫升，同时每千克体重静脉注射氢化可的松和氟美松各 4~10 毫克，氯霉素 50 毫克。在静脉快速补液的同时，经口插入胃管以导出蓄积的气体、液体或食物，以减轻胃内压力。

（三）麻醉与保定

全身麻醉，气管内插入气管导管，以保证呼吸道通畅，减少呼吸道死腔和防止胃内容物逆流误咽。仰卧保定。

（四）手术通路

脐前腹中线切口，从剑状突末端到脐之间做切口，但不可自剑状突旁侧切开。犬的膈肌在剑状突旁切开时，极易同时开放两侧胸腔造成气胸而引起致命性危险，切口长度因动物体型、年龄大小及动物品种疾病性质而不同。幼犬、小型犬和猫的切口，可从剑状突到耻骨前缘之间；胃扭转的腹壁切口及胸廓深的犬腹壁切口均可延长到脐后 4~5 厘米处。

（五）术式

沿腹中线切开腹壁显露腹腔。对镰状韧带应予以切除，若不切除，不仅影响和妨碍手术操作，而且再次手术时因大片粘连而给手术造成困难。在胃的腹面胃大弯与胃小弯之间的预定切开线两端，用艾利氏钳夹持胃壁的浆膜肌层，或用 7 号丝线在预定切开线的两端，通过浆膜肌层缝合两根牵引线。用艾利氏钳或两牵引线向后牵引胃壁，使胃壁显露切口之外。用数块温生理盐水纱布垫填塞在胃和腹壁切口之间，抬高胃壁并与腹腔内其他器官隔离开，以减少胃切开时对腹腔和腹壁切口的污染。

胃的切口位于胃腹面的胃体部，在胃大弯和胃小弯之间的血管稀少区内，纵向切开胃壁。先用手术刀在胃壁上向胃腔内戳一小口，退出手术刀，改用手术剪通过胃壁小切口扩大胃的切口。胃壁切口长度视需要而定。对胃腔各部检查时的切口长度要足够大。胃壁切开后，胃内容物流出，清除胃内容物后进行胃腔检查，应包括胃体部、胃底部、幽门、幽门窦及贲门部。检查有无异物、肿瘤、溃疡、炎症及胃壁是否坏死等。若胃壁发生了坏死，应将坏死的胃壁切除。

胃壁切口的缝合，第 1 层用 3/0 或 0 号铬制肠线或 1～4 号丝线进行康乃尔氏缝合，清除胃壁切口缘的血凝块及污物后，若术中胃内容物污染了腹腔，用温生理盐水对腹腔进行灌洗，然后转入无菌手术操作，用 3～4 号丝线进行第 2 层的连续伦勃特氏缝合。

拆除胃壁上的牵引线或除去艾利氏钳，清理除去隔离的纱布垫后，用温生理盐水对胃壁进行冲洗。最后缝合腹壁切口。

（六）术后治疗与护理

术后 24 小时内禁饲，不限饮水。24 天后给予少量肉汤或牛奶，术后 3 天可以给予软的易消化的食物，应少量多次喂给，在病的恢复期间，应注意动物是否发生水、电解质代谢紊乱及酸碱平衡失调，必要时应予以纠正。术后 5 天内每天定时给予抗生素，可首先选用氯霉素每千克体重 150 毫克，每天 2 次肌内注射。手术后还应密切观察胃的解剖复位情况，特别在胃扩张扭转的病犬，经胃切开减压修复后注意犬的症状变化，一旦发现胃扩张扭转复发，应立即进行救治。

十、公犬、公猫尿道切开术

（一）适应证

尿道结石或异物。

（二）麻醉与保定

全身麻醉，公犬也可施行高位硬膜外麻醉，仰卧保定。

（三）术部

公犬根据导尿管或探针插入尿道所确定的尿道阻塞部位，前方尿道切开术的术部在阴茎骨后方到阴囊之间，后方尿道切开术的术部为坐骨弓与阴囊之间。公猫在阴茎前端到坐骨弓之间阴茎腹侧正中线。

（四）术式

1. 公犬尿道切开

（1）阴囊前方尿道切开术　适用于阻塞部位在阴茎骨后方。阴茎骨后方到阴囊之间的包皮腹侧面皮肤剃毛、消毒。左手握住阴茎骨提起包皮和阴茎，使皮肤紧张伸展。在阴茎骨后方和阴囊之间正中线作3~4厘米切口，切开皮肤，分离皮下组织，显露阴茎缩肌并移向侧方，切开尿道海绵体，使用插管或探针指示尿道。在结石处作纵行切开尿道1~2厘米。用钝刮匙插入尿道小心取出结石。然后导尿管进一步向前推进到膀胱，证明尿道通畅，冲洗创口，如果尿道无严重损伤，应用吸收性缝合材料缝合尿道。如果尿道损伤严重，不要缝合尿道，进行外科处理，大约3周即可愈合。

若在阴茎软骨段尿道发生结石，则需在阴茎软骨正中线切开皮肤、皮肤筋膜，切开软骨部的尿道，取出结石。用5~0可吸收性缝线间断缝合尿道外筋膜，用丝线分别结节缝合皮下组织及皮肤。

（2）后方尿道切开术　术前应用柔软的导尿管插入尿道。在坐骨弓与阴囊之间正中线切开皮肤，钝性分离皮下组织，大的血管必须结扎止血，在结石部位切开尿道，取出结石，生理盐水冲洗尿道，清洗松散结石碎块。手术结束前，安置导尿管，将导尿管外端缝合固定在包皮内。

（3）术后治疗　全身使用抗生素防止创口感染，局部每天涂擦活力碘，同时向导尿管中注入抗菌药物。5~7天拔出导尿管，8~10天拆除皮肤缝合线。

2. 公猫尿道切开

术部皮肤剃毛、消毒。将阴茎从包皮拉出约2厘米用手指固定，从尿道口插入细导尿管到结石阻塞部位。在阴茎腹侧正中切开皮肤，钝性分离皮下组织，结扎大的血管。在导尿管前端结石阻塞部切开尿道，取出结石。导尿管向前方推进到膀胱，排出尿液，用生理盐水冲洗膀胱和尿道。如果尿道无严重损伤，应用可吸收性缝线缝合尿道。如果尿道损伤严重，尿道不能缝合，进行外科处理后，经过数日后即可愈合。

对患下泌尿道结石性堵塞的公猫，可实施尿道造口手术。猫俯卧保定，后躯垫高；常规消毒阴茎周围皮肤；切开阴茎周围的皮肤，分离阴茎与周围的组织，使阴茎暴露于创口外4~6厘米，插导尿管；在阴茎头的背侧距阴茎头2

厘米向后纵向切开阴茎组织 3~4 厘米，使尿道暴露，将双腔导尿管插入膀胱，并注射 1 毫升液体使双腔导尿管位置稳固；将尿道黏膜与创缘皮肤缝合在一起；导尿管连接尿袋，固定于背部，用纱布小衣服使尿袋固定。创部涂布抗生素软膏；创部冲洗 3 天。建议采用静脉输液 4 天供应营养并纠正猫体内的酸碱平衡；给猫戴上伊丽莎白颈圈，使猫不能舔咬创部组织和导尿物品。术后 7 天内，全身应用抗生素类药物控制感染。

十一、犬前列腺摘除术

（一）适应证

前列腺肥大和前列腺肿瘤的外科疗法。

（二）局部解剖

犬的前列腺是主要的副性腺器官。前列腺位于膀胱颈和尿道起始部，呈球状，环绕在膀胱颈部和尿道开始部，开口于尿生殖道。其位置是由膀胱膨满和直肠扩张状态不同而有差异。当膀胱空虚时，位于骨盆腔内；当膀胱膨满时，位于耻骨前缘附近。小型犬从直肠内容易触摸到，大型犬，前躯抬高，一只手从腹后部向后方压迫膀胱，另只一手指从直肠内可以触诊。

（三）保定和麻醉

手术台仰卧保定，全身麻醉。

（四）术式

术部在阴茎侧方 3~4 厘米，从耻骨前缘 5 厘米左右向前切开则为术部。

术者左手握住阴茎头部，右手将导尿管从尿道口插入，直至膀胱内将尿导出。

打开腹腔，在术部距耻骨前缘 5 厘米处向前切开皮肤 10 厘米左右。充分止血，腹壁后静脉用双重结扎后从中切断。按剖腹术方法切开腹壁，打开腹腔。

打开腹腔后，将肠管轻轻推向前方，暴露出膀胱、前列腺及尿道，把膀胱和前列腺向前拉至创口部。可见分布于前列腺的血管，在膀胱外侧韧带的后方，左右腹膜皱襞内进入前列腺，将前列腺分支双重结扎后从中切断。

把导尿管从膀胱中向后牵拉退至前列腺前端，在前列腺前端环形切断膀胱颈与前列腺的连接，将膀胱分开固定。在前列腺后端环形切断尿道与前列腺的连接，在未切断前先将尿道用四根缝线从上、下、左、右固定，以防切断后尿道退至骨盆腔内。双重结扎前列腺前方与输精管并行血管并从中切断，使前列腺与其他组织完全分离。

将膀胱颈部的断端与尿道断端对接，将导尿管徐徐地插入膀胱内，将两断端用连续缝合法缝合连在一起。按剖腹术方法闭合腹腔。用碘酊消毒术部。

（五）术后护理

术后给予抗生素或磺胺类药物治疗1~2周。局部按创伤处置。术后导尿管留置48小时，防止尿闭和尿道粘连。

十二、犬、猫卵巢子宫切除术

（一）适应证

雌性犬、猫的绝育，5~6月龄是手术适宜时期；成年犬、猫在发情期、怀孕期不能手术。卵巢囊肿、肿瘤、子宫蓄脓经一般治疗无效，子宫肿瘤或伴有子宫壁坏死的难产、糖尿病、乳腺增生和肿瘤等的治疗。注意不能与剖腹产手术同时进行；单纯的绝育手术只需摘除卵巢而不必切除子宫。

（二）术前准备

术前禁饲12小时以上，禁水2小时以上，进行全身检查；对因疾病进行手术的动物，术前应进行适当的对症治疗。

（三）保定和麻醉

全身麻醉，仰卧保定。

（四）术式

① 脐后腹中线切口，切口的大小依动物个体大小而定，显露腹腔；用小创钩将肠管拉向一侧，当膀胱积尿时，可用手指压迫膀胱使其排空，必要时可进行导尿和膀胱穿刺。

② 术者手伸入骨盆前口找到子宫体，沿子宫体向前找到两侧子宫角并牵引至创口外，顺子宫角提起输卵管和卵巢，钝性分离卵巢悬韧带，将卵巢提至腹壁切口处。

③ 在靠近卵巢血管的卵巢系膜上开一小孔，用三钳钳夹法穿过小孔夹住卵巢血管及其周围组织，然后在卵巢远端止血钳外侧0.2厘米处用缝线作一结扎；然后从中止血钳和卵巢近端止血钳之间切断卵巢系膜和血管，观察断端有无出血。若止血良好，取下中止血钳，再观察断端有无出血；若有出血，可在中止血钳夹过的位置作第二次结扎，注意不可松开卵巢近端的止血钳。

④ 将游离的卵巢从卵巢系膜上撕开，并沿子宫角向后分离子宫阔韧带，到其中部时剪断索状的圆韧带，继续分离，直到子宫角分叉处。

⑤ 结扎子宫颈后方两侧的子宫动、静脉并切断，然后尽量伸展子宫体，采用上述三钳钳夹法钳夹子宫体，第一把止血钳夹在尽量靠近阴道的子宫体上。在第一把止血钳与阴道之间的子宫体上作一贯穿结扎，除去第一把止血钳，从第二、第三把止血钳之间切断子宫体，去除子宫和卵巢，松开第二把止

血钳，观察断端有无出血，若有出血，可在钳夹处作第二针贯穿结扎，最后把整个蒂部集束结扎。如果是年幼的犬猫，则不必单独结扎子宫血管，可采用三钳钳夹法把子宫血管和子宫体一同结扎。

⑥ 清创后常规闭合腹壁各层。

（五）术后护理

创口处作保护绷带，全身应用抗生素，给予易消化的食物，1 周内限制剧烈运动。

第六节　开腹术

一、适应证

用于检查腹腔以及骨盆腔气管疾病的诊治打开通路，如马属动物的结症；子宫扭转与肠扭转或肠套叠的复位；牛的瘤胃切开、创伤性网胃炎；卵巢摘除以及剖腹取胎等。

二、保定与麻醉

根据手术的性质和患畜的种类、体况不同，可选用倒卧保定或柱栏内站立保定。例如，便秘疝的开腹多采用站立保定，肠套叠、肠扭转的复位多采用倒卧保定。通常情况下牛多采用站立保定，马属动物多采用倒卧保定。

三、术部

手术目的不同，切口定位也不同。常用的切口部位是左右髂部，不同手术时，切口的部位见表 6-1。

表 6-1　开腹术切口部位

动物	马属动物			牛		
适应证	小结肠、骨盆曲、回肠、空肠等部位的便秘；左上、下大结肠扭转；小肠套叠	胃状膨大部、盲肠、右上、下大结肠便秘等	广泛性大结肠便秘，小肠扭转及套叠，左上、下大结肠扭转等	瘤胃积食，创伤性网胃炎等	空肠、回肠、结肠袢的便秘，小肠套叠及扭转等	真胃阻塞等

（续表）

动物	马属动物			牛		
手术通路	左髂部切口：自髂结节下缘与最后肋骨作一水平连线，连线中点向下4~5厘米处为切口的上端。切口垂直向下，长约15厘米	右肋弓下斜切口：沿第11~17肋骨间的肋弓作切口，切口与肋弓平行，并距肋弓5~10厘米，切口长约20厘米	腹下白线旁切口：自剑状软骨后15~20厘米处起，作平行于白线的切口，切口距白线左或右约3厘米，切口长约20厘米	左髂部中切口：距最后肋骨5厘米和腰椎横突下5厘米的交点处，向下垂直切口约20厘米左髂部前切口：距最后肋骨3厘米和腰椎横突下10~15厘米的交点处，向下垂直切开约20厘米（此切口可达网胃）	右髂部切口：第3~4腰椎横突下约10厘米处，向下垂直切口约15厘米	右肋弓下斜切口：在最后肋骨直下方，距肋弓约20厘米处作平行于肋弓的斜切口，长约20厘米

四、术式

术部剃毛消毒。隔离之后，在预定切口处切开皮肤20~25厘米，并用创巾与皮肤两侧创缘进行隔离。分离皮下组织，结扎出血点，可见到由前上方向后下方行走的腹外斜肌（牛有发达的腹横筋膜覆盖在腹外斜肌表面），依次切开腹横筋膜与腹外斜肌。遇到血管时应尽量避开，不予切断。若血管横跨切口，可作双重结扎后切断。钝性分离腹内斜肌，即先用手术刀柄或止血钳顺着肌纤维的方向分离一小口，然后用左、右手食、中二指将该肌肉作全层一次钝性分离，并向两侧扩开。以同样方向分离腹横肌、腹横筋膜，露出腹膜外组织。怀孕母畜和肥壮家畜在腹膜外有一层厚脂肪，剪除一部分后可见腹膜。用镊子或止血钳将腹膜提起，切开一小口，将左手食、中二指伸入腹腔做向导（也可保护内脏和肠管），右手持钝头剪在两指缝间剪开腹膜。用灭菌大纱布保护创口，防止肠管突然迸出或破裂。剖开腹腔后，按手术目的进行操作，完毕后，闭合腹腔。用肠线或细丝线以螺旋缝合法缝合腹膜，或与腹横筋膜一起缝合，缝到最后一针时，可向腹腔中注入所需药液，如青霉素、链霉素等。用青霉素、链霉素温生理盐水纱布蘸拭创口处肌肉层断端，按层次用结节缝合法分别缝合腹内斜肌和腹外斜肌。拆除皮肤创巾，最后结节缝合皮肤，在创口及周围涂布碘酊，装结系绷带。

第七节 瘤胃切开术

一、适应证

严重的瘤胃积食，经保守疗法无效；创伤性网胃炎或创伤性心包炎，进行瘤胃切开，取出异物；胸部食管梗阻，且梗塞物接近贲门者，进行瘤胃切开取出食管内异物；瓣胃阻塞、皱胃积食，可做瘤胃切开进行胃冲洗术；误食有毒饲草饲料，且毒物尚在瘤胃滞留，手术取出毒物并进行胃冲洗。网瓣胃孔角质爪状乳头异常生长者，可经瘤胃切开拔除。网胃内结石、网胃内有异物，如金属、玻璃、塑料布等，可经瘤胃切开取出结石或异物。瘤胃或网胃内积沙。

二、术前准备

（一）手术器械

手术刀、手术剪、镊子、创巾钳、止血钳，持针器、圆弯针、三菱针、7号 12 号丝线、20 毫升注射器、小针头及长针头、创巾、止血纱布、大块纱布，缝合线、创巾、敷料，经高温蒸汽消毒 20 分钟后备用。

（二）手术药品

0.5%普鲁卡因注射液、来苏尔溶液、5%碘酊棉球、70%酒精棉球、氨水、160 万单位青霉素注射液、生理盐水。

三、保定与麻醉

1. 站立保定

动物柱栏内站立保定，尤其注意头部和后肢保定确实。

2. 手术部位

奶牛左肷窝中间，腰椎横突下 10 厘米左右，局部剪毛消毒，先用碘酊消毒，然后用 75%酒精脱碘。

3. 麻醉

腰荐神经丛麻醉，在第 1 腰椎前角、第 2 腰椎后角、第 4 腰椎前角，分别注射 0.5%普鲁卡因 20 毫升，在切口处做直线麻醉。

四、手术方法

① 盖上创巾，将皮肤切开，切口在 30 厘米左右。在切口周围缝上纱布，

一半在皮肤外，一半在腹腔内，主要防止胃内容物污染皮肤和腹腔。

② 用丝线将瘤胃固定在切口皮肤上。

③ 将瘤胃做 18 厘米切口，取出 2/3 内容物，检查胃内物质，取出异物。

④ 用生理盐水冲洗胃壁，先用肠线连续缝合黏膜肌层，涂抹青霉素，然后连续缝合肌层浆膜。将瘤胃送入腹腔，腹腔内注入 500 毫升加 400 万国际单位青霉素的生理盐水，最后缝合皮肤。

⑤ 为防止感染，肌注青霉素 800 万国际单位，链霉素 400 万国际单位，2 次/天，连用 5 天。

第八节　难产的助产

由于发生的原因不同，临床上将常见的难产分为产力性难产、产道性难产和胎儿性难产三种。前两种是由于母体异常引起的，后一种是由胎儿异常所造成的。

一、家畜常见难产的原因

（一）母畜异常引起的难产

1. 阵缩及努责微弱

分娩时子宫及腹肌收缩无力、时间短、次数少，间隔时间长，以致不能将胎儿挽出，称为阵缩及努责微弱。

原发性阵缩微弱，是由于长期舍饲、缺乏运动，饲料质量差，缺乏青绿饲料及矿物质，老龄、体弱或过于肥胖的家畜。家畜患有全身性疾病，胎儿过大，胎水过多等。

继发性阵缩微弱，在分娩开始时阵缩努责正常。进入产出期后，由于胎儿过大、胎儿异常等原因，长时间不能将胎儿产出，腹肌及子宫由于长时间的持续收缩，过度疲乏，最后导致阵缩努责微弱或完全停止。

2. 产道狭窄

产道狭窄包括硬产道和软产道狭窄。多发生于牛和猪，其他家畜少见。

（二）胎儿异常引起的难产

1. 胎儿过大

胎儿过大是指母畜的骨盆及软产道正常，胎位、胎向及胎势也正常，由于胎儿发育相对过大，不能顺利通过产道。

2. 双胎难产

双胎难产是指在分娩时两个胎儿同时进入产道，或者同时楔入骨盆腔入口处，都不能产出。

3. 胎儿姿势不正

胎儿头颈姿势不正、胎儿前肢姿势不正、胎儿后肢姿势不正、胎位不正、胎向不正等多种情况。

二、助产方法

① 大家畜原发性阵缩和努责微弱，早期可使用催产药物，如脑垂体后叶素、麦角等。在产道完全松软、子宫颈已张开的情况下，则实施牵引术即可。胎位、胎向、胎势异常者经整复后强行拉出，否则实行剖宫产手术。

中、小动物可应用脑垂体后叶素 10 万～80 万单位或己烯雌酚 1～2 毫克，皮下或肌内注射。否则可借助产科器械拉出胎儿，强行拉出胎儿后，注射子宫收缩药，并向子宫内注入抗生素药物。

② 产道狭窄及子宫颈有疤痕时，一般不能从产道分娩，只能及早实行剖宫产术取出胎儿。轻度的子宫开张不全，可通过慢慢地牵拉胎儿机械地扩张子宫颈，然后拉出胎儿。

③ 胎儿过大的助产方法，就是人工强行拉出胎儿，其方法同胎儿牵引术。强行拉出时必须注意，尽可能等到子宫颈完全开张后进行；必须配合母畜努责，用力要缓和，通过边拉边扩张产道，边拉边上下左右摆动或略微旋转胎儿。在助手配合下交替牵拉前肢，使胎儿肩围、骨盆围，呈斜向通过骨盆腔狭窄部。强行拉出确有困难，而且胎儿还活着的，应及时实施剖宫产术；如果胎儿已死亡，则可施行截胎术。

④ 双胎难产助产时，要将后面一个推回子宫，牵拉外面的一个，即可拉出。手伸入产道将一个胎儿推入子宫角，将另一个再导入子宫颈即可拉出。但是在操作过程中要分清胎儿肢体的所属关系，用附有不同标记的产科绳各捆住两个胎儿的适当部位避免推拉时发生混乱。在拉出胎儿时，应先拉进入产道较深的或在上面的胎儿，然后再拉出另一个胎儿。

⑤ 家畜因胎儿姿势不正造成的难产，要依据不同情况进行矫正，下面介绍两种头颈姿势不正的矫正法。

徒手矫正法：适用于病程短，侧转程度不大的病例。矫正前先用产科绳拴住两前肢，然后术者手伸入产道，用拇指和中指握住两眼眶或用手握住鼻端，也可用绳套住下颌将胎儿头拉成鼻端朝向产道，如果是头顶向下或偏向一侧，则把胎头矫正拉入产道即可。

器械矫正法：徒手矫正有困难者，可借助器械来矫正。用绳导把产科绳双股引过胎儿颈部拉出，与绳的另端穿成单滑结，将其中一绳环绕过头顶推向鼻梁，另一绳环推到耳后由助手将绳拉紧，术者用手护住胎儿鼻端，助手按术者旨意向外拉，术者将胎头拉向产道。

马、牛等大家畜胎头高度侧转时，往往用手摸不到胎头，须用双孔梃协助，先把产科绳的一端固定在双孔梃的一个孔上，另一端用绳导带入产道。绕过头颈屈曲部带出产道，取下绳导，把绳穿过产科梃的另一孔。术者用手将产科梃带入产道，沿胎儿颈椎推至耳后，助手在外把绳拉紧并固定在梃柄上，术者手握住胎儿鼻端，然后在助手配合下把胎头矫正后并强行拉出。

无法矫正时，则实施截头术，然后分别取出胎儿头及躯体。

胎头下弯时，先捆住两前肢，然后用手握住胎儿下颌向上提并向后拉。也可用拇指向前顶压胎头，并用其他四指向后拉下颌，最后将胎头拉正。

在临床实践中，助产前应详细检查是属于哪种原因引起。如对阵缩及努责微弱引起的难产，助产原则是促进子宫收缩，应用药物催产。如果胎儿过大，要及时进行剖宫产，胎儿姿势不正，则需要矫正。

第九节 冲洗法在牛羊病治疗中的应用

利用药物清洗伤口，达到消菌的作用，再辅以药膏的涂抹，帮助伤口愈合。冲洗法常用来治疗牛羊食道梗塞、奶牛的子宫内膜炎、牛羊的口炎等疾病。

一、治疗食道梗塞

食道梗塞多因饲养员饲料投放不当、牛群盗食未经处理的饲料或饲料中混有不易消化的异物等引起。临床表现为牛群躁动不安，不断摇动胸部和脖颈，吞咽和呕吐频繁。

冲洗法可以降低不良后果产生的概率。具体步骤是：用开口器将牲畜嘴打开，将适合牲畜体积的胃管插入食管，用吊桶装满清水，放置高处，让清水从胃管流入食管，同时压低动物的头部，反复进行同样的操作，直至将胃中的大部分饲料冲出，清水可以顺利进入胃中时停止操作，最后将胃管缓慢抽离。

冲洗使用的试管大小、软硬要适当，过粗的试管会堵塞食道，过细的试管冲洗力不够，不能达到冲洗目的。冲洗过程中尽量使用温水，减少牲畜因不适应而产生的挣扎。

二、治疗牛子宫内膜炎

牛患子宫内膜炎通常因为产房卫生条件不达标，母牛生产时外阴、尾根部未进行及时的消毒，阴暗潮湿的环境往往容易滋生细菌，而生产后的母牛，抵抗力下降容易感染发炎；或负责生产的员工在生产时未对自身和接生工具进行消毒，导致母牛感染，细菌在胎衣下隐藏恶化，逐渐变为子宫内膜炎。子宫积水、宫胀严重等也会引起子宫感染导致发炎。常见引起子宫内膜炎的细菌有大肠杆菌、溶血性链球菌、拟杆菌、变形杆菌、梭状芽孢杆菌等。初患子宫内膜炎的牲畜一般没有明显的症状，养殖人员通常会在日常检测的数据中发现异常。

通常使用子宫冲洗法治疗子宫内膜炎。常用浓度为0.1%的高锰酸钾溶液或者浓度为0.02%的新洁尔灭液对子宫进行冲洗，冲洗结束约20分钟后向子宫内灌注链霉素合剂，每天清洗1次，直至炎症消失。

操作过程中要注意力度的使用，特别是将导管插入子宫时；要严格遵守药剂的使用量，避免浓度过高、过低腐蚀子宫壁；清洗子宫的洗液要及时排出，以免对子宫造成伤害。

三、治疗结膜角膜炎

牛羊结膜角膜炎多是由外界感染和强光刺激导致。主要表现为牛羊躲避光线、遇光流泪、眼角内侧有黏稠的分泌物且结膜内部充血，随着时间的推移，结膜炎还会演变为虹膜炎。

通常使用的冲洗液为：庆大霉素混合针剂地塞米松，比例为2：1，配合浓度为0.1%的肾上腺素；浓度为2%硼酸溶液90毫升、配合金霉素眼膏适量，用硼酸溶液进行清洗后将青霉素涂至患病处；浓度为0.1%雷佛奴尔溶液先清洗患处，再将红霉素眼膏、氯霉素眼药水滴入眼中；按4：1取蒲公英和金银花或黄柏少量，用煎成的滤液进行洗眼。

在对牛眼进行眼部清洗时，点药瓶和患病处要保持距离，点药瓶不能在病眼前垂直放置，防止牛羊在挣扎时误伤眼睛。

四、治疗牛羊口炎

口炎多由物理因素、化学反应或微生物繁殖等造成。患病牲畜表现为厌食、流涎增多或使用口唇咀嚼食物。

用冲洗法进行治疗的方式有几种：浓度为3%的硼酸溶液适量以及浓度为2%龙胆紫溶液，用硼酸溶液清洗口腔内部，再将龙胆紫溶液涂满患处；或用浓度为0.1%的高锰酸钾溶液、浓度为5%的硫酸铜溶液清洗口部溃烂的位置，再用口疮灵、浓度为5%磺胺甘油乳剂进行擦拭，每天涂抹2次，3天后即可痊愈。

冲洗液温度不可过高或过低，使用的试管不宜过长或过短。冲洗前可使用低浓度的食盐水对口腔内部进行消毒，再进行试剂涂抹。

五、治疗牛羊肠便秘

本病的患病原因由多种因素共同作用，牛羊肠道弛缓、腹痛难忍、排便不畅。患病牲畜常表现为弓背。

常用的治疗方式为冲洗法。冲洗溶液为适量硫酸钠、石蜡油和常水比例为1∶6或用承气汤加大黄、枳实、槟榔、木香、厚朴、六曲、山楂，其中大黄、六曲和山楂用量稍多，取煎熟后的滤液，加入适量的芒硝，通过试管灌入肠道。

注意洗液的温度和试管的长度，溶液的剂量不宜过多，要注意分批灌入，试管插入要注意力度，避免对牲畜造成伤害。

进行冲洗治疗后的牛羊免疫力低，因此要对养殖环境进行定期清扫和检测，根据动物在不同身体状况的需求情况改变养殖场的状态。尤其是动物对温度、湿度、空气质量的需求，为动物健康生长提供舒适的环境。同时，要做好动物的检疫工作，及时发现动物的异常并进行对应的治疗。遇到患病情况严重时，及时进行汇报，避免因个别动物患病感染整个动物群。对于无法解决的患病情况，应该向更权威、更专业的机构求助。

治愈后的动物需要服用适量的抗生素，根据病情确定药品的用量，提高治疗的效果，同时避免动物对抗生素产生依赖。

有部分常见的牛羊病是由于养殖人员与动物接触时没有做好消毒工作，器材或养殖人员自身携带的病毒传染给抵抗力低下的牛羊群体，因此，动物在接受完治疗之后，养殖人员要提高预防意识，做好消毒工作。

参考文献

韩一超，2009. 猪场兽医师手册［M］. 北京：金盾出版社.
李宏全，2016. 门诊兽医手册［M］. 北京：中国农业出版社.
李连任，2015. 现代高效规模养猪实战技术问答［M］. 北京：化学工业出版社.
王志远，羊建平，2014. 猪病防治［M］. 2版. 北京：中国农业出版社.
张进林，刁有祥，2002. 兽医基础［M］. 北京：高等教育出版社.
张中文，2005. 兽医基础［M］. 北京：中国广播电视大学出版社.